普通高等教育"十三五"规划教材
新工科系列规划教材·开源口袋实验室系列

计算机系统设计（上册）
——基于 FPGA 的 RISC 处理器设计与实现

魏继增　郭　炜　编著

电子工业出版社
Publishing House of Electronics Industry
北京·BEIJING

内 容 简 介

"计算机系统设计"系列教材是在新工科建设的背景下,面向"自主可控"国家信息化发展战略,围绕系统能力培养的目标而编写的。本书为该系列教材的上册,以设计基于MIPS 32位指令集的处理器MiniMIPS32为主线,讲授主流RISC处理器设计与实现的方法、步骤与技巧。

全书共8章,主要包括绪论、MiniMIPS32处理器的指令集体系结构、MiniMIPS32程序的机器级表示、现场可编程逻辑门阵列(FPGA)及其设计流程、MiniMIPS32处理器的基本流水线设计与实现、MiniMIPS32处理器的流水线相关问题和暂停机制、MiniMIPS32处理器异常处理的设计与实现、综合测试等内容。本书尤为重视实践过程,对处理器设计和实现过程中的每个环节进行详细讲解,力争使每位读者都可独立完成处理器的设计。本书基于Verilog HDL,以Xilinx Vivado 2017.3为开发环境,所有代码都通过Nexys4 DDR FPGA开发平台的硬件测试。

本书可作为高等院校计算机、微电子等专业高年级本科生及研究生的教材或教学参考书,也可作为计算机系统综合课程设计、数字系统课程设计的实验指导用书或计算机系统工程师的技术参考书。

图书在版编目(CIP)数据

计算机系统设计. 上册,基于FPGA的RISC处理器设计与实现/魏继增,郭炜编著. —北京:电子工业出版社,2019.1
ISBN 978-7-121-35119-8

Ⅰ. ①计… Ⅱ. ①魏… ②郭… Ⅲ. ①电子计算机-系统设计-高等学校-教材 Ⅳ. ①TP302.1

中国版本图书馆CIP数据核字(2018)第222133号

策划编辑:王羽佳
责任编辑:韩玉宏
印　　刷:山东华立印务有限公司
装　　订:山东华立印务有限公司
出版发行:电子工业出版社
　　　　　北京市海淀区万寿路173信箱　　邮编:100036
开　　本:787×1092　1/16　印张:19.75　字数:570千字
版　　次:2019年1月第1版
印　　次:2025年1月第7次印刷
定　　价:55.00元

凡所购买电子工业出版社图书有缺损问题,请向购买书店调换。若书店售缺,请与本社发行部联系,联系及邮购电话:(010)88254888,88258888。

质量投诉请发邮件至zlts@phei.com.cn,盗版侵权举报请发邮件至dbqq@phei.com.cn。

本书咨询联系方式:(010)88254535,wyj@phei.com.cn。

序　言

　　计算机类专业学生的能力的重要特征之一就是系统能力。系统能力的核心是在掌握计算系统基本原理的基础上，深入掌握计算系统内部各软/硬件部分的协同，以及计算系统各层次的逻辑关联，了解计算系统呈现的外部特性与人机交互模式，开发、构建以计算技术为核心的高效应用系统。系统能力包括系统知识和工程实践。系统能力的培养具有突出的工程教育特征，是解决复杂工程问题的直接体现，应用和创新能力也会由此而得到强化与提升。

　　系统能力的培养和系统观教育对计算机类所有专业及培养方向均适用。只有具备了系统能力，计算机类专业的学生才能站在系统的高度解决应用问题，才能成为我国急需的计算机领域创新型核心人才。

　　目前，国内高校计算机类专业对系统能力培养的研究改革和重视程度不够，因而培养的学生在系统能力方面存在不少问题，不能满足社会、学科技术的发展和要求，特别是在通过实践教学提升计算机类专业学生系统能力方面存在很大不足。我们需要构造"一个体系、一个平台、系列化实验"的贯穿式实践教学体系，达成对多门计算机类专业核心基础课程的贯穿。那么，让学生自己动手"设计一台功能完备、可支持简单操作系统微内核和常见应用运行的计算机系统"正是一个很好的复杂性工程问题，计算机类专业学生在这一过程中将完整地体验计算机系统设计的全过程，实现从软件的角度理解硬件，从硬件的角度理解软件，最终达成对系统能力的训练。

　　由天津大学智能与计算学部教师魏继增、郭炜编著的《计算机系统设计（上册）——基于 FPGA 的 RISC 处理器设计与实现》正是面向系统能力培养进行的一次有益尝试。本书强调实践性，以 MIPS32 指令集架构为切入点，基于主流 FPGA 开发平台及 EDA 工具，详细讲解了一个具有标准 5 级流水线且功能完备的处理器的设计与实现过程。基于本书，学生可实现对"数字逻辑""计算机组成原理""计算机系统结构"等多门课程知识点的融会贯通，并通过亲自动手实践，以更加直观、形象的方式深刻领会诸如流水线、数据相关、控制相关、前推转发、中断异常等处理器设计过程中的重要概念。本书在组织上采用循序渐进、启发式方法，分阶段完善处理器的功能，大大降低了设计难度，不但可以激发学生进行计算机系统设计的兴趣，而且有助于帮助他们建立信心。本书除了关注处理器本身的设计之外，还讲解了高级语言中常见的语法结构在计算机系统中的实现细节，有助于学生站在系统层面理解软/硬件，真正明白计算机系统是如何运转的。此外，本书还给出了单独的章节来讲解测试流程和方法。

　　在新工科建设的历史机遇下，计算机类专业的教学改革，特别是系统能力的培养，将关乎我国整个信息产业的人才培养质量、自主创新能力、核心竞争力。希望更多的学校、教师参与到系统能力培养的改革中来，也愿本书在教学实践中不断完善，为培养具备系统能力的计算机创新人才做出较大贡献。

国防科技大学教授、博士生导师

CCF 杰出教育奖获得者

前　　言

本套教材的写作背景和意义

经过"复旦共识、天大行动、北京指南"，具有中国特色工程教育的新工科（Emerging Engineering Education）建设全面启动。面向新工科，计算机类专业的教学改革也势在必行。在过去的二十年间，计算机类专业在移动互联网、云计算、人工智能等领域已为我国培养了大量人才。但这些人才主要集中在计算机应用领域，而在计算机系统设计方面，包括处理器、操作系统和编译系统等，却是人才紧缺，导致我国在各类型计算机设计中所使用的核心器件、高端芯片、基础软件长期依赖进口，受制于人，严重影响了"自主可控"国家信息化发展战略的实施，严重危害国家安全，也是我国计算机领域自主创新不足的重要原因。造成这一问题的根本原因是，目前的计算机教育缺乏对学生进行系统能力的培养。让学生自己动手"设计一台功能完备、可支持简单操作系统微内核和常见应用运行的计算机系统"将十分有助于系统能力的培养，同时还可激发学生从事计算机系统设计工作的兴趣和热情。但目前，我国计算机教学中存在知识衔接脱节、缺乏工程性和综合性教学方法、缺乏具有工程规模的系统性实验等问题，无法保证学生解决这样一个极具难度和挑战性的工程问题，自然也就谈不上系统能力的培养。因此，我们需要建设一系列全新的课程、教材对其进行尝试和探索。

作者以践行系统能力培养为目标，基于 DIGILENT 公司的 FPGA 开发平台，利用软/硬件协同设计与验证方法学，围绕"设计一台功能完备、可支持简单操作系统微内核和常见应用运行的计算机系统"这个复杂工程问题，编写了这套"计算机系统设计"系列教材。这套教材由上、下两册组成，上册专注于主流 RISC 处理器的设计与实现，下册使用所设计的处理器结合总线和常见外设构建一个完整的计算机系统，并完成开源操作系统的移植和常见应用的开发。

本套教材的适用范围和课程

不同于国内很多高校已开设的"计算机系统基础"或"计算机系统导论"等课程，这些课程一般开设在本科低年级，旨在开始计算机各专业课学习之前对计算机系统形成初步认识。而本套教材更加专注于计算机系统的设计过程，通过真正的动手实践使学生做到对"数字逻辑""计算机组成原理""汇编程序设计""操作系统""计算机系统结构"等课程所学知识的有序衔接和综合运用，形成对计算机系统更直观、更形象、更全面的认识。因此，本套教材适用于计算机类专业（也包括微电子、集成电路与集成系统专业）本科高年级（大三、大四）或研究生阶段。在使用本套教材之前，学生应至少修完"数字逻辑""计算机组成原理""计算机系统结构""操作系统"等基础课程，此外，如果具备硬件描述语言和 FPGA 开发知识，则将更加事半功倍。

使用本套教材开发的课程名称可以是"计算机系统设计""计算机系统综合实验"或类似名称；也可将本套教材选为"计算机组成原理""计算机系统结构"等课程的实验教材，或者短学期综合实践类教材。

此外，书中并非所有章节都是必需的，在教学过程中，可根据学生的实际情况有所取舍。例如，如果学生在之前的"计算机组成原理"或相关课程中已经学习了 MIPS 汇编语言、高级语言的机器级表示等内容，则可以跳过第 2、3 章，只关注处理器的硬件设计与实现；如果学生之前已经使用过 Xilinx FPGA 和 Vivado 进行开发，则可以跳过第 4 章；如果只需要了解基本流水线的设计细节，则可以跳过第 5、6 章。

本书的写作思路和特色

本书为"计算机系统设计"系列教材的上册。虽然处理器及指令集体系结构的种类繁多、千差万别，但其设计原理和实现方法是相同的。因此，本书以设计基于 MIPS 32 位指令集的处理器 MiniMIPS32 为主线，讲授主流 RISC 处理器设计与实现的方法、步骤与技巧。本书将讲解处理器微架构设计、数据通路的设计与实现、流水线设计与优化、软件环境与测试环境的搭建及基于 DIGILENT 公司的 FPGA 开发板的板级设计等内容。书中将处理器及原型系统设计过程中每个环节所涉及的硬件和软件的基本概念关联起来，力争给读者建立一个功能完备、层次分明的处理器架构，也为下册教材开展 SoC 的软/硬件设计奠定重要基础。本书的特色表现在以下几个方面。

- 更精简的处理器结构：虽然有很多开源项目也提供基于 MIPS 指令集的处理器，但毕竟是商业级代码，对大多数无处理器设计经验的老师和刚接触处理器结构的学生而言，实践难度较大，本书所设计的 MiniMIPS32 处理器采用更精简的指令集（共 56 条指令），但功能完备，可支持操作系统内核等中、大规模程序的运行。
- 与前序课程的教学内容结合紧密：本书构建的 MiniMIPS32 处理器采用经典 5 级流水线，支持定向前推、相关性处理、延迟转移、暂停等常见流水线技术及异常处理机制，与多数主流的"计算机组成原理""计算机系统结构"等教材中的理论内容保持一致。
- "增量式"教学：本书借鉴软件工程中的"增量模型"开发方法，学生无须全部从零开始，以 MiniMIPS32 处理器中的 26 条指令为例，采用循序渐进的方法，逐步添加处理器的功能，并为学生提供了详尽的软/硬件源码。学生通过参考已有代码，根据具体设计需求和目标即可完成剩余指令的设计，在降低设计难度的同时，可激发学生进行计算机系统设计的兴趣，帮助他们建立信心，也使学生更关注系统设计过程中的关键环节。

本书的内容安排

本书共由 8 章组成，分为 3 个部分。

（1）基础理论部分

第 1 章：绪论，重点介绍计算机系统的基本概念，涉及计算机系统的层次结构、计算机系统的组成、评价方法及指令集体系结构。

第 2 章：MiniMIPS32 处理器的指令集体系结构，着重介绍 MiniMIPS32 指令集体系结构的构成要素。

第 3 章：MiniMIPS32 程序的机器级表示，讲解基于 MiniMIPS32 的汇编程序设计和常见的 C 语言语法结构在机器级的表示，做到从软件的层面了解 MiniMIPS32 处理器的硬件结构。

第 4 章：现场可编程逻辑门阵列（FPGA）及其设计流程，重点介绍基于 Xilinx Vivado 的 FPGA 设计流程，为后续处理器及系统设计奠定工具使用的基础。

（2）处理器设计部分

第 5 章：MiniMIPS32 处理器的基本流水线设计与实现，重点讲述基于 5 级理想流水线的处理器设计方案，并给出基于 Verilog HDL 的实现。

第 6 章：MiniMIPS32 处理器的流水线相关问题和暂停机制，针对流水线中常见的相关性问题，给出 MiniMIPS32 处理器的解决方案，在无法消除相关时，则设计暂停机制，并给出基于 Verilog HDL 的实现。

第 7 章：MiniMIPS32 处理器异常处理的设计与实现，重点讲解支持 MiniMIPS32 处理器精确异常处理的设计方案，并给出基于 Verilog HDL 的实现。

（3）测试部分

第 8 章：综合测试，基于 DIGILENT 公司的 Nexys4 DDR FPGA 开发平台搭建基于 MiniMIPS32 处理器的原型系统 MiniMIPS32_SYS，并完成功能点测试和 C 程序测试。

致谢

本书由天津大学智能与计算学部教师魏继增、郭炜编著。在此衷心感谢在本书编著过程中给予大力支持和中肯建议的各位专家、同事和学生，正是他们的鼓励和帮助使得本书的编著工作顺利完成。来自清华大学的刘卫东教授、南京大学的袁春风教授、美国北卡罗来纳州立大学的周辉阳教授等各位专家都花费了大量的时间和精力对本书进行审阅，并从章节结构、内容及实践细节等方面提出了许多宝贵的修改意见。国防科技大学的王志英教授对本书的编著做了前瞻性的指导。天津大学 2017 级硕士研究生肖健、徐文富完成了书中 MiniMIPS32 处理器代码的编写、仿真及 FPGA 硬件的开发，并进行了大量的功能测试；2018 级硕士研究生薛臻对全书文字进行了校对，修订了书中许多文字错误和纰漏。此外，在编著过程中，作者还参阅了很多国内外作者的相关著作，特别是本书参考文献中列出的著作，在此一并表示感谢。

本书是作者以教育部高等学校计算机类专业教学指导委员会（简称计算机教指委）系统能力培养试点校项目、DIGILENT-教育部产学合作协同育人项目和第一届"龙芯杯"全国大学生计算机系统能力培养大赛为依托编著完成的，在此感谢计算机教指委、DIGILENT 公司及龙芯中科技术有限公司对本书作者的信任和支持。

结束语

新工科建设的启动呼唤适应产业需求、满足国家重大需求的全新的课程和教材。在新工科建设的历史机遇下，本书旨在培养计算机类专业及相关专业学生的系统能力，为国家培养未来可适应"自主可控"国家信息化发展战略的创新型计算机核心人才。本书广泛参考了国内相关的经典教材和著作，在内容的组织和描述上力争做到概念准确、语言通俗易懂、实践过程循序渐进，并尽量详尽地描述处理器的设计过程和注意事项。虽然作者已经尽力，但由于计算机系统设计过程十分复杂，存在很多琐碎的工程细节，加之作者水平有限，书中难免存在遗漏和不足之处，敬请广大读者批评指正，以便在后续版本中予以改进。

目　　录

第 1 章 绪 论

计算机系统设计的旅程正式开始。不可否认，整个过程将充满艰辛和挑战，但每一阶段你都会有突破自我的巨大成就感。虽然道路崎岖，但会收获颇丰，让我们揭开计算机系统设计的神秘面纱，最后大家会发现其实我们每个人都可以实现一台属于自己的计算机！

现在我们先从了解计算机系统入手。在本章中，首先，对计算机系统的基本内容进行介绍，包括计算机系统的层次结构、计算机硬件系统的组成和计算机软件系统的组成；然后，从 3 个方面，即性能、成本和功耗去评价一个计算机系统的优劣；接着，针对计算机系统的核心部件——处理器，引出有关指令集体系结构的概念，并重点介绍 MIPS 指令集体系结构；最后，对本书所设计的目标处理器 MiniMIPS32 及原型系统 MiniMIPS32_SYS 进行大体介绍。

1.1 计算机系统概述

究竟什么是计算机系统？大多数人可能认为计算机就是桌面电脑，但是实际上，远不止如此。除了大家熟知的个人电脑、超级计算机和服务器等通用计算机外，像手机、平板电脑、数码照相机、数字电视、游戏机、打印机、路由器等设备也都属于计算机的范畴。可见，计算机已经深入到我们生活的方方面面。总而言之，计算机可以很大，大到需要建一栋专门的大楼放置，并建设一个电站专门为其供电（如数据中心，超级计算机神威、天河等）；也可以很小，小到可以放到口袋里，充电几小时就能用一周（如手机）。但无论计算机的规模多么大，种类多么繁多，其本质无非就是一台能够满足人们各种不同计算需求的自动化计算设备而已，因此各类计算机系统具有很多共性。

1.1.1 计算机系统的层次结构

任何计算机系统都可以被看成图 1-1 所示的层次结构。计算机系统划分为**应用程序、操作系统、硬件系统和晶体管** 4 个层次，而应用程序和操作系统又可以统一为**软件系统**。这 4 个层次可通过 3 个抽象界面相互联系，分别是**应用程序编程接口**（**Application Programming Interface，API**）、**指令集体系结构**（也称为指令系统，Instruction Set Architecture，ISA）和**工艺模型**。采用抽象界面的原因是，计算机系统的多级层次结构使得其设计需要多方面人员的参与，包括应用工程师、系统工程师、硬件设计前端工程师、硬件设计后端工程师等，这样通过抽象层可以屏蔽下层实现细节，提取上层调用接口，使得处于各个层次的工程师更加关注本层的开发，降低设计难度，提高设计效率。

API 位于应用程序和操作系统之间，是高级语言的编程接口，可便于应用程序设计人员更快速、更便捷地进行应用程序开发。常见的 API 包括 C/C++语言、Java 语言、Python 语言、JavaScript 脚本语言接口及 OpenGL 图形编程接口和 Socket 网络编程接口等。使用一种 API 编写的应用程序，经过编译后可以在支持该 API 的不同计算机上运行。可以说，API 的优劣直接决定了应用程序的质量。

ISA 位于操作系统和硬件系统之间。它是对计算机底层硬件细节的抽象，包括指令集、寄存器及系统状态切换、地址空间划分、中断异常处理等运行时环境。可以说，ISA 是系统级程序员所能看到的虚拟计算机。这样，软件设计只需遵循某一 ISA，而不用了解底层硬件的具体细节，从而所开发的软件就可以运行在支持该 ISA 的各种不同的计算机上，保证了软件的兼容性。常见的 ISA 包括 x86、ARM、MIPS 等。

　　工艺模型位于硬件系统和物理器件之间，是芯片生产厂家提供给芯片设计者的界面。除了表示晶体管和连线等基本参数的模型之外，它还包括该工艺所能提供的各种宏单元及 IP（Intellectual Property）核，如实现 PCIE 接口的物理层（简称 PHY）等。

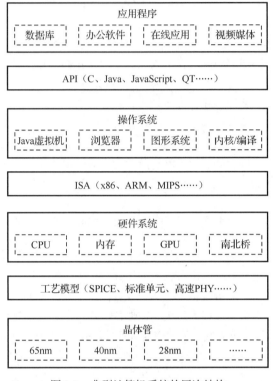

图 1-1　典型计算机系统的层次结构

1.1.2　计算机硬件系统的组成

　　从 1946 年第一台通用计算机 ENIAC 面世到现在，各种类型的计算机层出不穷，绝大多数的计算机硬件系统仍然沿用了 1945 年由美籍匈牙利数学家冯·诺依曼提出的"**冯·诺依曼计算机结构**"，该结构包含 5 个部分，分别是运算器、控制器、存储器、输入设备和输出设备。其中，运算器和控制器又合称为中央处理器（Central Processing Processor，CPU），简称处理器。冯·诺依曼计算机结构如图1-2 所示。

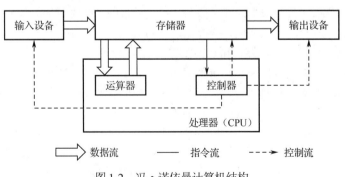

图 1-2　冯·诺依曼计算机结构

冯·诺依曼计算机结构的特点：①计算机处理的数据和指令一律用二进制表示；②存储器按地址访问，且每个存储单元的位数固定，并且按线性一维编址；③采用存储程序方式，指令和数据不加区别混合存储在同一个存储器中；④指令在存储器中按顺序存放，通常，指令按顺序执行，但执行顺序也会根据运算结果或指定的条件而改变；⑤以运算器为中心，输入/输出设备和存储器之间的数据传送都要通过运算器。概括起来，**冯·诺依曼计算机最重要的特点是存储程序和指令驱动执行**。

1. 处理器（CPU）

处理器由运算器和控制器两个部件组成，是计算机系统中最核心的运算和控制部件。运算器在计算机中负责计算，而且大部分的运算器只能做简单算术运算（加、减、乘、除，有些低端计算机中的运算器甚至不支持除法）、逻辑运算和移位运算。其他复杂运算可通过这些简单运算组合而成。控制器则根据指令发出控制命令以协调计算机各部件自动工作。控制器具有的功能包括：根据程序计数器中存放的地址从存储器中取出指令，简称为"取指"；对取出的指令进行分析和解释，并根据解释的结果从存储器或输入设备取出指令所需的数据，简称为"译码"；控制器还要向计算机各部件发出控制信号，以协调它们的工作。例如，对于运算指令，则要将数据和操作类型送到运算器；如果是访存指令，则要向存储器发出相应的读写命令；如果要与输入/输出设备进行交互，则除了发送相应的读写命令外，还要负责中断处理。随着集成电路的发展，芯片的集成度不断提高，现代的处理器除了运算器和控制器还集成了很多其他部件，如高速缓存 Cache、主存控制器等，已有别于传统处理器了。

2. 存储器

存储器是计算机中的存储和记忆部件，负责保存程序、初始数据和中间结果。在程序执行过程中，要求存储器可以按地址进行随机访问，并且能够以 CPU 处理数据的粒度（4 字节或 8 字节）进行访问。目前，在计算机系统中被广泛采用的存储器按照存储介质可分为以下几类。

1）磁性存储器：如硬盘，其优势是存储密度极高、成本很低、具有非易失性（即断电仍可保存信息），但缺点是访问速度很慢，通常在毫秒级。

2）闪存：如固态硬盘，属于非易失性存储设备，相比磁盘，其访问速度更快，但成本更高、容量较小。

3）动态随机存储器（Dynamic Random Access Memory, DRAM）：如 SDRAM、DDR、DDR2 等，每个存储单元为 1T1C（1 个晶体管 1 个电容）结构，其优势是存储密度较高、访问速度较快（一般在几十纳秒级），其最大缺点是数据具有易失性。

4）静态随机存储器（Static Random Access Memory, SRAM）：每个存储单元为 6T（6 个晶体管）结构，其优势是速度极快（一般在纳秒级），但存储密度较低，且成本高。

在使用计算机时，人们总是希望用最便宜的价格（低成本）买到大容量（存放更多的程序和数据）且访问速度快（处理器可以更快地获取数据）的存储器。显然，上述任何一种存储器都无法满足这个要求。一般来说，速度越快，存储介质的成本越高，而成本越低，存储介质的速度越慢。因此，在现代计算机中通常引入了多层存储体系的概念，以缓解这一矛盾，如图 1-3 所示。从左向右依次为**寄存器堆**（采用 D 触发器实现，位于处理器内部）、**高速缓存 Cache**（采用 SRAM 实现，通常位于处理器内部）、**主存储器**（简称主存，采用 DRAM 实现）和**磁盘**（采用磁介质或闪存实现），在物理距离上离 CPU 越来越远，其速度越来越慢，容量越来越大，价格越来越便宜。

程序的局部性表现为两个方面：时间局部性和空间局部性。时间局部性指如果一个指令或数据被访问，那么其在不久的将来很可能被再次访问；空间局部性指如果一个指令或数据被访问，那么地址与其邻近的指令或数据也可能被访问。利用局部性原理，将近期会用到指令或数据存放在靠近 CPU 的、访问速度较快的存储层次，把近期用不到的指令或数据存放在远离 CPU、访问速度较慢但存储容量较大的存储层次，从而在整体上达到一个大容量高速单级存储器的效果。

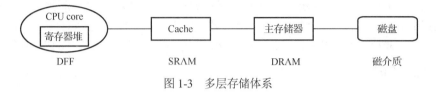

图 1-3　多层存储体系

多层存储体系之所以能够缓解访问速度、存储容量和成本之间的矛盾，得益于程序访问的局部性。

3．输入/输出设备

输入/输出设备（I/O 设备）用于计算机系统与外界之间进行信息交互。输入设备是为计算机提供程序、数据的设备。常用的输入设备包括键盘、鼠标、扫描仪等。输出设备是从计算机中将运算结果传送出来的设备。常用的输出设备包括打印机、显示器、扬声器等。I/O 设备的种类十分繁多，其信号类型和时序也千差万别，通常需要通过标准接口控制器与 CPU 相连，如 GPIO、USB、UART 串口、PS/2 接口、PCIE 接口等。CPU 对 I/O 设备进行访问既可通过专用 I/O 指令（如 x86 系统），也可通过访存指令（如大多数嵌入式系统）。

1.1.3　计算机软件系统的组成

硬件系统为计算机提供了基本的运算能力、控制机制、存储空间及与外界的交互能力，而软件系统构建于硬件系统之上，控制和管理各个硬件模块实现各种具体计算任务。软件系统可以分为**系统软件**和**应用软件**，而系统软件又可进一步细分为**操作系统**和**支撑软件**。

操作系统是一种管理和保护各类软硬件资源、控制程序执行、改善人机界面、合理组织计算机工作流程和为用户使用计算机提供良好运行环境的系统软件，通常由进程管理、线程管理、存储管理、设备管理、文件管理等几大模块组成。另外，现代操作系统通过虚拟化技术为用户提供一个比实际更为强大的计算机，例如，将单处理器虚拟化为多个处理器以适应多任务的需求，而基于段页式的虚拟存储器为程序员提供了一个远大于物理存储空间的编程空间，使其从繁重的存储管理中解放出来。

支撑软件包括用于处理软件语言的语言处理系统（如编译器等）、用于支持数据管理和存取的软件（如数据库）、用于用户与计算机系统之间进行信息交互的软件系统，以及其他事先编写好的各种标准子程序组成的函数库、中间件等。

应用软件是指用户为解决各种问题而利用计算机及其他系统软件编写的软件。

并不是所有的计算机都需要具备这些软件，一些简单的计算机系统，如用于工控的计算机系统，就可能没有操作系统和支撑软件，而直接由应用程序对硬件进行控制。

1.2　计算机系统的评价指标

评价一个计算机优劣的指标有很多，其中性能、成本和功耗是较为重要的 3 个指标。

1．性能

通常说一台计算机速度很快，这个"快"就是指计算机的性能。那如何评价这个"快"呢？对于不同的对象，评价方式可能不同。对于普通计算机用户而言，速度快指的是执行一个程序运行的时间短，即响应速度快。例如，一台 Core i7 的机器和一台 Pentium Pro 的机器相比，对一个大文件进行压缩，前者完成的时间更短。而对于亚马逊、淘宝、京东这样的电子商务网站，评价其背后的数据中心性能的指标通常是每秒可以完成的交易事务，即吞吐率。

现在，我们仅考虑将计算机的性能定义为"完成一个任务所需的时间"，即计算机系统的执行时间。这个执行时间由多方面因素决定，包括 CPU 时间、磁盘的访问、主存的访问、输入/输出和操作系统开销等。在理想情况下，计算机执行一个任务的时间可以等同于 CPU 时间，即仅考虑处理器的计算时间，而忽略访存时间和等待 I/O 的时间。这样就可以得出 CPU 时间的计算公式。一个程序的 CPU 时间可以描述为

CPU 时间=指令数目×平均每条指令的时钟周期数×时钟周期

CPU 时间越短，说明相应的计算机系统速度越快，性能越高。从 CPU 时间公式可以看出，CPU 的性能由 3 个参数决定。这 3 个参数之间相互依赖，很难只改变一个参数而不影响其他两个参数。时钟周期与工艺技术及计算机组织有关；平均每条指令的时钟周期数（Clock cycles Per Instructions，CPI）则与计算机组织及指令集体系结构相关；程序所含的指令数目则与指令集体系结构及编译技术相关。例如，相比 RISC 指令集，CISC 指令集的指令格式更为复杂，因此 CPI 会较高，但由于 CISC 指令集的功能更强大，因此相比 RISC，其实现同一程序所花费的指令数更少，因此计算机的性能需要综合评价。

除了上述公式外，还可以通过 CPI、每秒执行百万条指令数（MIPS）、每秒执行百万次浮点运算数目（MFLOPS）、每秒执行的事务数（TPS）等多种指标来评价计算机的性能。

2．成本

计算机的成本和芯片的成本直接相关。芯片的成本包括制造成本和一次性成本（如研发成本）的分摊部分。因此，芯片的产量直接影响最终的成本。随着集成电路工艺水平的逐步提升，生产成本可以持续地降低。此外，随着工艺技术的发展，实现相同功能所需要的晶片面积呈指数级降低，从而单个晶片的成本也呈指数级降低。但成本降到一定程度就不再下降，甚至还会缓慢地上升，这是因为厂家为了保持利润不再生产和销售该产品，转而生产和销售升级产品。

3．功耗

目前，对于各种类型的计算机系统，功耗显得越来越重要。例如，手机等移动设备需要电池供电，想延长电池的工作时间，低功耗显得十分重要。再如，位于天津的天河-1A 超级计算机，满负荷运转时，每天总耗电近 10 万千瓦时，费用高达数十万元，再次凸显低功耗的重要性。此外，近年来，由于峰值功耗等约束，芯片上能够同时工作的晶体管数目呈指数趋势减少，芯片上的多个处理器无法按照设计频率满负荷运转，不得已必须关闭一些处理器或降低工作主频，那些不能工作的晶体管就形成了所谓的"暗硅"。这说明当前的计算机设计不能再一味追求性能，而需要着重考虑性能功耗比（Performance per Watt），即每瓦的性能。

芯片功耗是计算机功耗的重要组成部分，主要由 CMOS 晶体管产生，分为动态功耗和静态功耗。动态功耗主要是由电路的翻转（0→1/1→0）产生的。静态功耗主要是指漏电功耗，它是指 MOS 管不能严格关闭而发生漏电产生的功耗。随着晶体管特征尺寸的减小，处理器内的漏电流持续增加。

升级工艺是降低动态功耗的有效方法，因为工艺升级可以降低电容和电压，从而成倍地降低动态功耗。通过选择低功耗工艺可以降低芯片的静态功耗，芯片生产一般会提供高性能工艺和低功耗工艺，低功耗工艺速度稍慢，漏电功耗呈数量级降低。

1.3　处理器概述

处理器是计算机系统中最核心的运算和控制部件。它负责计算机内部主要的计算任务，并根据指令发出控制命令以保证计算机各部件协调、自动地工作。**本书的核心任务就是设计一款基于 MIPS 指令集的处理器。**

1.3.1　指令集体系结构和微体系结构

处理器依靠执行指令来控制计算机的运行，不同的处理器具有不同的指令集，就好比不同国家的人拥有不同的语言一样。这就造成针对某一个处理器编写的程序，不能直接运行于另一个处理器上，必须重新编写，并重新编译后才能运行，大大降低了软件的可复用性和可移植性。

IBM 为了避免上述重新编写软件的问题，使相同的软件可以不经任何修改就能运行在其出品的各种计算机之上，在它的 System/360 计算机中首次引入了**指令集体系结构（ISA）**的概念，这是世界上首个指令集**可兼容**的计算机，具有跨时代的意义。从图 1-1 所示的计算机层次结构中可以看出，ISA 是软件系统和硬件系统的分界面，它将程序员编程时所需要了解的硬件细节从硬件系统中抽象出来，这样程序员只要面向 ISA 进行编程，开发出的软件就能运行在符合该 ISA 的所有计算机之上。而对于处理器设计者，只需要依照 ISA 进行硬件设计，就可保证符合该 ISA 的各种软件能够正常运行。具体而言，从程序员的角度来看，**ISA 主要包括指令集结构、基本数据类型、一组编程规范、寄存器、寻址模式、存储管理、异常和中断处理、运行时环境、运行级别控制等**，涉及软硬件交互的各个方面。

微体系结构（microarchitecture，简称微结构）是 ISA 的一个具体硬件实现。具有相同 ISA 的处理器，可能具有不同微结构，从而表现出不同性能。例如，Intel 酷睿系列处理器遵循 IA-32 或 IA-64 的 ISA，但微结构可能有多种，如 Sandy Bridge、Ivy Bridge、Haswell 等。

1.3.2　CISC 和 RISC

当前的 ISA 可以分为两类：**复杂指令集计算机（Complex Instruction Set Computer, CISC）**和**精简指令集计算机（Reduced Instruction Set Computer, RISC）**。CISC 的指令长度可变，而 RISC 的指令长度固定。

早期的处理器全部是 CISC 架构，倾向于使用功能强大的指令集，一条指令能够完成很多功能，也就是说，其设计的目的就是用最少的机器指令来完成所需的计算任务。采用 CISC 架构的处理器包括 Intel 的 80x86 和 Motorola 的 68K 系列。这种指令集结构的出现与当时的时代特点有关，早期的处理器昂贵且处理速度慢，设计者不得不加入越来越多的复杂指令来提高执行速度，部分复杂指令甚至与高级语言中的操作直接对应。此外，那个时代的主存容量有限，访问速度较慢且价格昂贵，CISC 采用变长指令字，节约了存储空间，而复杂的指令也减少了对主存的访问次数，从而降低了缓慢的访问速度对程序性能的影响。总地来说，**CISC 指令集简化了软件和编译器的设计难度，但也提高了硬件复杂度。**

随着计算机结构的不断改进，指令的功能和数目不断增加，CISC 指令集变得异常庞大，有些处理器的指令数目甚至达到 300 多条。1975 年，IBM Thomas J. Watson 研究中心在研究指令系统的合理性时发现，日趋庞杂的指令系统不但不易实现，而且还可能降低系统性能。1979 年，美国加州大学伯克利分校的 David Patterson 教授研究发现，在 CISC 指令集中，各种指令的使用率相差悬殊，只有 20% 的指令被经常使用，而这些指令在程序中占到指令总数的 80%，这就是著名的 "20%～80%" 准则，可见消耗了大量精力的复杂设计只带来了很少的回报。因此，研究人员开始对指令集和处理器进行重新设计，只保留常用的简单指令，使得处理器的结构更简单，也更合理，从而提升 CPU 的处理速度，这就是 RISC 指令集。RISC 指令集的特点包括：

- 减少指令集中的指令种类，编译器或程序员通过几条指令完成一个复杂的操作。
- 采用简单的指令格式和寻址方式，指令长度固定，大多数指令能在一个时钟周期内完成。
- 相比 CISC 指令集，拥有更多的通用寄存器，例如，MIPS 拥有 32 个通用寄存器。
- 除了 Load/Store 指令可以访问存储器，其他指令都不能访问存储器，操作数要么来自寄存器，要么来自立即数。
- 硬件结构简单，采用硬布线逻辑，可通过流水线、多发射等技术提高处理器的主频和效率。

虽然 RISC 指令集有很多优点，但其自身也有缺点。例如，RISC 简化了硬件设计，但增加了编译器设计的复杂度。完成同样的任务，基于 RISC 指令集的程序相比 CISC 程序需要更多的指令，使得编译器的优化变得更为重要。

现代处理器对 CISC 和 RISC 进行了融合。例如，Intel 处理器先将复杂指令分解为若干类似于 RISC 指令的微操作，然后采用 RISC 结构实现这些微操作。而一些 RISC 处理器，如 PowerPC，也加入了一些功能强大的专用指令（如向量指令、多媒体指令等）。

1.3.3 指令集体系结构中的"五朵金花"

在当今计算机系统中，处理器的种类成千上万，但 ISA 相对固定。其中 5 种 ISA 较为常见，分别是 x86、ARM、POWER、SPARC 和 MIPS。除了 x86 是 CISC ISA 外，其他都是 RISC ISA。

1．x86

x86 是史上最成功、最赚钱的指令集体系结构。目前，绝大多数个人计算机都使用基于 x86 指令集的处理器。

1978 年，Intel 推出了 8086、8088 处理器，IBM-PC 采用 8088 作为其计算机的核心。1982 年，Intel 推出了 80286，被 IBM PC/AT 所采用。从此以后，x86 成为个人计算机的标准平台。后来，由于 IBM 在选择供应商时为了减少风险，要求至少两家公司同时提供产品，因此 Intel 将 x86 架构开放给了 AMD。为了与 AMD 相区别，Intel 后来采用 IA（Intel Architecture）来代替 x86，即 32 位指令集 IA-32 和 64 位指令集 IA-64。

Intel 处理器之所以成功，得益于其著名的 tick-tock（工艺年-架构年）战略。两年为一周期，第一年提高工艺，晶体管变小，第二年在维持相同工艺的前提下，推出新的处理器微结构。工艺和架构交替改善，既避免了设计风险，也加快了新产品的发布周期，提升了产品的竞争力。

2．ARM

ARM 指令集体系结构属于 ARM Holding，这是一家总部位于英国剑桥的公司，在 1990 年由 Acorn Computers、Apple、VLSI Technology 3 家公司合资组建。早在 1985 年 Acorn 公司就设计了代号为 Acorn RISC 的 32 位处理器，由 VLSI 负责生产，这就是 ARM1。

与 x86 更加关注处理器的性能不同，ARM 更侧重于低功耗、低成本，主要面向嵌入式市场，如手机市场的 90%采用的是 ARM 指令集的处理器。因此，ARM 指令集也是当今销量最大的指令集。

ARM 公司本身不生产芯片，而是向半导体公司提供指令集授权、内核授权，其他公司使用 ARM 内核设计自己的处理器芯片，如三星、高通及我国的飞腾等。目前，ARM 的指令集体系结构包括 ARMv4、ARMv5、ARMv6、ARMv7 及 ARMv8，前 4 种是 32 位指令集，最后一种是 64 位指令集。

3. POWER

最早提出 RISC 思想的 IBM 公司，在 1990 年提出了高性能的 POWER（Performance Optimized With Enhanced RISC）系列处理器，并一直用于 IBM 公司的服务器之上。

1991 年，IBM 与 Apple、Motorola 一起成立 AIM 联盟，进军 PC 市场，并对 POWER 处理器进行改进，形成了 PowerPC。到了 2004 年，Motorola 将其半导体部门分拆，成立了 Freescale，继续对 PowerPC 进行支持。IBM 生产的 POWER 和 PowerPC 处理器侧重于服务器和游戏机领域，如 Sony（索尼）、Microsoft（微软）的游戏机，Freescale 的 PowerPC 更侧重嵌入式市场，如通信、汽车电子等。2004 年 IBM 发起了 Power.org 联盟，发布了统一的指令集体系结构，将 POWER 和 PowerPC 体系结构统一到新架构中。目前，IBM 开放了 POWER8 指令集，并开始向外提供内核授权。

4. SPARC

SPARC（Scalable Processor ARChitecture，可扩展处理器架构）源自美国加州大学伯克利分校 20 世纪 80 年代的研究，并由 Sun 公司在 1985 年首先提出，于 1989 年成为商用架构。Sun 公司将 SPARC 系列处理器用在了高性能工作站和服务器之上，指令集包括 v8、v9 等。

SPARC 指令集架构完全开放，在此基础上出现了一些开放源代码的处理器，如 Sun 公司的 UltraSPAC T1、LEON 等。其中，LEON 是一种 SPARC v8 架构的处理器，至今已发布到了 LEON4，是一种计划用在航天器上的处理器。

5. MIPS

MIPS（Microprocessor without Interlocked Piped Stages，无内部互锁流水级处理器）是最经典的 RISC 处理器，被视为处理器教科书的典范。

MIPS 是由 John L. Hennessy 领导的研究小组在 1981 年开始设计的。其设计理念是使用相对简单的指令，结合优秀的编译器及采用流水线技术执行指令，从而使用更少的晶体管生产出更快的处理器。这一理念在 20 世纪 80 年代取得了巨大的成功，于是 1984 年成立了 MIPS 计算机系统公司，开始对 MIPS 架构进行商业化。随后，基于 MIPS 指令集架构的处理器在工作站、服务器系统中得到了广泛的应用。MIPS 指令集也从 MIPS Ⅰ、MIPS Ⅱ、MIPS Ⅲ、MIPS Ⅳ、MIPS Ⅴ、MIPS32 发展到了 MIPS64。目前，MIPS 公司已经被英国的 Imagination 公司收购。

虽然，在商业上 MIPS 远不如 Intel、ARM 公司成功，不过它的学术地位很高，很多处理器吸收了其中的设计思想，而且 MIPS 架构中的指令专利已经过期，可以自由使用。我国的龙芯系列处理器采用的就是 MIPS 架构。**本书设计的就是基于 MIPS 指令集架构的处理器。**

需要特别注意的是，在计算机发展的几十年间，曾经出现过数量庞大的指令集，但最终被人们所接受的屈指可数。其根本原因并不是那些指令集不够出色，而是缺乏一套完善的生态体系，包括成熟的编译器、操作系统、虚拟机及大量的应用软件。这就好比一个人当然可以发明、使用自己的语言，但是如何与别人交流才是真正的问题。如果无法交流，再优秀的语言也注定会失败。因此，重新定义一套指令集并不难，难的是与之配套的编译器、操作系统、各种应用软件都需要重新编写，也就是重新构建生态体系，这样的工作量和难度都是巨大的。如果没有生态体系，再优秀的指令集体系结构也不会有人使用。这也是为什么本书选择 MIPS 指令集为目标指令集的原因。

1.3.4　MIPS 指令集体系结构的发展

自 20 世纪 80 年代 MIPS 指令集体系结构出现后，其不断地更新换代，从最初的 MIPS Ⅰ 到 MIPS Ⅴ，发展到目前可支持扩展模块的 MPS32 和 MIPS64 系列。每一代都兼容前一代指令集。各代 MIPS

指令集体系结构的概况如下所示。

1．MIPS Ⅰ

MIPS Ⅰ 提供加载/存储、计算、跳转、分支、协处理器及其他特殊指令，最初用于 MIPS 早期的 R2000 和 R3000 处理器，其中 R2000 是首款支持 MIPS 指令集的处理器。

2．MIPS Ⅱ

MIPS Ⅱ 添加了自陷指令、链接载入指令、条件存储指令、同步指令、可能分支指令、平方根指令，为后来 MIPS32 指令集体系结构奠定了基础。

3．MIPS Ⅲ

MIPS Ⅲ 提供了 32 位指令集，同时支持 64 位指令集，最初用于首次添加了浮点处理单元的 MIPS R4000 处理器。

4．MIPS Ⅳ

MIPS Ⅳ 增加了条件移动指令、预取指令及一些浮点指令，最初用于 MIPS 处理器 R8000，后来应用于 R5000/R10000。其中，R5000 采用的是经典的 5 级流水线、顺序运行，R10000 采用的是乱序运行。

5．MIPS Ⅴ

添加了能够提高代码生产效率和数据转移效率的指令。可是没有任何一款处理器是基于该指令集体系结构的。MIPS Ⅴ 为后来的 MIPS64 指令集体系结构奠定了基础

6．MIPS32 和 MIPS64

MIPS32 和 MPS64 指令集体系结构是定位于高性能、低功耗的 MIPS 指令集，第一版于 1998 年提出，称为 MIPS32/64 Release 1。MIPS32 以 MIPS Ⅱ 架构为基础，选择性地增加了 MIPS Ⅲ、MIPS Ⅳ、MIPS Ⅴ 中的指令。MIPS64 以 MIPS Ⅴ 架构为基础，同时兼容 MIPS32。该 ISA 第一次包括了被称为协处理器 0（CP0）的 "CPU 控制" 功能。2003 年。MIPS32/64 指令集体系结构的第二版（Release 2）被公布，也称为 MIPS32/64 R2。目前，最新版本是第五版（Release 5），也称为 MIPS32/64 R5。采用 MIPS32 的处理器包括 MIPS32 4K、MIPS32 4KE、MIPS32 24K 等。采用 MIPS64 的处理器包括 MIPS64 5K、MIPS64 20Kc 等。

7．microMIPS32/64

microMIPS32/64 指令集体系结构集成了 16 位和 32 位优化指令的高性能代码压缩技术，保持了 98% 的 MIPS32 性能，同时减少了至少 30% 的代码体积，从而减少芯片成本，也有助于减少系统功耗。MIPS M14K 处理器内核是 2009 年公布的首款遵循 microMIPS 指令集架构的 MIPS32 兼容内核。

整个 MIPS 指令集体系结构的发展过程如图 1-4 所示。

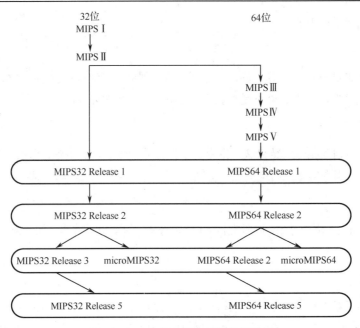

图 1-4   MIPS 指令集体系结构的发展

1.4   本书的主要内容

本书将基于 MIPS32 Release 1 指令集，设计一款采用经典 5 级流水线的 32 位 RISC 处理器——MiniMIPS32，并基于所设计的处理器、存储器和简单外设搭建一个简易原型系统 MiniMIPS32_SYS 来对处理器的功能进行验证和评估。

1.4.1   目标处理器 MiniMIPS32

MiniMIPS32 处理器支持 MIPS32 Release 1 指令集的一个子集，共计 56 条整数指令。基于这 56 条指令的 MiniMIPS32 可运行很多常见应用，以及简单操作系统内核。MiniMIPS32 采用小端模式，数据线和地址线均为 32 位。MiniMIPS32 采用经典 5 级流水线结构，支持定向前推、分支延迟及暂停等常见流水线技术。内部具有 32 个通用寄存器、2 个特殊寄存器及 CP0 协处理器中的部分寄存器，并具有硬件乘法器和除法器。MiniMIPS32 还支持 6 种异常和 6 个外部中断，并且实现了精确异常处理流程。此外，本书所实现的 MiniMIPS32 不支持 MMU 和虚实地址变换，处理器不支持特权级别切换，始终工作在内核模式。

1.4.2   原型系统 MiniMIPS32_SYS

原型系统 MiniMIPS32_SYS 的整体架构如图 1-5 所示，由 1 个 MiniMIPS32 处理器、2 个存储器、若干 I/O 设备、1 个设备接口模块和 1 个 I/O 设备译码模块组成。

MiniMIPS32_SYS 采用哈佛结构，指令存储器和数据存储器分开，其中指令存储器采用 ROM，数据存储器采用 RAM，并支持字节写使能。两个存储器都按字节进行编址。由于存储器都将基于 Xilinx FPGA 内部的块存储器进行构建，因此读写操作都是同步的，其中读指令存储器和读数据存储器都是以 32 位（4 字节）为单位与处理器进行数据交互，而写数据存储器则是根据字节使能位完成的。

MiniMIPS32_SYS 目前仅支持两类 I/O 设备：GPIO 和定时器。其中 GPIO 包括 16 个 LED 灯、4

个七段数码管和 2 个三色 LED，用于显示程序执行结果。定时器为 32 位，可用于对程序的执行时间进行计时。I/O 地址空间采用和存储器统一编址的方式，这样可以通过和访问存储器相同的加载/存储指令去访问 I/O 设备。

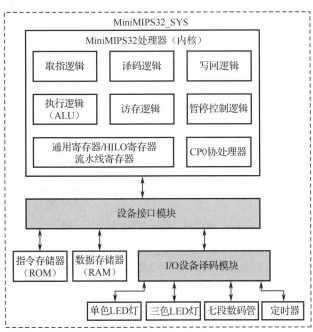

图 1-5 原型系统 MiniMIPS32_SYS 的整体架构

设备接口模块类似于总线，负责处理器与存储器和 I/O 设备进行信息交互。其最主要的功能是对处理器发送来的访问地址进行翻译，并将其转发到相应的设备上。I/O 设备译码模块则是对 I/O 地址进行译码，确定所需要访问的具体 I/O 设备。

在软件工具方面，由于 MIPS32 指令集兼容 MiniMIPS32 指令集，因此，可直接选用现有的 MIPS 交叉编译器编译程序。整个 MiniMIPS32_SYS 硬件系统将在 Xilinx Vivado 集成开发环境中，采用 Verilog HDL 进行描述和仿真，并部署到 Diglient 公司的 Nexys4 DDR FPGA 开发平台上进行实现和验证。为了保证系统功能的正确性，本书采用多种方法进行测试。首先，进行 MiniMIPS32 处理器设计时，将采用手工编写汇编程序，利用 Vivado 进行软件仿真，并结合指令集仿真器 QtSpim 进行协同验证。搭建完成 MiniMIPS32_SYS 系统后，我们将提供具有较高覆盖率的随机功能点测试和常见 C 程序测试。

第 2 章 MiniMIPS32 处理器的指令集体系结构

在第 1 章所介绍的计算机系统的层次结构中，指令集体系结构（ISA）位于软件和硬件之间，是软硬件的分界面。ISA 对计算机系统的底层硬件细节进行了抽象和屏蔽，为软件提供调用接口，而软件需要根据 ISA 的规定来使用底层硬件，可以说 ISA 在计算机系统中是起到承上启下重要作用的一层。因此，在进行处理器设计时，首先需要了解的就是它所依赖的 ISA，所以，本章就来学习本书所设计的 MiniMIPS32 处理器的指令集体系结构。

本章将从寄存器的结构、存储器的编址方式、指令格式、指令集、寻址方式、处理器的操作模式、协处理器及异常处理等几个方面，全面地了解 MiniMIPS32 处理器的指令集体系结构。除上述内容外，本书所设计 MiniMIPS32 处理器将不支持 TLB、MMU 和操作模式的切换。

2.1 操作数的数据类型

MiniMIPS32 指令集体系结构所支持的操作数均是整数类型，根据操作数位宽的不同，操作数可分为以下 5 种基本类型。

- 比特（bit，b）：位宽为 1 位。
- 字节（byte，B）：位宽为 8 位。
- 半字（half word，H）：位宽为 16 位，2 字节。
- 字（word，W）：位宽为 32 位，4 字节。
- 双字（double word，D）：位宽为 64 位，8 字节。

2.2 寄存器概述

相比主存等外部存储器，寄存器在存储层次中最靠近处理器内核，其数据访问速度最快，可在一个时钟周期内完成存取。因此，RISC 处理器通常会配置大量寄存器，除访存指令外，其他指令的操作数均来自寄存器或立即数。

MiniMIPS32 ISA 所提供的寄存器可以分为以下 3 类。

- 通用寄存器：共计 32 个，每个通用寄存器为 32 位，它们均为程序员（这里指位于操作系统及以下层面的程序员）可见的寄存器。
- 特殊寄存器：包括一对用于存储整数乘/除法结果的寄存器 **HI 和 LO**，以及 1 个用于存放指令地址的 **PC 寄存器**（也称为程序计数器）。其中，HI 和 LO 对程序员是可见的，而 PC 寄存器对程序员是不可见的。
- 系统控制寄存器：主要指 CP0 协处理器中的寄存器。

本节只介绍 MiniMIPS32 处理器中的通用寄存器和特殊寄存器，其布局如图 2-1 所示。有关协处理器 CP0 中的系统控制寄存器详见 7.1.2 节。

1. MiniMIPS32 的通用寄存器

MiniMIPS32 ISA 有 32 个 32 位可见的通用寄存器可供使用，通过$0～$31 表示。其中，两个寄存器被分配了特殊的用途。

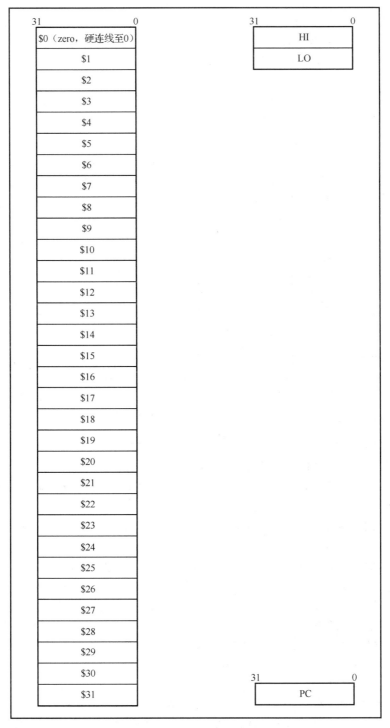

图 2-1　通用寄存器和特殊寄存器

- $0 寄存器：0 号通用寄存器被硬件连线至 0 值，在指令执行过程中，不能更改这个寄存器的值，其值永远是 "0"。该寄存器可作为任何需要 0 值指令的源寄存器。
- $31 寄存器：一般情况下，31 号通用寄存器会被 JAL、BLTZAL 和 BGEZAL 指令隐式地用作目的寄存器，用于存放返回地址。当然，$31 寄存器也可作为普通寄存器使用。

除上述两个寄存器外，其他通用寄存器都可被用作一般的寄存器，在任何指令中使用。需要注意的是，虽然在处理器的硬件设计上对通用寄存器（$0 和$31 除外）的使用规则没有强制规定，但实际应用中（特别是使用第三方子程序，设计编译器、操作系统，进行 C 语言/汇编混合编程时）还是要遵循一系列的寄存器使用约定，并且为了配合这些约定，每个通用寄存器除了编号，还有一个约定的名称（也称"助记符"）。其命名和使用约定如表 2-1 所示。

表 2-1 　通用寄存器的命名和使用约定

寄存器编号	助　记　符	使　用　约　定
$0	$zero	硬连线全接低位，总是返回 0
$1	$at	留作汇编器生成一些宏指令（合成指令）
$2、$3	$v0、$v1	用于存放子程序的非浮点的返回值
$4～$7	$a0～$a3	用于存放子程序调用时的前 4 个非浮点参数
$8～$15	$t0～$t7	临时寄存器，子程序使用这些寄存器时不用保存和恢复，可用来暂存计算过程的中间结果
$24、$25	$t8、$t9	用法同 t0～t7
$16～$23	$s0～$s7	子程序寄存器变量，改变这些寄存器值的子程序必须存储旧值，并在退出前恢复这些值
$26、$27	$k0、$k1	由操作系统的异常或中断处理程序使用
$28	$gp	全局指针寄存器，使用它可以简单、方便地对全局或静态变量进行访问
$29	$sp	栈指针
$30	$s8/$fp	子程序用来做帧指针（frame pointer）
$31	$ra	用于存放子程序的返回地址

**$at**：这个寄存器由汇编器生成的宏指令（也称合成指令）使用（宏指令的介绍详见 3.2.3 节）。当必须显式地使用它（如在异常处理程序中保存和恢复某些寄存器的值）时，可以通过汇编伪指令".noat"来阻止汇编器使用$at 寄存器，但这可能导致汇编程序中的一些宏指令不可用。

$a0～$a3：用来传递子程序调用时所需要的前 4 个非浮点参数，当参数多于 4 个时，通过存储器进行参数传递。

$t0～$t9：临时寄存器，也称为调用者保存寄存器。当一个程序调用子程序时，子程序可以不用保存这些寄存器的值而随意使用，可用来暂存计算过程中的中间结果。因此，为了防止子程序破坏这些寄存器的值，需要由调用者保存这些寄存器的值，并在子程序调用返回后恢复这些值。

$s0～$s9：子程序寄存器变量，也称子程序保存寄存器。子程序必须保证这些寄存器的值在调用前后维持不变。因此，要么在子程序执行过程中不使用这些寄存器，要么在子程序开头将这些寄存器的值存储在堆栈中，并在子程序返回时将这些寄存器的内容恢复到调用前的值。

$gp：全局指针寄存器，是一个十分特殊的寄存器。它指向运行时静态数据区域（data section）的一个位置。利用该寄存器，在上下各 32KB 大小的寻址范围内，只需一条指令就可完成对数据的访问。如果不使用全局指针（可通过在编译选项中添加"-G0"实现），则访问静态数据区域的数据需要两条指令：第一条指令获得 32 位访问地址，第二条指令根据地址访问数据。

为了创建$gp 相关的引用，必须在编译时判断一个数据是否在 64KB 主存地址范围内。然而，这是无法在编译时判断的，只能进行猜测。猜测的方法是在$gp 规定的范围内放置较少的全局数据（如 8B 或更小），当链接器发现这些全局数据仍然太大而超过$gp 上下各 32KB 范围时，则发出警报。

**$sp**：栈指针寄存器，栈指针的上下移动需要显式地通过指令实现，因此 MIPS 通常只在子程序调用和返回时才调整栈指针。通常在子程序入口，$sp 被调整以指向子程序可能用到数据栈的最底部，然后通过相对于$sp 的偏移量访问栈中数据。

**$fp**：帧指针寄存器，也记为$s8，用于跟踪堆栈的变化。如果子程序需要在运行时动态调整堆栈大小，如 C 语言库函数 alloca( )，可以通过调整$fp 实现。

这些通用寄存器的使用约定将在 3.3 节进行详细讲述。

2. MiniMIPS32 的特殊寄存器

MiniMIPS32 包含 3 个特殊功能的寄存器：PC（Program Counter，程序计数器）、HI（乘/除结果高位寄存器）和 LO（乘/除结果低位寄存器）。HI 和 LO 是乘/除法专用寄存器：对于乘法，HI 寄存器保存乘法结果的高 32 位，LO 寄存器保存乘法结果的低 32 位；对于除法；HI 寄存器保存除法结果的余数部分，LO 寄存器保存除法结果的商部分。PC 寄存器对程序员是不可见的，即无法通过指令显式地改变 PC 值，只能由处理器硬件自动更新。

2.3　MiniMIPS32 存储空间的编址方式

与大多数的处理器相同，MiniMIPS32 的存储空间以字节作为最小编址单位，即字节是最小的可访问单位。当对多字节的数据（如半字、字、双字）进行访问时，多字节在存储器中的摆放位置由**字节序（endianess）**决定。字节序主要可分为大端字节序和小端字节序。

如果数据的最高有效字节存放在存储器的低地址中，最低有效字节存放在存储器的高地址中，则称之为大端字节序，如图 2-2（a）所示。每个字的最高有效字节存储在 0、4、8、12 地址处，最低有效字节存储在 3、7、11、15 地址处。反之，如果最高有效字节存放在高地址中，最低有效字节存放在低地址中，则称之为小端字节序，如图 2-2（b）所示。基于 MIPS 的处理器可通过 CP0 协处理器中的寄存器配置大小端字节序，本书设计的 **MiniMIPS32 默认采用小端字节序**。

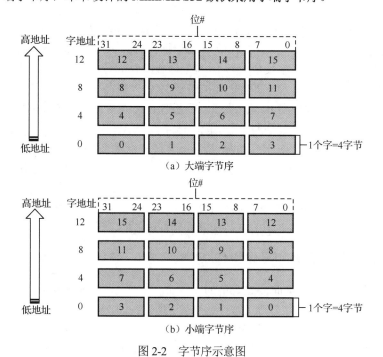

图 2-2　字节序示意图

此外，对于多字节数据的寻址，MiniMIPS32 处理器需遵循以下 3 条对齐原则。

● 半字访问必须以偶字节地址为边界对齐，即地址的最低位为 0（0、2、4、……）。

● 字访问必须以能被 4 整除的字节地址为边界对齐，即地址的最低两位为 00（0、4、8、……）。

● 双字访问必须以能被 8 整除的字节地址为边界对齐，即地址的最低 3 位为 000（0、8、16、……）。

2.4 指 令 系 统

2.4.1 MiniMIPS32 的指令格式

MiniMIPS32 所支持的指令均采用固定长度 32 位，根据指令格式可划分为 3 类，即 I-型指令、R-型指令和 J-型指令，分别对应立即数类指令、寄存器类指令和跳转类指令。图 2-3 给出了这 3 种类型指令的具体格式。

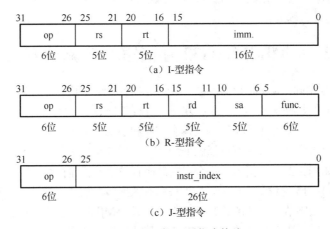

图 2-3   MiniMIPS32 指令格式

● I-型指令：32 位指令字被划分为 4 个字段。op 字段表示操作码，用于区分指令的功能。rs 字段为通用寄存器编号，表示一个源操作数来自通用寄存器。rt 字段表示目的寄存器的编号，用于存放指令运行结果。imm.字段是一个 16 位立即数，表示另一个操作数。由于 MiniMIPS32 的操作数都是 32 位，故 16 位立即数需要扩展至 32 位才能参与运算，而该扩展又可分为无符号扩展和符号扩展。前者的高 16 位全是 0，后者则用 16 位立即数的符号位填满高 16 位。

● R-型指令：32 位指令字被划分为 6 个字段。op 字段表示操作码，但通常为全 0，需要与 6 位的func.功能码字段共同决定指令的功能。rs 和 rt 字段表示两个源操作所在通用寄存器的编号。rd 字段表示目的寄存器的编号。sa 字段只在移位指令中使用，表示移位位数，对于其他 R-型指令，sa 字段为全 0。

● J-型指令：主要是跳转指令，32 位指令字被划分为 2 个字段。op 操作码字段确定指令的操作类型，低 26 位的 instr_index 字段用于产生跳转的目标地址。

2.4.2 MiniMIPS32 指令集和具体操作

为了控制设计规模和难度，同时保证功能的完备性，本书设计的 MiniMIPS32 处理器所支持的指令集是在 MIPS32 Release 1 指令集基础上进行适当裁剪所得到的，是 MIPS32 Release 1 指令集的一个子集，共计 **56** 条。指令根据功能可以分为以下 5 类：运算指令、访存指令、转移指令、协处理器指令和异常相关指令。下面对这 5 类指令的格式和具体操作进行详细介绍。

1. 运算指令

MiniMIPS32 的运算是在二进制补码形式的整数上进行的。运算指令又可分为以下 4 类：

- ALU 立即数指令；
- ALU 寄存器指令；
- 移位指令；
- 乘/除类指令。

（1）ALU 立即数指令

这类指令是指两个源操作数分别来自通用寄存器和 16 位立即数的算术运算指令、比较运算指令和逻辑运算指令。这些指令都是 I-型指令，共计 8 条。对于算术运算指令和比较运算指令，16 位立即数被认为是有符号数，需要符号扩展至 32 位参与运算；对于逻辑运算指令，16 位立即数则被认为是无符号数，只需无符号扩展至 32 位参与运算。

- **ADDI**（加立即数，可触发溢出异常）。

31　　　　26	25　　21	20　　16	15　　　　　　　　　　　0
001000	rs	rt	imm.

汇编格式：ADDI rt, rs, imm.

汇编示例：ADDI $s1, $s0, 0x1234

功能描述：将寄存器 rs 的值与立即数 imm.**有符号扩展**至 32 位后的值相加，结果存入 rt 寄存器。如果产生溢出，则触发整型溢出异常（Integer Overflow）。

操作定义：

```
tmp ← (GPR[rs]₃₁ || GPR[rs]₃₁..₀) + sign_extend(imm.)  // "||"表示连接
if tmp₃₂ ≠ tmp₃₁ then
    SignalException(Integer Overflow)
else
    GPR[rt] ← tmp₃₁..₀
endif
```

异　　常：如果计算结果出现溢出，则触发整数溢出异常。

指令格式：I-型。

- **ADDIU**（加立即数，不触发溢出异常）。

31　　　　26	25　　21	20　　16	15　　　　　　　　　　　0
001001	rs	rt	imm.

汇编格式：ADDIU rt, rs, imm.

汇编示例：ADDIU $s1, $s0, 0x1234

功能描述：将寄存器 rs 的值与**有符号扩展**至 32 位的立即数 imm.相加，结果存入 rt 寄存器。

操作定义：

```
GPR[rt] ← GPR[rs] + sign_extend(imm.)
```

异　　常：无。

指令格式：I-型。

- **SLTI**（有符号小于立即数置 1）。

31　　　　26	25　　21	20　　16	15　　　　　　　　　　　0
001010	rs	rt	imm.

汇编格式：SLTI rt, rs, imm.

汇编示例：SLTI $s1, $s0, 0x1234

功能描述：将寄存器 rs 的值与立即数 imm.**有符号扩展**至 32 位后的值进行**有符号比较**，如果寄存器 rs 的值小于立即数，则寄存器 rt 置 1，否则寄存器 rt 置 0。该比较指令不触发整数溢出异常。

操作定义：

```
if GPR[rs] < sign_extend(imm.) then
    GPR[rt] ← (0³¹ || 1);
else
    GPR[rt] ← 0³²;
endif
```

异　　常：无。

指令格式：I-型。

● **SLTIU**（无符号小于立即数置 1）。

31　　26	25　　21	20　　16	15　　　　　　　　　　　0
001011	rs	rt	imm.

汇编格式：SLTIU rt, rs, immediate

汇编示例：SLTIU $s1, $s0, 0x1234

功能描述：将寄存器 rs 的值与立即数 imm.**有符号扩展**至 32 位后的值进行**无符号比较**，如果寄存器 rs 的值小于立即数，则寄存器 rt 置 1，否则寄存器 rt 置 0。

操作定义：

```
if (0 || GPR[rs]) < (0 || sign_extend(imm.)) then
    GPR[rt] ← (0³¹ || 1)
else
    GPR[rt] ← 0³²
endif
```

异　　常：无。

指令格式：I-型。

● **ANDI**（按位与立即数）。

31　　26	25　　21	20　　16	15　　　　　　　　　　　0
001100	rs	rt	imm.

汇编格式：ANDI rt, rs, imm.

汇编示例：ANDI $s1, $s0, 0x1234

功能描述：将寄存器 rs 的值与立即数 imm.**无符号扩展**至 32 位后的值执行按位逻辑与操作，结果存入寄存器 rt。

操作定义：

```
GPR[rt] ← GPR[rs] AND zero_extend(imm.)
```

异　　常：无。

指令格式：I-型。

● **ORI**（按位或立即数）。

31　　26	25　　21	20　　16	15　　　　　　　　　　　0
001101	rs	rt	imm.

汇编格式：ORI rt, rs, imm.

汇编示例：ORI $s1, $s0, 0x1234

功能描述：将寄存器 rs 的值与立即数 imm.**无符号扩展**至 32 位后的值执行按位逻辑或操作，结果存入寄存器 rt。

操作定义：

> GPR[rt] ← GPR[rs] *OR* zero_extend(imm.)

异　　常：无。

指令格式：I-型。

● **XORI**（按位异或立即数）。

31　　　26	25　　　21	20　　　16	15　　　　　　　　　　0
001110	rs	rt	imm.

汇编格式：XORI rt, rs, imm.

汇编示例：XORI $s1, $s0, 0x1234

功能描述：将寄存器 rs 的值与立即数 imm.**无符号扩展**至 32 位后的值执行按位逻辑异或操作，结果存入寄存器 rt。

操作定义：

> GPR[rt] ← GPR[rs] *XOR* zero_extend(imm.)

异　　常：无。

指令格式：I-型。

● **LUI**（寄存器高半字置立即数）。

31　　　26	25　　　21	20　　　16	15　　　　　　　　　　0
001111	00000	rt	imm.

汇编格式：LUI rt, imm.

汇编示例：LUI $s0, 0x1234

功能描述：将 16 位立即数写入寄存器 rt 的高 16 位，寄存器 rt 的低 16 位置 0。

操作定义：

> GPR[rt] ← (imm. || 0^{16})

异　　常：无。

指令格式：I-型。

（2）ALU 寄存器指令。

这类指令是指两个源操作数都来自通用寄存器的算术运算指令、比较运算指令和逻辑运算指令。它们都是 R-型指令，共计 10 条。

● **ADD**（加，可触发溢出异常）。

31　　26	25　　　21	20　　　16	15　　　11	10　　　6	5　　　　0
Special 000000	rs	rt	rd	00000	100000

汇编格式：ADD rd, rs, rt

汇编示例：ADD $t0, $s0, $s1

功能描述：将寄存器 rs 的值与寄存器 rt 的值相加，结果存入 rd 寄存器。如果产生溢出，则触发整型溢出异常（Integer Overflow）。

操作定义：

> tmp ← (GPR[rs]$_{31}$ || GPR[rs]$_{31..0}$) + (GPR[rt]$_{31}$ || GPR[rt]$_{31..0}$)
> if tmp$_{32}$ ≠ tmp$_{31}$ then

```
        SignalException(Integer Overflow)
    else
        GPR[rd] ← tmp₃₁..₀
    endif
```

异　　常：如果计算结果出现溢出，则触发整数溢出异常。

指令格式：R-型。

● **ADDU**（加，不触发溢出异常）。

Special 000000	rs	rt	rd	00000	100001

（31　　26 25　　21 20　　16 15　　11 10　　6 5　　0）

汇编格式：ADDU rd, rs, rt

汇编示例：ADDU $t0, $s0, $s1

功能描述：将寄存器 rs 的值与寄存器 rt 的值相加，结果存入 rd 寄存器。

操作定义：

```
    GPR[rd] ← GPR[rs] + GPR[rt]
```

异　　常：无。

指令格式：R-型。

● **SUB**（减，可触发溢出异常）。

Special 000000	rs	rt	rd	00000	100010

（31　　26 25　　21 20　　16 15　　11 10　　6 5　　0）

汇编格式：SUB rd, rs, rt

汇编示例：SUB $t0, $s0, $s1

功能描述：将寄存器 rs 的值与寄存器 rt 的值相减，结果存入 rd 寄存器。如果产生溢出，则触发
型溢出异常（Integer Overflow）。

操作定义：

```
    tmp ← (GPR[rs]₃₁ || GPR[rs]₃₁..₀) - (GPR[rt]₃₁ || GPR[rt]₃₁..₀)
    if tmp₃₂ ≠ tmp₃₁ then
        SignalException(Integer Overflow)
    else
        GPR[rd] ← tmp₃₁..₀
    endif
```

异　　常：如果计算结果出现溢出，则触发整数溢出异常。

指令格式：R-型。

● **SUBU**（减，不触发溢出异常）。

Special 000000	rs	rt	rd	00000	100011

（31　　26 25　　21 20　　16 15　　11 10　　6 5　　0）

汇编格式：SUBU rd, rs, rt

汇编示例：SUBU $t0, $s0, $s1

功能描述：将寄存器 rs 的值与寄存器 rt 的值相减，结果存入 rd 寄存器。

操作定义：

```
    GPR[rd] ← GPR[rs] - GPR[rt]
```

异　　常：无。

指令格式：R-型。

● **SLT**（有符号小于置 **1**）。

31　　　26	25　　　21	20　　　16	15　　　11	10　　　6	5　　　0
Special 000000	rs	rt	rd	00000	101010

汇编格式：SLT rd, rs, rt

汇编示例：SLT $t0, $s0, $s1

功能描述：将寄存器 rs 的值与寄存器 rt 的值进行**有符号比较**，如果寄存器 rs 的值小于寄存器 rt 的值，则寄存器 rd 置 1，否则寄存器 rd 置 0。该指令不触发整数溢出异常。

操作定义：

```
if GPR[rs] < GPR[rt] then
    GPR[rd] ← (0^31 || 1);
else
    GPR[rd] ← 0^32
endif
```

异　　常：无。

指令格式：R-型。

● **SLTU**（无符号小于置 **1**）。

31　　　26	25　　　21	20　　　16	15　　　11	10　　　6	5　　　0
Special 000000	rs	rt	rd	00000	101011

汇编格式：SLTU rd, rs, rt

汇编示例：SLTU $t0, $s0, $s1

功能描述：将寄存器 rs 的值与寄存器 rt 的值进行**无符号比较**，如果寄存器 rs 的值小于寄存器 rt 的值，则寄存器 rd 置 1，否则寄存器 rd 置 0。

操作定义：

```
if (0 || GPR[rs]) < (0 || GPR[rt]) then
    GPR[rd] ← (0^31 || 1);
else
    GPR[rd] ← 0^32
endif
```

异　　常：无。

指令格式：R-型。

● **AND**（按位与）。

31　　　26	25　　　21	20　　　16	15　　　11	10　　　6	5　　　0
Special 000000	rs	rt	rd	00000	100100

汇编格式：AND rd, rs, rt

汇编示例：AND $t0, $s0, $s1

功能描述：将寄存器 rs 的值与寄存器 rt 的值按位逻辑与，结果存入寄存器 rd。

操作定义：

```
GPR[rd] ← GPR[rs] AND GPR[rt]
```

异　　常：无。

指令格式：R-型。

● **OR（按位或）。**

31　　26	25　　21	20　　16	15　　11	10　　6	5　　0
Special 000000	rs	rt	rd	00000	100101

汇编格式：OR rd, rs, rt

汇编示例：OR $t0, $s0, $s1

功能描述：将寄存器 rs 的值与寄存器 rt 的值按位逻辑或，结果存入寄存器 rd。

操作定义：

```
GPR[rd] ← GPR[rs] OR GPR[rt]
```

异　　常：无。

指令格式：R-型。

● **NOR（按位或非）。**

31　　26	25　　21	20　　16	15　　11	10　　6	5　　0
Special 000000	rs	rt	rd	00000	100111

汇编格式：NOR rd, rs, rt

汇编示例：NOR $t0, $s0, $s1

功能描述：将寄存器 rs 的值与寄存器 rt 的值按位逻辑或非，结果存入寄存器 rd。

操作定义：

```
GPR[rd] ← GPR[rs] NOR GPR[rt]
```

异　　常：无。

指令格式：R-型。

● **XOR（按位异或）。**

31　　26	25　　21	20　　16	15　　11	10　　6	5　　0
Special 000000	rs	rt	rd	00000	100110

汇编格式：XOR rd, rs, rt

汇编示例：XOR $t0, $s0, $s1

功能描述：将寄存器 rs 的值与寄存器 rt 的值按位逻辑异或，结果存入寄存器 rd。

操作定义：

```
GPR[rd] ← GPR[rs] XOR GPR[rt]
```

异　　常：无。

指令格式：R-型。

（3）移位指令

MiniMIPS32 根据确定移位位数的方式，将移位指令分为两类，共计 6 条。

1）以指令字中的 5 位 sa 字段作为移位位数的移位指令。

2）以一个通用寄存器的低 5 位作为移位位数的移位指令。

● **SLL（逻辑左移，移位位数来自 sa 字段）。**

31　　26	25　　21	20　　16	15　　11	10　　6	5　　0
Special 000000	00000	rt	rd	sa	000000

汇编格式：SLL rd, rt, sa

汇编示例：SLL $s1, $s0, 8

功能描述：将寄存器 rt 的值逻辑左移 sa 位，结果存入寄存器 rd。

操作定义：

```
s ← sa
GPR[rd] ← GPR[rt][31-s]..0 || 0^s
```

异　　常：无。

指令格式：R-型。

特别说明：SLL $0, $0, 0 表示将 0 号寄存器的值逻辑左移 0 位，结果存入 0 号寄存器。因为 0 号寄存器的值一直为 0，故该汇编指令可代表空（**NOP**）操作。

- **SRL**（逻辑右移，移位位数来自 **sa** 字段）。

31　　　26	25　　　21	20　　　16	15　　　11	10　　　6	5　　　0
Special 000000	00000	rt	rd	sa	000010

汇编格式：SRL rd, rt, sa

汇编示例：SRL $s1, $s0, 8

功能描述：将寄存器 rt 的值逻辑右移 sa 位，结果存入寄存器 rd。

操作定义：

```
s ← sa
GPR[rd] ← 0^s || GPR[rt]31..s
```

异　　常：无。

指令格式：R-型。

- **SRA**（算术右移，移位位数来自 **sa** 字段）。

31　　　26	25　　　21	20　　　16	15　　　11	10　　　6	5　　　0
Special 000000	00000	rt	rd	sa	000011

汇编格式：SRA rd, rt, sa

汇编示例：SRA $s1, $s0, 8

功能描述：将寄存器 rt 的值算术右移 sa 位，结果存入寄存器 rd。

操作定义：

```
s ← sa
GPR[rd] ← (GPR[rt]31)^s || GPR[rt]31..s
```

异　　常：无。

指令格式：R-型。

- **SLLV**（逻辑左移，移位位数来自寄存器）。

31　　　26	25　　　21	20　　　16	15　　　11	10　　　6	5　　　0
Special 000000	rs	rt	rd	00000	000100

汇编格式：SLLV rd, rt, rs

汇编示例：SLLV $t0, $s1, $s0

功能描述：由寄存器 rs 的低 5 位指定移位位数，将寄存器 rt 的值进行逻辑左移，结果存入寄存器 rd。

操作定义：

```
    s ← GPR[rs]₄..₀
    GPR[rd] ← GPR[rt][31-s]..₀ || 0ˢ
```

异　　常：无。

指令格式：R-型。

● **SRLV**（逻辑右移，移位位数来自寄存器）。

31　　26	25　　21	20　　16	15　　11	10　　6	5　　0
Special 000000	rs	rt	rd	00000	000110

汇编格式：SRLV rd, rt, rs

汇编示例：SRLV $t0, $s1, $s0

功能描述：由寄存器 rs 的低 5 位指定移位位数，将寄存器 rt 的值进行逻辑右移，结果存入寄存器 rd。

操作定义：

```
    s ← GPR[rs]₄..₀
    GPR[rd] ← 0ˢ || GPR[rt]₃₁..ₛ
```

异　　常：无。

指令格式：R-型。

● **SRAV**（算术右移，移位位数来自寄存器）。

31　　26	25　　21	20　　16	15　　11	10　　6	5　　0
Special 000000	rs	rt	rd	00000	000111

汇编格式：SRAV rd, rt, rs

汇编示例：SRAV $t0, $s1, $s0

功能描述：由寄存器 rs 的低 5 位指定移位位数，将寄存器 rt 的值进行算术右移，结果存入寄存器 rd。

操作定义：

```
    s ← GPR[rs]₄..₀
    GPR[rd] ← (GPR[rt]₃₁)ˢ || GPR[rt]₃₁..ₛ
```

异　　常：无。

指令格式：R-型。

（4）乘/除类指令

因为 MiniMIPS32 处理器采用 32 位指令集，通用寄存器的宽度也是 32 位，所以乘法和除法都将产生一个 64 位的结果。该 64 位结果并不是保存在通用寄存器中，而是存放在两个特殊的 32 位寄存器（HI 和 LO）中。因此，这类指令还包含了 HI 和 LO 寄存器与通用寄存器之间的数据移动指令。MiniMIPS32 所支持的乘/除类指令共计 8 条。

● **MULT**（有符号乘法）。

31　　26	25　　21	20　　16	15　　11	10　　6	5　　0
Special 000000	rs	rt	00000	00000	011000

汇编格式：MULT rs, rt

汇编示例：MULT $s0, $s1

功能描述：有符号乘法，寄存器 rs 的值乘以寄存器 rt 的值，乘积结果的低 32 位保存到寄存器 LO，高 32 位保存到寄存器 HI。

操作定义：

```
prod ← GPR[rs] × GPR[rt]
LO ← prod₃₁..₀
HI ← prod₆₃..₃₂
```

异　　常：无。

指令格式：R-型。

● **MULTU**（无符号乘法）。

31　　26	25　　21	20　　16	15　　11	10　　6	5　　0
Special 000000	rs	rt	00000	00000	011001

汇编格式：MULTU rs, rt

汇编示例：MULTU $s0, $s1

功能描述：无符号乘法，寄存器 rs 的值乘以寄存器 rt 的值，乘积结果的低 32 位保存到寄存器 LO，高 32 位保存到寄存器 HI。

操作定义：

```
prod ← (0 || GPR[rs]) × (0 || GPR[rt])
LO ← prod₃₁..₀
HI ← prod₆₃..₃₂
```

异　　常：无。

指令格式：R-型。

● **DIV**（有符号除法）。

31　　26	25　　21	20　　16	15　　11	10　　6	5　　0
Special 000000	rs	rt	00000	00000	011010

汇编格式：DIV rs, rt

汇编示例：DIV $s0, $s1

功能描述：有符号除法，寄存器 rs 的值除以寄存器 rt 的值，商存入寄存器 LO，余数存入寄存器 HI。

操作定义：

```
q ← GPR[rs] / GPR[rt]
LO ← q
r ← GPR[rs] mod GPR[rt]
HI ← r
```

异　　常：无。

指令格式：R-型。

● **DIVU**（无符号除法）。

31　　26	25　　21	20　　16	15　　11	10　　6	5　　0
Special 000000	rs	rt	00000	00000	011011

汇编格式：DIVU rs, rt

汇编示例：DIVU $s0, $s1

功能描述：无符号除法，寄存器 rs 的值除以寄存器 rt 的值，商存入寄存器 LO，余数存入寄存器 HI。

操作定义：

```
q ← (0 || GPR[rs]) / (0 || GPR[rt])
LO ← q
r ← (0 || GPR[rs]) mod (0 || GPR[rt])
HI ← r
```

异　　常：无。

指令格式：R-型。

● **MFHI（HI 寄存器至通用寄存器）。**

31　　　26	25　　　21	20　　　16	15　　　11	10　　　6	5　　　0
Special 000000	00000	00000	rd	00000	010000

汇编格式：MFHI rd

汇编示例：MFHI $s0

功能描述：将寄存器 HI 的值存入通用寄存器 rd。

操作定义：

```
GPR[rd] ← HI
```

异　　常：无。

指令格式：R-型。

● **MFLO（LO 寄存器至通用寄存器）。**

31　　　26	25　　　21	20　　　16	15　　　11	10　　　6	5　　　0
Special 000000	00000	00000	rd	00000	010010

汇编格式：MFLO rd

汇编示例：MFLO $s0

功能描述：将寄存器 LO 的值存入通用寄存器 rd。

操作定义：

```
GPR[rd] ← LO
```

异　　常：无。

指令格式：R-型。

● **MTHI（通用寄存器至 HI 寄存器）。**

31　　　26	25　　　21	20　　　16	15　　　11	10　　　6	5　　　0
Special 000000	rs	00000	00000	00000	010001

汇编格式：MTHI rs

汇编示例：MTHI $s0

功能描述：将通用寄存器 rs 的值存入寄存器 HI。

操作定义：

```
HI ← GPR[rs]
```

异　　常：无。

指令格式：R-型。

● **MTLO（通用寄存器至 LO 寄存器）。**

31　　　　26	25　　　21	20　　　16	15　　　11	10　　　6	5　　　　0
Special 000000	rs	00000	00000	00000	010011

汇编格式：MTLO rs

汇编示例：MTLO $s0

功能描述：将通用寄存器 rs 的值存入寄存器 LO。

操作定义：

```
LO ← GPR[rs]
```

异　　常：无。

指令格式：R-型。

2. 访存指令

MiniMIPS32 中的访存指令是指加载指令和存储指令。由于 MiniMIPS32 采用 RISC 架构，因此只有加载指令和存储指令可以访问存储器，其中，加载指令从存储器中读出数据，存储指令将数据写入存储器。通过对访问数据进行符号扩展或无符号扩展，访存指令可对不同位宽（字节、半字和字）的有符号数据和无符号数据进行访问，并且访存地址都是**对齐**的。访存指令共计 8 条。

（1）加载指令

● **LB**（加载有符号字节）。

31　　　　26	25　　　21	20　　　16	15　　　　　　　　0
100000	base	rt	offset

汇编格式：LB rt, offset(base)

汇编示例：LB $s1, 5($s0)

功能描述：将寄存器 base（即 rs 字段）的值与立即数 offset（即 imm.字段）进行**符号扩展**后的值相加得到访存地址，根据此访存地址从存储器中读出 1 字节并进行**符号扩展**，存入寄存器 rt。

操作定义：

```
Addr. ← signed_extend(offset) + GPR[base]
membyte ← MEM[Addr.]
GPR[rt] ← sign_extend(membyte)
```

异　　常：无。

指令格式：I-型。

● **LBU**（加载无符号字节）。

31　　　　26	25　　　21	20　　　16	15　　　　　　　　0
100100	base	rt	offset

汇编格式：LBU rt, offset(rs)

汇编示例：LBU $s1, 5($s0)

功能描述：将寄存器 base（即 rs 字段）的值与立即数 offset（即 imm.字段）进行**符号扩展**后的值相加得到访存地址，根据此访存地址从存储器中读出 1 字节并进行**无符号扩展**，存入寄存器 rt。

操作定义：

```
Addr. ← signed_extend(offset) + GPR[base]
membyte ← MEM[Addr.]
GPR[rt] ← zero_extend(membyte)
```

异　　常：无。

指令格式：I-型。

● **LH**（加载有符号半字）。

31 26	25 21	20 16	15 0
100001	base	rt	offset

汇编格式：LH rt, offset(rs)

汇编示例：LH $s1, 6($s0)

功能描述：将寄存器 base（即 rs 字段）的值与立即数 offset（即 imm.字段）进行**符号扩**展后的值相加得到访存地址。如果地址不是 2 的整倍数（即地址的最低位不是 0），则触发**地址错异常**；否则根据此访存地址从存储器中读出连续 2 字节并进行**符号扩展**，存入寄存器 rt。

操作定义：

```
Addr. ← signed_extend(offset) + GPR[base]
if (Addr.0 ≠ 0)
    SignalException(Address Error)
else
    memhalfword ← MEM[Addr.]
    GPR[rt] ← signed_extend(memhalfword)
endif
```

异   常：地址最低位不是 0，触发地址错异常。

指令格式：I-型。

● **LHU**（加载无符号半字）。

31 26	25 21	20 16	15 0
100101	base	rt	offset

汇编格式：LHU rt, offset(rs)

汇编示例：LHU $s1, 6($s0)

功能描述：将寄存器 base（即 rs 字段）的值与立即数 offset（即 imm.字段）进行**符号扩展**后的值相加得到访存地址。如果地址不是 2 的整倍数（即地址的最低位不是 0），则触发**地址错异常**；否则根据此访存地址从存储器中读出连续 2 字节并进行**无符号扩展**，存入寄存器 rt。

操作定义：

```
Addr. ← signed_extend(offset) + GPR[base]
if (Addr.0 ≠ 0)
    SignalException(Address Error)
else
    memhalfword ← MEM[Addr.]
    GPR[rt] ← zero_extend(memhalfword)
endif
```

异   常：地址最低位不是 0，触发地址错异常。

指令格式：I-型。

● **LW**（加载字）。

31 26	25 21	20 16	15 0
100011	base	rt	offset

汇编格式：LW rt, offset(rs)

汇编示例：LW $s1, 12($s0)

功能描述：将寄存器 base（即 rs 字段）的值与立即数 offset（即 imm.字段）进行**符号扩展**后的值

相加得到访存地址。如果地址不是 4 的整倍数（即地址最低两位不全是 0），则触发**地址错异常**；否则按此地址从存储器中读出连续 4 字节，存入寄存器 rt。

操作定义：

```
    Addr. ← signed_extend(offset) + GPR[base]
    if (Addr.1..0 ≠ 0²)
        SignalException(Address Error)
    else
        memword ← MEM[Addr.]
        GPR[rt] ← memword
    endif
```

异　　常：地址最低两位不全是 0，触发地址错异常。

指令格式：I-型。

（2）存储指令

● **SB（存储字节）。**

31　　　　26	25　　21	20　　16	15　　　　　　　　　　　　0
101000	base	rt	offset

汇编格式：SB rt, offset(rs)

汇编示例：SB $s1, 5($s0)

功能描述：将寄存器 base（即 rs 字段）的值与立即数 offset（即 imm.字段）进行**符号扩展**后的值相加得到访存地址，根据此访存地址将寄存器 rt 的最低字节存入存储器。

操作定义：

```
    Addr. ← signed_extend(offset) + GPR[base]
    membyte ← GPR[rt]7..0
    MEM[Addr.] ← membyte
```

异　　常：无。

指令格式：I-型。

● **SH（存储半字）。**

31　　　　26	25　　21	20　　16	15　　　　　　　　　　　　0
101001	base	rt	offset

汇编格式：SH rt, offset(rs)

汇编示例：SH $s1, 6($s0)

功能描述：将寄存器 base（即 rs 字段）的值与立即数 offset（即 imm.字段）进行**符号扩展**后的值相加得到访存地址。如果地址不是 2 的整倍数（即地址的最低位不是 0），则触发**地址错异常**；否则根据此访存地址将寄存器 rt 的低半字存入存储器。

操作定义：

```
    Addr. ← signed_extend(offset) + GPR[base]
    if (Addr.0 ≠ 0)
        SignalException(Address Error)
    else
        memhalfword ← GPR[rt]15..0
        MEM[Addr.] ← memhalfword
    endif
```

异　　常：地址最低位不是 0，触发地址错异常。

指令格式：I-型。

● **SW（存储字）。**

31　　　26	25　　　21	20　　　16	15　　　　　　　　　　　　0
101011	base	rt	offset

汇编格式：SW rt, offset(rs)

汇编示例：SW $s1, 12($s0)

功能描述：将寄存器 base（即 rs 字段）的值与立即数 offset（即 imm.字段）进行**符号扩展**后的值相加得到访存地址。如果地址不是 4 的整倍数（即地址的最低两位不全是 0），则触发**地址错异常**；否则根据此访存地址将寄存器 rt 的值存入存储器。

操作定义：

```
Addr. ← signed_extend(offset) + GPR[base]
if (Addr.₁..₀ ≠ 0²)
    SignalException(Address Error)
else
    memword ← GPR[rt]₃₁..₀
    MEM[Addr.] ← memword
endif
```

异　　常：地址最低两位不全是 0，触发地址错异常。

指令格式：I-型。

3. 转移指令

转移指令指改变程序正常顺序执行流程的指令，分为**分支指令（branch）**和**跳转指令（jump）**。分支指令是**条件转移指令**，条件满足时，程序转移到相应目标地址执行，否则程序顺序执行。跳转指令是**无条件转移指令**，当遇到该类指令时，程序的执行流程发生改变。

（1）分支指令

● **BEQ（相等转移）。**

31　　　26	25　　　21	20　　　16	15　　　　　　　　　　　　0
000100	base	rt	offset

汇编格式：BEQ rs, rt, offset

汇编示例：BEQ $s0, $s1, label

功能描述：如果寄存器 rs 的值**等于**寄存器 rt 的值，则程序执行流程发生转移；否则顺序执行。转移目标地址由 16 位立即数字段 offset 左移两位（共计 18 位）并进行符号扩展后的值与该分支指令的下一条指令的地址（即 PC＋4）相加所得。

操作定义：

```
target_offset ← signed_extend(offset || 0²)
if (GPR[rs] == GPR[rt])
    PC ← (PC + 4) + target_offset
else
    PC ← PC + 4
endif
```

异　　常：无。

指令格式：I-型。

● **BNE（不相等转移）。**

31	26	25	21	20	16	15	0
000101		rs		rt		offset	

汇编格式：BNE rs, rt, offset

汇编示例：BNE $s0, $s1, label

功能描述：如果寄存器 rs 的值**不等于**寄存器 rt 的值，则程序执行流程发生转移；否则顺序执行。转移目标地址由 16 位立即数字段 offset 左移两位（共计 18 位）并进行符号扩展后的值与该分支指令的下一条指令的地址（即 PC＋4）相加所得。

操作定义：

```
target_offset ← signed_extend(offset || 0²)
if (GPR[rs] ≠ GPR[rt])
    PC ← (PC + 4) + target_offset
else
     PC ← PC + 4
endif
```

异　　常：无。

指令格式：I-型。

● **BGEZ**（大于等于 0 转移）。

31	26	25	21	20	16	15	0
REGIMM 000001		rs		00001		offset	

汇编格式：BGEZ rs, offset

汇编示例：BGEZ $s0, label

功能描述：如果寄存器 rs 的值**大于等于 0**，则程序执行流程发生转移；否则顺序执行。转移目标地址由 16 位立即数字段 offset 左移两位（共计 18 位）并进行符号扩展后的值与该分支指令的下一条指令的地址（即 PC＋4）相加所得。

操作定义：

```
target_offset ← signed_extend(offset || 0²)
if (GPR[rs] >= 0)
    PC ← (PC + 4) + target_offset
else
    PC ← PC + 4
endif
```

异　　常：无。

指令格式：I-型。

● **BGTZ**（大于 0 转移）。

31	26	25	21	20	16	15	0
000111		rs		00000		offset	

汇编格式：BGTZ rs, offset

汇编示例：BGTZ $s0, label

功能描述：如果寄存器 rs 的值**大于 0**，则程序执行流程发生转移；否则顺序执行。转移目标地址由 16 位立即数字段 offset 左移两位（共计 18 位）并进行符号扩展后的值与该分支指令的下一条指令的地址（即 PC＋4）相加所得。

操作定义：

```
target_offset ← signed_extend(offset || 0²)
if (GPR[rs] > 0)
    PC ← (PC + 4) + target_offset
else
    PC ← PC + 4
endif
```

异　　常：无。

指令格式：I-型。

● **BLEZ**（小于等于 0 转移）。

31　　　26	25　　21	20　　16	15　　　　　　　　　　　0
000110	rs	00000	offset

汇编格式：BLEZ rs, offset

汇编示例：BLEZ $s0, label

功能描述：如果寄存器 rs 的值小于等于 **0**，则程序执行流程发生转移；否则顺序执行。转移目标地址由 16 位立即数字段 offset 左移两位（共计 18 位）并进行符号扩展后的值与该分支指令的下一条指令的地址（即 PC＋4）相加所得。

操作定义：

```
target_offset ← signed_extend(offset || 0²)
if (GPR[rs] <= 0)
    PC ← (PC + 4) + target_offset
else
    PC ← PC + 4
endif
```

异　　常：无。

指令格式：I-型。

● **BLTZ**（小于 0 转移）。

31　　　26	25　　21	20　　16	15　　　　　　　　　　　0
REGIMM 000001	rs	00000	offset

汇编格式：BLTZ rs, offset

汇编示例：BLTZ $s0, label

功能描述：如果寄存器 rs 的值小于 **0**，则程序执行流程发生转移；否则顺序执行。转移目标地址由 16 位立即数字段 offset 左移两位（共计 18 位）并进行符号扩展后的值与该分支指令的下一条指令的地址（即 PC＋4）相加所得。

操作定义：

```
target_offset ← signed_extend(offset || 0²)
if (GPR[rs] < 0)
    PC ← (PC + 4) + target_offset
else
    PC ← PC + 4
endif
```

异　　常：无。

指令格式：I-型。

● **BGEZAL**（大于等于 **0** 转移到子程序并保存返回地址）。

31　　　26	25　　21	20　　16	15　　　　　　　0
REGIMM 000001	rs	10001	offset

汇编格式：BGEZAL rs, offset

汇编示例：BGEZAL $s0, label

功能描述：如果寄存器 rs 的值大于**等于 0**，则转移到子程序执行；否则顺序执行。转移目标地址（即子程序入口地址）由 16 位立即数字段 offset 左移两位（共计 18 位）并进行符号扩展后的值与该分支指令的下一条指令的地址（即 PC＋4）相加所得。无论转移与否，需将该分支指令后的**第二条指令的地址**（即 PC＋8）作为返回地址存入 **$ra 寄存器**。由于 MiniMIPS32 处理器采用了延迟转移技术处理转移指令，故返回地址为 PC＋8，有关延迟转移的内容详见 6.2.2 节。

操作定义：

```
target_offset ← signed_extend(offset || 0²)
GPR[$ra] ← PC + 8
if (GPR[rs] >= 0)
    PC ← (PC + 4) + target_offset
else
    PC ← PC +4
endif
```

异　　常：无。

指令格式：I-型。

● **BLTZAL**（小于 **0** 转移到子程序并保存返回地址）。

31　　　26	25　　21	20　　16	15　　　　　　　0
REGIMM 000001	rs	10000	offset

汇编格式：BLTZAL rs, offset

汇编示例：BLTZAL $s0, label

功能描述：如果寄存器 rs 的值小于 **0**，则转移到子程序执行；否则顺序执行。转移目标地址（即子程序入口地址）由 16 位立即数字段 offset 左移两位（共计 18 位）并进行符号扩展后的值与该分支指令的下一条指令的地址（即 PC＋4）相加所得。此外，需将该分支指令后的**第二条指令的地址**（即 PC＋8）作为返回地址存入 **$ra 寄存器**。

操作定义：

```
target_offset ← signed_extend(offset || 0²)
GPR[$ra] ← PC + 8
if (GPR[rs] < 0)
    PC ← (PC + 4) + target_offset
else
    PC ← PC +4
endif
```

异　　常：无。

指令格式：I-型。

（2）跳转指令

● **J**（无条件转移）。

31　　　26	25	0
000010		instr_index

汇编格式：J instr_index

汇编示例：J label

功能描述：无条件转移。转移目标地址由该跳转指令的下一条指令的 PC 值的高 4 位与 instr_index 字段左移 2 位后的值拼接得到。

操作定义：

```
PC ← (PC + 4)31..28 || instr_index || 02
```

异　　常：无。

指令格式：J-型。

● **JAL（子程序调用）。**

31　　　26	25	0
000011		instr_index

汇编格式：JAL instr_index

汇编示例：JAL label

功能描述：无条件转移到子程序执行。转移目标地址由该跳转指令的下一条指令的 PC 值的高 4 位与 instr_index 字段左移 2 位后的值拼接得到。同时，该跳转指令后的**第二条指令的地址**（即 PC＋8）作为返回地址存入**$ra 寄存器**。

操作定义：

```
GPR[$ra] ← PC + 8
PC ← (PC + 4)31..28 || instr_index || 0²
```

异　　常：无。

指令格式：J-型。

● **JR（无条件寄存器转移）。**

31　　　26	25　　　21	20　　　16	15　　　11	10　　　6	5　　　0
Special 000000	rs	00000	00000	00000	001000

汇编格式：JR rs

汇编示例：JR $s0

功能描述：无条件转移。转移目标地址为寄存器 rs 的值。

操作定义：

```
PC ← GPR[rs]
```

异　　常：无。

指令格式：R-型。

● **JALR（无条件寄存器跳转到子程序并保存返回地址）。**

31　　　26	25　　　21	20　　　16	15　　　11	10　　　6	5　　　0
Special 000000	rs	00000	rd	00000	001001

汇编格式：JALR rd, rs 或 JALR rs（rd 默认为$ra）

汇编示例：JALR $ra, $s0 或 JALR $s0

功能描述：无条件转移到子程序执行。转移目标地址为寄存器 rs 的值。同时，该跳转指令后的**第二条指令的地址**（即 PC＋8）作为返回地址存入**寄存器 rd**。如果不指定 rd，则默认将返回地址存入**$ra**

寄存器。

操作定义：

```
GPR[rd] ← PC + 8
PC ← GPR[rs]
```

异　　常：无。

指令格式：R-型。

4．协处理器指令

MiniMIPS32 所支持的协处理器指令共计 2 条。

● **MFC0（读 CP0 中的寄存器）。**

31 26	25 21	20 16	15 11	10 6	5 0
COP0 010000	00000	rs	rd	00000	000000

汇编格式：MFC0 rt, rd

汇编示例：MFC0 $s0, $8

功能描述：将 CP0 协处理器中的寄存器 rd 的值存入通用寄存器 rt。注意，该指令 rd 字段表示的是协处理器 CP0 中寄存器的编号，而不是通用寄存器的编号。

操作定义：

```
GPR[rt] ← CP0[rd]
```

异　　常：无。

指令格式：R-型。

● **MTC0（写 CP0 中的寄存器）。**

31 26	25 21	20 16	15 11	10 6	5 0
COP0 010000	00100	rs	rd	00000	000000

汇编格式：MTC0 rt, rd

汇编示例：MTC0 $s0, $8

功能描述：将通用寄存器 rt 的值存入 CP0 协处理器中的寄存器 rd 中。注意，该指令 rd 字段表示的是协处理器 CP0 中寄存器的编号，而不是通用寄存器的编号。

操作定义：

```
CP0[rd] ← GPR[rt]
```

异　　常：无。

指令格式：R-型。

5．异常相关指令

MiniMIPS32 中的异常相关指令共有 2 条。

● **SYSCALL（系统调用）。**

31 26	25 6	5 0
Special 000000	code	001100

汇编格式：SYSCALL

汇编示例：SYSCALL

功能描述：触发系统调用异常，无条件地转向异常处理程序，并进入内核模式。指令字中的 20

位 code 字段可作为异常处理程序的参数。

操作定义：

```
SignalException(SystemCall)
```

异　　常：触发系统调用异常。

指令格式：其他。

● **ERET**（异常处理返回）。

31　　　　26	25　24		6　5　　　　0
COP0 010000	1	000 0000 0000 0000 0000	011000

汇编格式：ERET

汇编示例：ERET

功能描述：将 CP0 协处理器中的 14 号寄存器（EPC）的值送入 PC 寄存器，从异常处理程序返回主程序，并将 CP0 协处理器中的 12 号寄存器（Status）的 EXL 位清 0，表示不再处于异常处理环境。

操作定义：

```
PC ← CP0(EPC)
CP0(Status)EXL ← 0
```

异　　常：无。

指令格式：其他。

2.5　MiniMIPS32 指令的寻址方式

MiniMIPS32 共支持 5 种寻址方式：立即数寻址、寄存器寻址、基址寻址、PC 相对寻址和伪直接寻址。其中，前 3 种寻址方式用于确定操作数的地址；后两种寻址方式用于确定转移目标指令的地址，即 PC 寄存器的值。

1．立即数寻址

这种寻址方式是指操作数位于指令字的立即数字段。在 MiniMIPS32 中，I-型指令采用这种寻址方式，如 ADDI、LUI 等，其中一个操作数来自指令字的 16 位立即数字段。

2．寄存器寻址

这种寻址方式是指操作数位于寄存器。所有的 R-型指令均采用此寻址方式。

3．基址寻址

这种寻址方式主要用于加载指令和存储指令，操作数位于存储器中。操作数的访存地址由 I-型指令字中 rs 字段指定的基址寄存器中的值和立即数字段确定的 16 位偏移量经符号扩展后的值相加所得，如图 2-4 所示。

4．PC 相对寻址

对于分支指令，当分支条件满足时，其转移目标地址由指令字中的 16 位立即数左移 2 位并进行符号扩展后，与该分支指令的下一条指令的 PC 值相加得到。故分支指令采用了 PC 相对（PC-relative）寻址方式，如图 2-5 所示，其可寻址范围为 2^{18}B（即 **256KB，-128KB~+127KB**）。

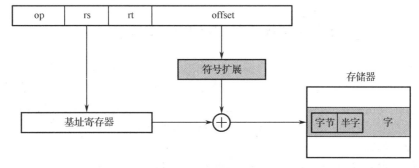

图 2-4   基址寻址

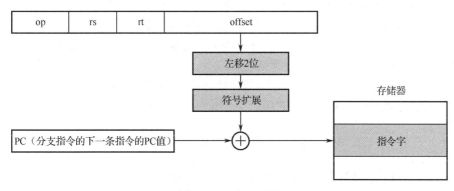

图 2-5   PC 相对寻址

5. 伪直接寻址

对于 J-类指令（即 J 和 JAL），跳转目标地址由指令字中的 26 位 instr_index 字段的值左移 2 位后和该跳转指令的下一条指令的 PC 值的高 4 位拼接而成。此寻址方式称为伪直接寻址，如图 2-6 所示，其可寻址范围为 $2^{28}B$（即 **256MB**，**−128MB～+127MB**）。此外，对于 JR 和 JALR 两条 R-型跳转指令，转移目标地址等于寄存器 rs 中的值。相比 J-类指令，其寻址范围进一步扩大，可达 $2^{32}B$（即 **4GB**）。

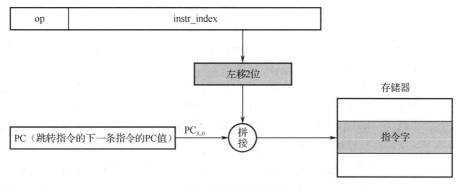

图 2-6   伪直接寻址

2.6　MiniMIPS32 的操作模式

MiniMIPS32 支持两种操作模式：**用户模式**和**内核模式**。普通用户的应用程序工作在用户模式下，可以访问 MiniMIPS32 指令集体系结构所提供的 32 个通用寄存器和 HI/LO 特殊寄存器，但该模式是一种受限模式，不能使用特权指令，如协处理器指令。操作系统通常工作在内核模式下，有权限使用处理器提供的所有资源，例如，处理异常和中断、改变虚实地址映射方式、管理协处理器和 I/O、实现进程间的上下文切换等。

如果处于用户模式下的应用程序需要执行一些没有权限的操作，如输入或输出数据，进行文件操作等，则需要通过指令 SYSCALL，触发系统调用异常以陷入操作系统内核，从而进入内核模式，由操作系统代为完成。为了便于理解这一过程，我们可通过银行柜台取款进行类比。假设取款人相当于用户应用程序，账户相当于待处理的数据，银行柜员相当于操作系统内核。取款时，取款人需要通过柜员去操作其账户，而不能越过柜员直接进入柜台取钱。这就相当于应用程序需要借助操作系统去完成一些它没有权限的操作，这种方式就是系统调用。

本书暂不区分用户模式和内核模式，假设处理器一直工作在内核模式，可以使用 MiniMIPS32 指令集中的所用指令，访问整个 32 位地址空间。

2.7　协处理器 CP0

在 MIPS 体系结构中，协处理器是可选单元，具有与处理器核相独立的寄存器堆。一般说来，MIPS 体系结构最多可提供 4 个协处理器，分别为 CP0～CP3。MiniMPS32 仅实现协处理器 CP0，主要用于系统控制，负责如下工作：

- 配置处理器的工作状态；
- 高速缓存控制；
- 异常控制；
- 存储管理单元的控制；
- 其他，如时钟、奇偶校验错误检测等。

更多有关协处理器 CP0 的细节，我们将在本书的 7.1 节进行详细介绍。

2.8　异　常　处　理

程序在执行过程中，往往会出现一些事件打断程序的正常执行，使得处理器跳转到一个新的地址执行程序，这些事件统称为**异常**。

当一个异常出现时，处理器会终止当前程序的执行，转去执行预先准备好的一段程序去处理这个异常。这些预先准备好的程序称为**异常处理程序**或**异常服务程序**，它们通常位于操作系统内核中，故处理器必须从用户模式切换到内核模式。在异常处理结束后，处理器则返回应用程序被打断的地方继续执行。整个上述过程就是**异常处理流程**，如图 2-7 所示。

MiniMIPS32 处理器将对中断、指令地址错误、数据地址错误、保留指令、整数溢出和系统调用这 6 种异常进行检测和处理，并实现精确异常。我们将在本书的 7.2 节和 7.3 节中对上述内容进行详细讨论。

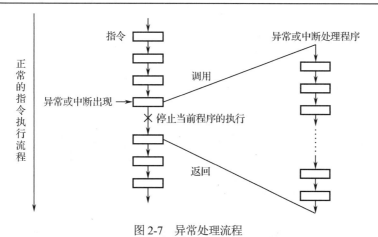

图 2-7　异常处理流程

第 3 章　MiniMIPS32 程序的机器级表示

任何处理器都只能识别和处理机器语言程序。机器语言程序由一系列的机器指令组成，每条机器指令实际上就是一串 0/1 序列。机器指令无须任何转化，就可以直接运行于处理器之上，其执行效率很高，但机器指令的可读性很差，程序员很难记住每个 0/1 串的含义。于是，就出现了更为直观的汇编指令，本书第 2 章就介绍了 MiniMIPS32 处理器所支持的汇编指令。汇编指令是机器指令的符号化表示，与机器指令是一对一的关系，因此，机器指令和汇编指令都与具体的处理器结构相关，都属于**机器级指令**。为了进一步提高编程效率，减少编程难度，当前程序员都使用高级语言，如 C、C++、Java 等，进行程序开发，但无论使用哪种高级语言，这些程序都要转化为机器语言程序才能在处理器上运行。因此，理解高级语言的机器级表示，有助于理解程序的运行原理，从而做到从软件的角度理解硬件和从硬件的角度理解软件，对计算机系统能力的训练至关重要。

本章旨在理清高级语言程序（以 C 语言为例）和机器语言程序的关系。首先，我们先来学习如何将一个 C 程序转换成可执行的目标程序，重点关注转换过程中的步骤，包括预处理、编译、汇编和链接。然后，我们学习基于 MiniMIPS32 的汇编程序设计，包括汇编程序结构、伪指令、宏指令等内容，并且掌握 MIPS 指令集仿真器 QtSpim 的使用方法。最后，以 C 语言中常见的选择结构、循环结构和函数调用为例，讲述高级语言是如何在机器级进行表示的。

3.1　从 C 程序到可执行目标程序

Linux 系统下的 GCC（GNU C Compiler）是 GNU 推出的功能强大、性能优越的多平台编译器。它将一个 C 程序 hello.c 转换为可执行目标程序的过程分为 4 个步骤，如图 3-1 所示。

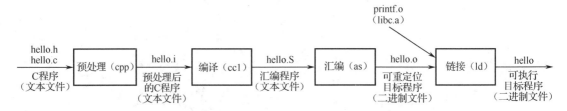

图 3-1　从 C 程序到可执行目标程序的步骤

1）**预处理（也称预编译，preprocessing）**：GCC 调用 cpp 命令进行预处理，在预处理过程中，对 C 语言源程序中的文件包含（include）、预编译语句（如宏定义 define）等进行分析，插入使用#include 语句指定的文件和用#define 声明指定的宏，并生成.i 预处理程序。

2）**编译（compilation）**：GCC 调用 cc1 命令对预处理后的源程序进行编译，生成相应的.S 汇编语言程序。

3）**汇编（assembly）**：GCC 调用 as 命令将汇编语言程序转换为.o 可重定位目标程序。

4）**链接（link）**：可重定位目标程序不能执行，需要 GCC 调用 ld 命令由链接器将多个可重定位目标程序及库函数（如 printf()等）链接起来，生成一个最终的可执行目标程序。

汇编语言程序、可重定位目标程序和可执行目标程序都是机器语言级程序，区别在于目标程序是二进制 0/1 代码，而汇编程序是目标程序的符号化表示。

　　本书后续章节将采用 Mentor Graphics（明导）公司提供的面向 MIPS 处理器的 GCC 编译器，其相关命令均以"mips-sde-elf-"开头。这里，我们使用的是一种称为**交叉编译**的技术。所谓交叉编译就是在一个平台上生成另一个平台上的可执行程序。对本书而言，面向 MIPS 的 GCC 编译器运行在基于 x86 的 PC 上，生成的可执行程序则运行在所设计的 MiniMIPS32 处理器之上。使用交叉编译主要是因为目标平台由于资源的限制不允许或不能够安装编译器。

　　下面通过一个例子说明面向 MIPS 处理器的交叉编译的过程。假设有两个 C 语言程序文件 main.c 和 add.c，如图 3-2 所示，最终生成可执行文件 add。可通过命令"mips-sde-elf-gcc main.c add.c -o add"直接生成最终的可执行文件。在该命令中，选项-o 用于指定输出文件名。

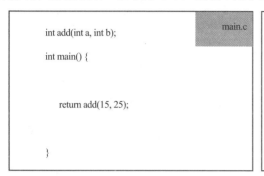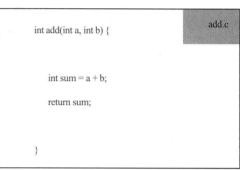

图 3-2　C 语言程序文件 main.c 和 add.c

　　也可将上述的交叉编译过程通过多个带有不同编译选项的 GCC 命令，按预处理、编译、汇编和链接 4 个步骤完成。

　　1）使用 GCC 的-E 选项对 C 语言文件进行预处理，生成预处理结果文件。命令格式为"mips-sde-elf-gcc -E main.c -o main.i"和"mips-sde-elf-gcc -E add.c -o add.i"。也可直接调用"mips-sde-elf-cpp"预处理命令，即"mips-sde-elf-cpp main.c -o main.i"。

　　2）使用 GCC 的-S 选项对预处理结果文件进行编译，生成汇编语言文件。命令格式为"mips-sde-elf-gcc -S main.i -o main.s"和"mips-sde-elf-gcc -S add.i -o add.s"。或使用命令"mips-sde-elf-gcc -S main.c -o main.s"直接将 C 语言文件编译成汇编语言文件。

　　3）使用 GCC 的-C 选项将汇编语言文件转换为可重定位目标文件。命令格式为"mips-sde-elf-gcc -C main.s -o main.o"和"mips-sde-elf-gcc -C add.s -o add.o"。或使用命令"mips-sde-elf-gcc -C main.c -o main.o"直接将 C 语言文件编译成可重定位目标文件。也可直接调用"mips-sde-elf-as"汇编命令，即"mips-sde-elf-as main.s -o main.o"。

　　4）最后通过命令"mips-sde-elf-gcc main.o add.o -T ldscript -o add"将多个可重定位目标文件链接为可执行文件。或直接调用 mips-sde-elf-ld 链接命令，即"mips-sde-elf-ld main.o add.o -T ldscript -o add"，生成可执行文件。-T 选项用于指定链接脚本文件"ldscript"。

　　在上述过程中，生成两种目标文件，一种是可重定位目标文件，另一种是可执行目标文件，两者都是二进制文件。为了弄清两者的区别，分别对文件 add.o 和文件 add 使用反汇编命令"mips-sde-elf-objdump -d add.o"和"mips-sde-elf-objdump -d add"进行反汇编，其结果如图 3-3 所示，其中图 3-3（b）对应可执行文件 add 中函数 add() 的汇编代码。

```
00000000 <add>:

0:   27bdfff0    addiu   $sp, $sp, -16
4:   afbe000c    sw      $s8, 12($sp)
8:   03a0f021    move    $s8, $sp
c:   afc40010    sw      $a0, 16($s8)
10:  afc50014    sw      $a1, 20($s8)
14:  8fc30010    lw      $v1, 16($s8)
18:  8fc20014    lw      $v0, 20($s8)
1c:  00621021    addu    $v0, $v1,$v0
20:  afc20000    sw      $v0, 0($s8)
24:  8fc20000    lw      $v0, 0($s8)
28:  03c0e821    move    $sp, $s8
2c:  8fbe000c    lw      $s8, 12($sp)
30:  27bd0010    addiu   $sp, $sp, 16
34:  03e00008    jr      $ra
```

```
0040008c <add>:

40008c: 27bdfff0   addiu   $sp,    $sp,
                           -16
400090: afbe000c   sw      $s8, 12($sp)
400094: 03a0f021   move    $s8, $sp
400098: afc40010   sw      $a0, 16($s8)
40009c: afc50014   sw      $a1, 20($s8)
4000a0: 8fc30010   lw      $v1,
                           16($s8)
4000a4: 8fc20014   lw      $v0,
                           20($s8)
4000a8: 00621021   addu    $v0,$v1,$v0
4000ac: afc20000   sw      $v0, 0($s8)
4000b0: 8fc20000   lw      $v0, 0($s8)
4000b4: 03c0e821   move    $sp, $s8
4000b8: 8fbe000c   lw      $s8, 12($sp)
```

（a）add.o 文件的反汇编结果 　　　　（b）add 文件中 add()函数的反汇编结果

图 3-3　可重定位目标文件和可执行目标文件的区别

从图 3-1 中可以发现，两者的区别在于目标代码的存放地址。对于可重定位目标文件，目标代码都是从相对地址 0 开始存放的，而对于可执行文件链接器，代码已经定位在一个特定的存储区域，如本例中 add 函数的入口地址为 0x40008c。

3.2　基于 MiniMIPS32 的汇编程序设计

3.2.1　汇编程序结构

图 3-4 给出了一个典型 MIPS 汇编程序，用于完成斐波那契数列的计算。斐波那契数列是一个正整数的无穷序列（即 0、1、1、2、3、5、8、13、21、34、55、89、…），序列中的每个数是其前两个数据之和。其数学表达式如下所示。

$$\mathrm{flb}(N) = \begin{cases} 0 & \text{if } N = 0 \\ 1 & \text{if } N = 1 \\ \mathrm{flb}(N-2) + \mathrm{flb}(N-1) & \text{if } N \geq 2 \end{cases}$$

一个典型的 MIPS 汇编程序通常包含数据段、代码段和注释 3 个部分。数据段以 **.data** 为开始标志，定义了程序中用到的全局数据或静态数据，并为其在内存中分配存储空间。代码段以 **.text** 为开始标志，包含程序所用到的所有汇编指令（注意：细心的读者会发现本例所使用的大部分汇编指令，如 la、move、li、bgt 等，都不是 MIPS 指令集中的指令，而是 **宏指令**，也称为 **合成指令**，有关其介绍详见 3.2.3 节）。注释语句跟在"#"符号之后，只是对程序的注解，并不是需要运行的语句。

在 MIPS 汇编程序中除了常规的汇编指令外，还有一种指令以"."开头，如.text、.data、.globl 等，称为 **伪指令或伪操作**。这些指令是由汇编器执行的，而不是在程序运行时由机器执行，3.2.2 节将详细介绍伪指令。

3.2.2　汇编程序伪指令

在汇编程序中，汇编指令在汇编和链接后将产生可供计算机执行的二进制机器代码，即目标代码。除汇编指令外，汇编程序中还有一些以"."开头的指令，用于辅助或指导汇编如何进行。例如，指定程序或数据存放的起始地址、为数据分配一段连续的存储空间等。这些指令由汇编器进行处理，但并不生成目标代码，不影响程序执行，因此称为**伪指令或伪操作**。下面将介绍一些常见的伪指令。

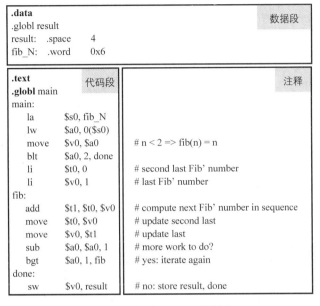

图 3-4 典型 MIPS 汇编程序

1. 段定义伪指令

通常一个汇编程序会由指令、数据等多个部分构成。通过段定义伪指令可以将这些代码、数据按段进行分类，并在链接的时候与其他程序中相同的段组织在一起，以便程序运行时进行调用。常见的段定义伪指令如表 3-1 所示。

表 3-1 常见的段定义伪指令

伪　指　令	描　　述
.rodata	定义只读数据段
.text [addr]	定义代码段，addr 是可选参数，用于定义代码段的起始地址
.bss	定义未初始化可读写数据段
.sbss	定义未初始化可读写小范围数据段
.data [addr]	定义可读写数据段，addr 是可选参数，用于定义数据段的起始地址
.sdata	定义可读写小范围数据段

2. 数据定义和对齐伪指令

一个数据段定义的示例如图 3-5 所示，以段定义伪指令 **.data** 开始，后面紧跟着定义在该数据段中的数据。数据定义的格式为"**变量名：数据类型 变量值**"。其中，变量名表示该数据在存储空间中的地址。若要对同一变量定义多个变量值，需要用"，"隔开，此时，变量名表示该组数据在存储空间中的首地址。对 MiniMIPS32 汇编程序而言，数据类型主要包括**整数类型**和**字符串类型**。

```
.data
bdata:      .byte       0x22, 0x33, 0x44, 0x55
hdata:      .half       0x22, 0x33, 0x44, 0x55
udata:      .space      11
.align 2
wdata:      .word       0x22, 0x33, 0x44, 0x55
str:        .ascii      "Hello World!"
strn:       .asciiz     "Hello MIPS!"
```

图 3-5　数据段定义示例

（1）整数类型数据定义伪指令

整数类型数据定义伪指令主要有**.byte**、**.half**、**.word**。其中，.byte 用于定义位宽为 1 字节的数据；.half 用于定义位宽为 2 字节的数据，即半字；.word 用于定义位宽为 4 字节的数据，即字。如图 3-5 所示，变量 bdata、hdata 和 wdata 分别对应这 3 种整数类型。

（2）字符串类型数据定义伪指令：

字符串类型数据定义伪指令包括**.ascii** 和**.asciiz**。两个伪指令都是在存储空间中存放一个字符串，区别在于通过.ascii 定义的字符串结尾不含结束符 "\0"，而.asciiz 会自动在其所定义的字符串结尾添加结束符 "\0"。

（3）连续存储空间定义伪指令

伪指令**.space** 用于分配 n 个连续字节的未赋初值的存储空间。如图 3-5 所示，变量 udata 定义了一个占据连续 11 字节的存储空间。

在 MiniMIPS32 指令集中，所有的访存指令均要求是地址对齐的，即访存地址必须是 1（字节）、2（半字）和 4（字）的整倍数，否则将触发访存地址错误异常。因此，为了保证存储空间中的数据能够被正确访问，在数据段定义中还有另一个重要的伪指令，即**对齐伪指令.align**。该伪指令的格式为 "**.align n**"，表示紧跟在其后的存储空间地址以 2^n 为对齐边界。如图 3-5 所示，".align 2" 表示下一个存储空间地址以**字（4 字节）**为单位实现边界对齐。

图 3-6 给出了图 3-5 中所定义的数据段在存储空间的分布，采用小端字节序。

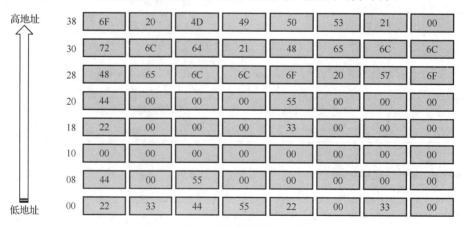

图 3-6　数据段在存储空间的分布

3. 标签定义伪指令

图 3-4 所示的汇编程序中存在很多**标签**，如 result、fib_N、main 等。通常这些标签后会紧跟 "："，表示**一片连续存储区域的首地址**，可在汇编指令中作为地址直接使用。例如，"fib" 标签用于指向一片代码区域（或函数）的首地址，汇编语句 "bgt $a0, 1, fib"，表示如果$a0 寄存器的值大于 1，则转移到 "fib" 标签指向的代码区域继续执行。再如，"fib_N" 用于指向一片数据区域的首地址，汇编语句 "la $a0, fib_N" 表示把 "fib_N" 标签所指示的首地址存入$s0 寄存器。

当链接器将多个可重定位目标文件链接成一个单一的可执行文件时，一个重要的任务就是将各个标签与具体地址进行绑定，并用绑定的地址替换程序的标签，这就是**重定位的过程**。

按照标签的有效范围，可将标签分为以下 3 类：局部标签、全局标签和弱全局标签。

（1）局部标签

局部标签只在定义它的程序模块内有效，因此在不同的程序模块中，可以定义名称完全相同的局部标签。在 MiniMIPS32 处理器的汇编程序中，所有的标签默认都是局部的。其定义格式为 "**name：**"，其中 name 为标签名，后面紧跟一个 "："。在图 3-4 所示的汇编程序中，fib_N、fib、done 均是局部标签。

（2）全局标签

全局标签是指那些在各个程序模块中都有效的标签，也就是说，如果在某个程序模块中定义了一个全局标签，那么在其他程序模块中也可使用这个标签。与定义全局标签相关的伪指令有两条：**.globl** 和 **.extern**。

.globl 伪指令：使用.globl 伪指令定义全局标签的格式为 "**.globl name**"，其中 name 为标签名。在图 3-4 所示的汇编程序中，main 和 result 就是全局标签。

.extern 伪指令：如果当前程序模块中引用了一个在其他模块中定义的全局标签，则需要通过.extern 伪指令声明该标签，其格式为 "**.extern name**"，name 为标签名。

（3）弱全局标签

弱全局标签是一种介于全局标签和局部标签之间的标签。对于定义为弱全局的标签，如果在程序中存在与其同名的全局标签，则该标签被当作全局标签使用；否则，如果不存在这样的全局标签，则把它当作局部标签来处理。弱全局标签定义的格式为 "**.weakext name**"，name 为标签名。

4. 汇编控制伪指令

MIPS 汇编器除了可以将汇编程序转化为目标程序外，还具有其他很多强大功能，如宏指令展开、延迟槽填充、指令排序等，以达到优化处理器流水线性能的目的。通过汇编控制伪指令**.set**，可告知汇编器如何利用这些功能进行汇编。

（1）.set reorder/noreorder

这组.set 伪指令用来设定是否对该伪指令之后的指令进行重排序，默认使用 reorder 选项。当采用 **reorder** 选项时，允许汇编器对指令进行重新排序，试图避免流水线堵塞以获得更好的性能。反之，在 **noreorder** 选项下，指令的顺序不会被改变，也不会对代码进行任何优化。这样做的优点是程序员可以完全控制代码的执行顺序，缺点是在需要对指令代码进行优化时，必须手工进行指令排序。

（2）.set volatile/novolatile

当设置 **volatile** 选项时，其后所有访存指令都不会被移动位置（特别是访存指令之间的相对位置）。这一点对访问**内存映射设备**的寄存器非常重要。因为就外围设备而言，寄存器（特别是状态寄存器）的读写顺序有着严格的要求。而对于 **novolatile** 选项，访存指令可能会依据指令特征做出顺序上的调整。

如果下列代码没有使用.set volatile，那么汇编器很有可能会将第二个 lw 指令移到第一个 lw 指令后面。这样寄存器 t1 得到的不再是地址 0(a1)中的值，而是地址 4(a0)中的值。注意，这组伪指令仅对访存指令有效。

```
.set volatile
lw   t0, 0(a0)
sw   t0, 0(a1)
lw   t0, 4(a0)
.set novolatile
```

（3）.set at/noat

当设置 **at** 选项时，允许汇编器对宏指令使用$at 寄存器暂存中间结果。如果源程序使用寄存器$at，则产生警告信息。对于选项 **noat**，当汇编器使用$at 寄存器时会产生警告信息，而源程序则可以自由使用而不被警告。

（4）.set macro/nomacro

使用 **nomacro** 选项时，任何一条宏指令生成两条或两条以上机器指令时，系统会发出警告信息，通常与 noreorder 选项配合使用。相反，设置 **macro** 选项时，无论每条宏指令生成多少机器指令，汇编器都不会发出警告信息。此时，如果设置了 noreorder 选项，而程序员对指令生成多少机器指令不了解，没有给指令留出足够多的可用周期，则容易发生错误。

3.2.3　汇编程序宏指令

基于 MIPS ISA 的处理器均为 RISC 架构，因此为了控制指令的长度和硬件设计复杂度，其所包含的指令数目相比 CISC 指令集（如 IA-32）少得多。但为了简化编程，提高代码的可读性，MIPS 编译器通常支持**宏指令**。这些指令并不在 MIPS 指令集中，并且每条宏指令的功能需要由多条 MIPS 指令完成，故也称为**合成指令**。常见的宏指令如表 3-2 所示。对于该表中的某些指令，汇编器自动选择 1 号寄存器（即$at）作为临时寄存器，用于暂存中间结果。

表 3-2　常见的宏指令

类　型	功　能	宏　指　令	对应的 MIPS 指令
数据传送类	传送地址	la $s0, label	lui $at, label 的高 16 位 ori $s0, $ at, label 的低 16 位
	传送 32 位立即数	li $s0, 0x3456ACDE	lui $at, 0x3456 ori $s0, $at, 0xACDE
	传送 16 位立即数	li $s0, 0x3456	ori $s0, $zero, 0x3456
	寄存器间数据传送	move $s1, $s0	addu $s1, $zero, $s0
移位类	循环左移 sa 位	rol $s1, $s0, sa	srl $at, $s0, 32-sa sll $s1, $s0, sa or $s1, $s1, $at
	循环右移 sa 位	ror $s1, $s0, sa	sll $at, $s0, 32-sa srl $s1, $s0, sa or $s1, $s1, $at

续表

类　　型	功　　能	宏　指　令	对应的 MIPS 指令
分支类	大于等于跳转（有符号）	bge $s0, $s1, label	slt $at, $s0, $s1 beq $at, $zero, label
	大于等于立即数跳转（有符号）	bge $s0, imm., label	slt $at, $s0, imm. beq $at, $zero, label
	大于等于跳转（无符号）	bgeu $s0, $s1, label	sltu $at, $s0, $s1 beq $at, $zero, label
	小于等于跳转（有符号）	ble $s0, $s1, label	slt $at, $s1, $s0 beq $at, $zero, label
	小于等于跳转（无符号）	bleu $s0, $s1, label	sltu $at, $s1, $s0 beq $at, $zero, label
	大于跳转（有符号）	bgt $s0, $s1, label	slt $at, $s1, $s0 bne $at, $zero, label
	大于跳转（无符号）	bgtu $s0, $s1, label	sltu $at, $s1, $s0 bne $at, $zero, label
	小于跳转（有符号）	blt $s0, $s1, label	slt $at, $s0, $s1 bne $at, $zero, label
	小于立即数跳转（有符号）	blt $s0,imm., label	slt $at, $s0, imm. bne $at, $zero, label
	小于跳转（无符号）	bltu $s0, $s1, label	sltu $at, $s0, $s1 bne $at, $zero, label
	等于 0 跳转	beqz $s0, label	beq $s0, $zero, label
	不等于 0 跳转	bnez $s0, label	bne $s0, $zero, label
	等于立即数 imm15..0 跳转	beq $s0, imm15..0, label	addi $at, $zero, imm15..0 beq $s0, $at, label
其他	寄存器清 0	clear $s0	add $s0, $zero, $zero
	空操作	nop	sll $zero, $zero, $zero

根据表 3-2，本章开头计算斐波那契数列的汇编程序经宏指令展开后，如图 3-7 所示。

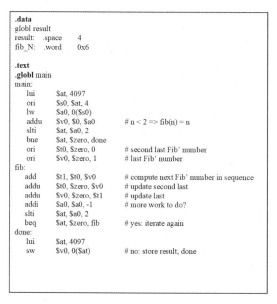

```
.data
globl result
result:   .space    4
fib_N:    .word     0x6

.text
.globl main
main:
    lui     $at, 4097
    ori     $s0, $at, 4
    lw      $a0, 0($s0)
    addu    $v0, $0, $a0        # n < 2 => fib(n) = n
    slti    $at, $a0, 2
    bne     $at, $zero, done
    ori     $t0, $zero, 0       # second last Fib' number
    ori     $v0, $zero, 1       # last Fib' number
fib:
    add     $t1, $t0, $v0       # compute next Fib' number in sequence
    addu    $t0, $zero, $v0     # update second last
    addu    $v0, $zero, $t1     # update last
    addi    $a0, $a0, -1        # more work to do?
    slti    $at, $a0, 2
    beq     $at, $zero, fib     # yes: iterate again
done:
    lui     $at, 4097
    sw      $v0, 0($at)         # no: store result, done
```

图 3-7　宏指令展开后的计算斐波那契数列的汇编程序

3.2.4　MIPS 指令集仿真器 QtSpim

由于 PC 多采用 Intel 或 AMD 处理器，故无法在 PC 上直接运行 MIPS 汇编程序，这给学习 MIPS 汇编编程造成了困难。另外，后续章节在设计 MiniMIPS32 处理器时，也需要一种方法来验证所设计的处理器是否能够正确地运行 MIPS 程序。因此，需要一种软件工具，它可以运行于 PC 之上，并能够模拟 MIPS 汇编程序的运行，这种工具通常称为**指令集仿真器**。本书采用 **QtSpim** 作为 MiniMIPS32 处理器的指令集仿真器，用于 MIPS 汇编的学习和处理器设计验证。

1．QtSpim 简介

QtSpim 是威斯康星大学麦迪逊分校开发的，可运行在 Windows、Linux 和 Mac OS 上的，支持 MIPS32 指令集的图形化指令集仿真器。它可以对 MIPS32 汇编指令程序进行功能仿真，但不能仿真二进制可执行程序。其主界面如图 3-8 所示，包括菜单栏、快捷键栏、寄存器窗口、存储器窗口等。

图 3-8　QtSpim 主界面

寄存器窗口可分别显示 MIPS32 指令集中整数寄存器和浮点数寄存器的值。其中，整数寄存器包括 32 个通用寄存器、若干特殊寄存器（如 HILO 寄存器、程序计数器 PC）及协处理器 CP0 中的 EPC、Cause、BadVaddr、Status 寄存器。

存储器窗口包括两个标签：Text 和 Data，分别对应程序的代码段和数据段。其中，代码段标签的布局如图 3-9 所示，分为地址空间、指令编码、汇编指令及相关注释。QtSpim 提供了一个系统内核，位于地址 0x8000000～0x80010000 的范围内。用户代码段位于地址 0x00400000～0x00440000 的范围内，其中 QtSpim 在用户代码段提供启动代码（位于地址 0x00400000～0x00400014 的范围内），进行一些控制设置后，通过 JAL 指令跳转到用户编写的主程序执行。

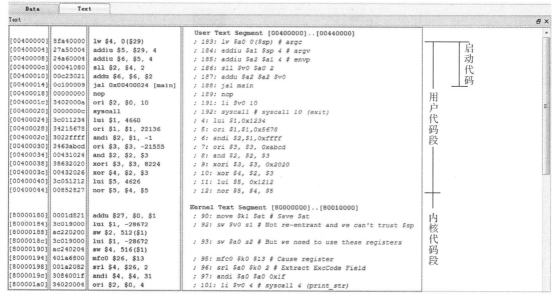

图 3-9　QtSpim 代码段标签窗口布局

数据段标签包含用户数据区（地址范围从 0x100000000～0x10040000）、用户栈数据区（地址范围从 0x7ffff7ac～0x80000000）和内核数据区（地址范围从 0x900000000～0x90010000）。

2. QtSpim 的使用

1）启动 QtSpim，打开主界面，选择菜单栏 Simulator→Setting，打开 QtSpim 配置界面，勾选 Accept Pseudo Instructions 复选框，使仿真器支持宏指令，如图 3-10 所示。

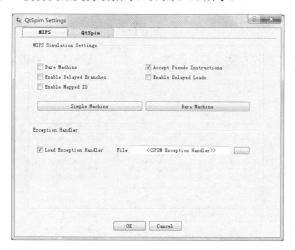

图 3-10　QtSpim 配置界面

2）编写待仿真 MIPS 汇编语言程序，保存为 .s 文件，程序实例 logic.s 如图 3-11 所示。注意，QtSpim 规定仿真器加载的汇编程序为用户程序，其入口地址必须使用"**main**"。因为，QtSpim 在开始的时候，会先运行一段启动代码，并通过语句"jal main"跳转到待仿真的用户程序去执行。

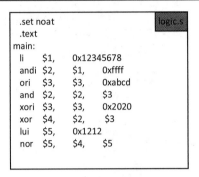

图 3-11　待仿真的程序实例

3）选择菜单栏 File→Reinitialize and Load File，打开图 3-12 所示对话框。选择待加载的汇编文件，如 logic.S，单击"打开"按钮，完成程序加载。

图 3-12　加载仿真程序

4）如果程序成功导入，则在存储器窗口的 Text 标签中，从地址 0x00400024 处显示所加载的程序，如图 3-13 中方框标注处所示。

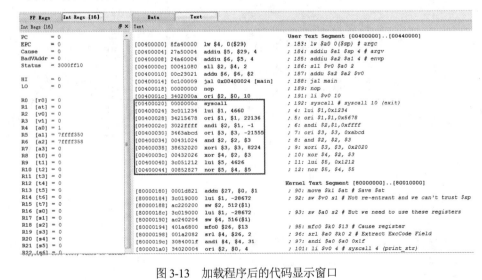

图 3-13　加载程序后的代码显示窗口

5）选择菜单栏 Simulator→Run/Continue 或单击快捷键栏的 ▶ 按钮，运行程序，若弹出图 3-14 所示对话框，提示在地址 0x0040048 处没有指令（这并不是一个错误，因为示例程序最后一条指令的地址是 0x0040044），则说明程序已经仿真完毕。

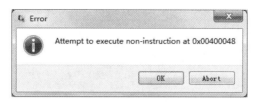

图 3-14　程序仿真结束

6）此时，可通过寄存器窗口（如图 3-15 中方框标注处所示）查看程序仿真后各寄存器的结果。也可通过存储器窗口的 Data 标签查看程序仿真后 Data 段中的情况。

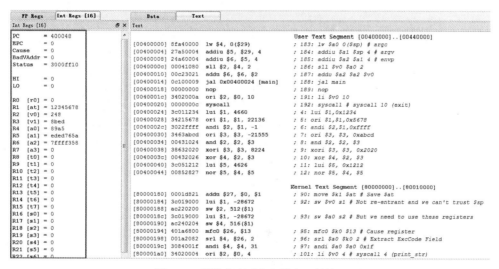

图 3-15　程序仿真后寄存器窗口的情况

7）若需要通过单步执行，观察每条指令仿真后的结果，则可采用快捷键 F10。

8）若需要使用断点，可在需要设置断点的指令处右击，弹出图 3-16 所示快捷菜单，选择 "Set Breakpoint" 命令。

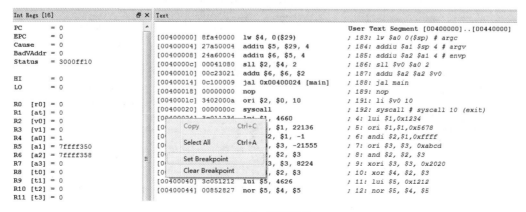

图 3-16　设置断点

9）设置断点后，存储器窗口的 Text 标签如图 3-17 所示，分别在地址 0x0040024 和 0x0040038 两处设置了断点。然后，选择菜单栏 Simulator→Run/Continue，程序将仿真至断点处停止，如图 3-18 所示。此时可选择 Continue 继续执行或 Single Step 单步执行。

10）更多使用详情，可选择菜单栏 Help→View Help 进行查看。

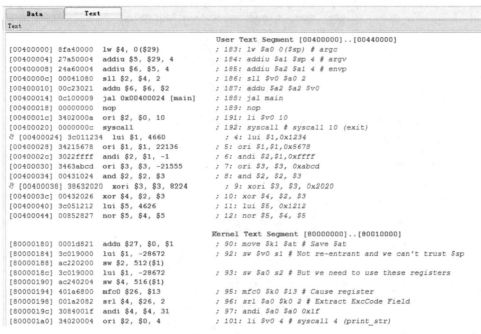

图 3-17　设置断点后的 Text 标签

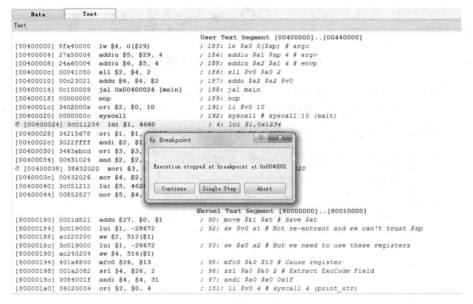

图 3-18　仿真至断点处

3.3　C 语言程序的机器级表示

大多数应用程序通常采用 C、C++、Java 等高级语言进行描述。这些高级语言程序都必须经过编译，才能转化为被处理器识别并运行的机器代码。**因此，弄清高级语言与机器代码之间的对应关系，将有助于理解程序的运行原理。** 本节将针对 C 语言程序中的一些常见语法结构（如选择结构、循环结构、函数调用等），探究其与 MIPS 汇编程序之间的关系。

3.3.1　选择结构

C 语言可通过选择语法结构中的条件分支语句实现对程序执行流程的控制。常用的条件分支语句包括 3 种：if 语句、if/else 语句和 switch/case 语句。

1. if 语句的机器级表示

if 语句的格式：

```
if (cond) { if_statement }
other_statement
```

只有当条件 cond 满足时，if 语句块中的语句才会执行，否则程序跳过 if 语句块继续执行。if 语句的机器级表示如图 3-19 所示。

```
...                                                    C 代码
if (i > j)
    sum = a - offset;
a = a + i;
...

# 假设$s0 = i, $s1 = j, $t0 = sum, $t1 = a, $t2 = offset    汇编代码
...
    slt   $s1, $s1, $s0
    beq   $s1, $zero, DONE      # 如果 i≤j，跳过 if 语句块
    nop
    sub   $t0, $t1, $t2         # sum = a - offset
...
DONE:
...
    add   $t1, $t1, $s0         # a = a + i
...
```

图 3-19　if 语句的机器级表示

从图 3-19 可以看出，对于 if 条件的判断，汇编代码和 C 代码相反。在 C 代码中需要判断 i>j，而在汇编代码中则判断 i≤j。条件的判断可使用 slt 和 beq 两条指令实现。对于汇编代码，当条件满足时（即 i≤j），则跳过 if 语句块，执行标记 "DONE" 之后的指令，否则程序顺序执行。

2. if/else 语句的机器级表示

if/else 语句的格式：

```
if (cond) { if_statement }
else { else_statement }
```

当条件 cond 满足时，执行 if 语句块中的语句，否则执行 else 语句块中的语句。if/else 语句的机器

级表示如图 3-20 所示。

```
...                                                        C 代码
if (i > j)
    sum = a - offset;
else
    sum = a + offset;
...
```

```
# 假设$s0 = i, $s1 = j, $t0 = sum, $t1 = a, $t2 = offset    汇编代码
    ...
    slt    $s1, $s1, $s0
    beq    $s1, $zero, ELSE      # 如果 i≤j，跳过 if 语句块
    nop
    sub    $t0, $t1, $t2         # sum = a - offset
    j      DONE
    nop
ELSE:
    add    $t0, $t1, $t2         # sum = a + offset
DONE:
    ...
```

图 3-20　if/else 语句的机器级表示

从图 3-20 可以看出，对于 if 条件的判断，汇编代码和 C 代码相反。当条件满足时（即 i≤j），则跳到标记 ELSE 处，执行 else 语句块；否则顺序执行 if 语句块，然后通过跳转语句"j DONE"略过 else 语句块，到达标记 DONE 处。

3. switch/case 语句的机器级表示

switch/case 语句的格式：

```
switch (expression) {
    case constant-expression_1 : statement
    case constant-expression_2 : statement
    ...
    case constant-expression _N : statement
    default : statement
}
```

将 switch 语句中的表达式 expression 的值逐个与 case 语句中的常量表达式进行比较，当表达式的值与某个常量表达式的值相等时，则执行其后的语句。若均不相等，则执行 default 后的语句。因此，switch/case 语句相当于若干个连续 if/else 语句，其机器级表示如图 3-21 所示。

从图 3-21 可以看出，首先，通过分支语句"beq $s0, $s1, CASE10"判断变量 var 是否等于 10，如果等于，则转移到标记 CASE10 处执行；否则，通过语句"slti $s1, $s0, 10"和"bne $s1, $zero, DEFAULT"判断变量 var 是否小于 10。如果判断成立，即变量 var 小于 10，则转移到标记 DEFAULT 处执行，否则，接着依次判断其是否等于 11 或 12。如果某个判断成立，则跳转到标记 CASE11 或 CASE12 处继续执行，否则跳转到标记 DEFAULT 处执行。对于标记 CASE10、CASE11、CASE12 和 DEFAULT 处的代码，最后均通过跳转语句 j DONE 转移到标记 DONE 处，对应于 C 代码 case 语句块中的 break 语句。

我们可以看出，switch/case 语句需要对所有的常量表达式进行逐一判断，直到满足某个判断条件

时，才会执行相应的语句块，其本质是一连串 if/else 语句，因此可用于实现多路分支。但需要判断的条件过多，势必会影响程序的性能。**是否可以不用逐条进行条件测试，而直接转移到对应某个条件的语句块处执行呢？**答案是可以的，当 switch/case 的判断条件多于 5 条时，其机器级代码通常会采用**跳转表**实现，如图 3-22 所示。

```
...                                                    C 代码
switch(var) {
        case 10: sum = 100; break;
        case 11: sum = 200; break;
        case 12: sum = 350; break;
        default: sum = 500;
}
...
```

```
#  假设$s0 = var, $t0 = sum                            汇编代码
  ...
  addi  $s1, $zero, 10
  beq   $s0, $s1, CASE10
  slti  $s1, $s0, 10
  bne   $s1, $zero, DEFAULT
  addi  $s1, $zero, 11
  beq   $s0, $s1, CASE11
  addi  $s1, $zero, 12
  beq   $s0, $s1, CASE12
  j     DEFAULT
CASE10:
  addi  $t0, $zero, 100
  j     DONE
CASE11:
  addi  $t0, $zero, 200
  j     DONE
CASE12:
  addi  $t0, $zero, 350
  j     DONE
DEFAULT:
  addi  $t0, $zero, 500
DONE:
  ...
```

图 3-21　switch/case 语句的机器级表示

```
...                                                    C 代码
  switch(var) {
      case 10: sum = 100; break;
      case 11: sum = 200; break;
      case 12: sum = 350; break;
      case 13: sum = 500; break;
      case 14: sum = 650; break;
      default: sum = 1000;
  }
...
```

图 3-22　跳转表

```
# 假设$s0 = var, $t0 = sum                            汇编代码
    addiu    $s0, $s0, -10
    sltiu    $t0, $s0, 5
    beq      $t0, $zero, DEFAULT
    sll      $t0, $s0, 0x2
    addiu    $t1, $zero, LUT
    addu     $t0, $t1, $t0
    lw       $t0, 0($t0)
    jr       $t0
CASE10:
    addi     $t0, $zero, 100
    j        DONE
CASE11:
    addi     $t0, $zero, 200
    j        DONE
CASE12:
    addi     $t0, $zero, 350
    j DONE
CASE13:
    addi     $t0, $zero, 500
    j        DONE
CASE14:
    addi     $t0, $zero, 650
    j        DONE
DEFAULT:
    addi     $t0, $zero, 1000
DONE:
    . . .
    .align 4
LUT:
    .word                CASE10
    .word                CASE11
    .word                CASE12
    .word                CASE13
    .word                CASE14
```

图 3-22　基于跳转查找表的 switch-case 语句的机器级表示（续）

由图 3-22 可知，switch-case 语句共有 6 个分支，在汇编代码中分别使用标签 CASE10、CASE11、CASE12、CASE13、CASE14 和 DEFAULT 进行标记，对应 6 个分支的入口地址。其中，前 5 个标签所对应的地址被存放在一个以标签 LUT 进行标识的跳转表中。首先，通过指令 "addiu $s0, $s0, -10" 将变量 var 减去 10 获得跳转表的索引。然后，通过指令 "sltiu $t0, $s0, 5" 判断索引值是否小于 5，如果不小于 5，则说明变量 var 大于等于 15 或 var 小于 10，此时分支转移至标签 DEFAULT 处执行；否则，通过指令 "sll $t0, $s0, 0x2" 将索引值逻辑左移 2 位，相当于 "索引值 × 4"，这是因为跳转表中存放的每一项对应一个 4 字节的分支地址，故 "索引值 × 4" 为该分支地址在跳转表中的偏移量。接着，将该偏移量与跳转表的首地址（由标签 LUT 确定）相加就得到了相对应 case 语句的分支入口地

址。最后，通过跳转指令"jr $t0"转移至相应标签处执行。

显然，通过跳转表可以显著提高 switch-case 语句的条件判断效率，但当 case 的条件值相差较大时，如 case 10、case 100、case 1000 等，采用跳转查找表势必浪费大量存储空间。因此，编译器仍然生成逐个进行条件判断的代码，而不会采用构造跳转表的方式来进行分支转移。

3.3.2　循环结构

C 语言可通过循环结构实现对一段代码的重复执行。常用的循环结构语句包括 3 种：while 语句、do-while 语句和 for 语句。由于 while 和 do-while 语句的机器级表示相同，因此，我们只讨论 while 和 for 两种语句的机器级表示。

1. while 循环的机器级表示

while 循环语句的格式：

```
while (cond) { loop_statement }
```

重复执行循环体中的语句 loop_statement，直到不满足条件 cond 为止。其机器级表示如图 3-23 所示。

```
                                                    C 代码
. . .
int sum = 0;
int i = 1;
. . .
while (i <= 100) {
        sum = sum + i;
        i++;
}
. . .
```

```
# 假设$s0 = sum, $s1 = i                              汇编代码
  . . .
  addi  $s0, $zero, 0
  addi  $s1, $zero, 1
WHILE:
  slti  $t0, $s1, 101
  beq   $t0, $zero, DONE
  add   $s0, $s0, $s1
  addi  $s1, $s1, 1
  j     WHILE
DONE:
  . . .
```

图 3-23　while 循环的机器级表示

如图 3-23 所示，通过语句"slti $t0, $s1, 101"对循环条件进行判断，若循环条件满足（即 i <= 100），则将$t0 寄存器的值设置为 1，否则将$t0 寄存器的值设置为 0。然后，通过分支语句"beq $t0, $zero, DONE"将$t0 寄存器的值与 0 进行比较，如果不等（即循环条件满足），则执行循环体中的语句，最后通过跳转语句"j WHILE"转移到标记 WHILE 处，进行下一次循环条件的判断；否则，跳出 while 循环，执行标记 DONE 之后的语句。

2. for 循环的机器级表示

for 循环语句的格式：

```
for ( init-expression ; cond; loop-operation ) {loop_statement}
```

与 while 循环类似，重复执行循环体中的语句 loop_statement，直到不满足条件 cond 为止。不同之处在于，for 循环增加了一个循环变量，用于表示循环执行的次数。每次循环开始时判断循环条件 cond 是否满足，如果满足则执行循环体中的语句，并在每次循环结束时通过 loop-operation 更新循环变量。其机器级表示如图 3-24 所示。

```
...                                                    C 代码
int sum = 0;
int i;
...
for (i = 1; i<= 100; i++) {
        sum = sum + i;
}
...
```

```
# 假设$s0 = sum, $s1 = i                                汇编代码
    ...
    addi   $s0, $zero, 0
    addi   $s1, $zero, 1
FOR:
    slti   $t0, $s1, 101
    beq    $t0, $zero, DONE
    add    $s0, $s0, $s1
    addi   $s1, $s1, 1
    j      FOR
DONE:
    ...
```

图 3-24　for 循环的机器级表示

如图 3-24 所示，for 循环的 C 代码和 while 循环的 C 代码是等价的，其汇编表示与 while 循环的汇编表示也相同。因此，对于循环结构的实现，while 语句和 for 语句是完全等价的。

3.3.3　函数调用

为了增加程序的复用性和可读性，通常把程序划分为若干模块，每个模块完成一项特定任务，称为**函数**，也称为**过程**。函数声明的格式：

```
return_type function_name( parameter list )
{
    body of the function
}
```

函数是构成 C 程序的最基本单位，通过函数调用实现对函数的使用。如果在一个函数中还存在对其他函数的调用，则这个函数称为**非叶函数**，否则称为**叶函数**。假设函数 A 调用函数 B，则 A 称为**调用函数（caller）**，B 称为**被调函数（callee）**。进行函数调用时，调用函数需要给被调函数传递参数以供其进行计算，最后，被调函数需要将返回结果回传给调用函数。此外，被调函数执行完毕后不能破坏调用函数的处理器状态，即通用寄存器的值。也就是说，从调用函数进入被调函数时，通用寄存器的值必须和从调用函数返回后寄存器的值保持一致，只有这样，调用函数才能在被调函数返回后继续执行，我们将通用寄存器中的值称为**现场**。如果被调函数的执行会破坏调用函数的现场，则需要将相应寄存器的值保存到存储器中，称为**现场保护**；在调用返回时，需要重新从存储器将现场值取回寄存器，称为**现场恢复**。综上，函数调用的执行过程如下所示。

1）调用函数（A）准备入口参数，并将其放在被调函数（B）可访问的地方。

2）A 将返回地址存放在特定地方，然后转移到 B。

3）B 为 A 的现场和自己的非静态局部变量分配存储空间。

4）执行 B 的函数体。

5）B 恢复 A 的现场，并销毁所有分配的存储空间。

6）B 取出返回地址，转移到 A 继续执行。

在上述过程中，前两个步骤由调用函数完成，剩余步骤由被调函数完成。如果被调函数在执行过程中还调用其他函数，即嵌套调用，则会重复上述 6 个步骤。在整个函数调用过程中，调用函数和被调函数之间必须遵循一些约定，包括：如何从调用函数转移到被调函数，如何从被调函数返回，入口参数和返回值的存放位置，现场如何保存、由谁保存及存放位置，被调函数所用的非静态局部变量的存放位置等。这些约定由编译器强制执行，程序员进行汇编程序设计，特别是进行 C/汇编混合编程时必须严格遵守。只有这样，由不同程序员编写的不同函数才能彼此调用，实现模块化程序设计。下面将对这些约定进行详细介绍。

1. 函数的调用与返回

基于 MIPS 指令集的处理器（如 MiniMIPS32）使用 **JAL** 指令进行函数调用，即把对程序的控制权从调用函数转移给被调函数。JAL 指令主要完成两个操作，首先将返回地址保存到\$ra 寄存器，然后将程序计数器 PC 的值设置为被调函数的入口地址。使用 **JR** 指令完成函数返回。该指令从\$ra 寄存器中取出返回地址，并送入程序计数器 PC，从而将控制权从被调函数转移给调用函数。JAL 和 JR 指令都是无条件转移指令，一定会改变程序的执行流程。

2. 寄存器使用约定

根据 MIPS 对寄存器的使用约定，进行函数调用时，如果入口参数的个数不大于 4，则使用通用寄存器\$a0～\$a3 从左向右传递参数列表中的参数；否则（即入口参数的个数大于 4），前 4 个参数仍然保存在寄存器\$a0～\$a3 中，其他参数存入存储器。

根据约定，函数调用的返回结果保存在通用寄存器\$v0 和\$v1 中。若返回值的位宽低于 32 位，则使用寄存器\$v0 保存返回结果。若返回值的位宽为 64 位，如双精度浮点型数据，则需要使用寄存器\$v0 和\$v1 保存返回结果。

MIPS 规定，现场保护由调用函数和被调函数协作完成。如果寄存器的值由调用函数保存到存储器中，则称之为**调用函数保存寄存器（caller-save）**；反之，如果寄存器的值由被调函数保存到存储器中，则称之为**被调函数保存寄存器（callee-save）**。对于调用函数保存寄存器，被调函数可以直接使用这些寄存器，而不用将它们的值保存到存储器中，这也意味着，如果调用函数在从被调函数返回后还要使用这些寄存器，则需要在转移到被调函数前先保存它们的值，并在返回后先恢复它们的值再使用。对于被调函数保存寄存器，被调函数需要先将它们的值保存到存储器中再使用，并在返回调用函数之前先恢复这些寄存器的值。MIPS 规定的调用函数保存寄存器和被调函数保存寄存器如表 3-3 所示。

表 3-3　调用函数保存寄存器和被调函数保存寄存器

调用函数保存寄存器	被调函数保存寄存器
\$t0～\$t9（\$8～\$15、\$24、\$25）	\$s0～\$s7（\$16～\$23）
\$a0～\$a3（\$4～\$7）	\$ra（\$31）
\$v0、\$v1（\$2、\$3）	\$sp、\$fp/\$s8（\$29、\$30）*

注：*\$fp 和\$s8 均可表示寄存器\$30，在后文中统一使用\$s8。

3. 调用栈、栈帧及其结构

如上所述，入口参数（多于 4 个）、需要保护的现场、非静态局部变量都需要保存在存储器中，分配给这些数据的存储区域称为**栈（stack）**。栈是一个容量可动态变化的存储区域，按照后入先出（Last-In-First-Out，LIFO）的方式保存数据，其存储空间从高地址向低地址增长。在 MIPS 中，寄存器**$sp（$29）**为栈指针寄存器，其值为当前栈中的最低可寻址单元的地址，称为**栈顶**。每次向栈中存入数据时，先将 $sp 的值减去一个偏移量，形成新的栈顶，再将数据保存到栈顶位置，该过程称为**压栈**。相反，先读出位于栈顶的数据，然后将 $sp 的值加上一个偏移量，形成新的栈顶，此过程称为**出栈**。不同于 IA-32 有专门的压栈指令和出栈指令，MIPS 的压栈和出栈通过访存指令完成，如图 3-25 所示。

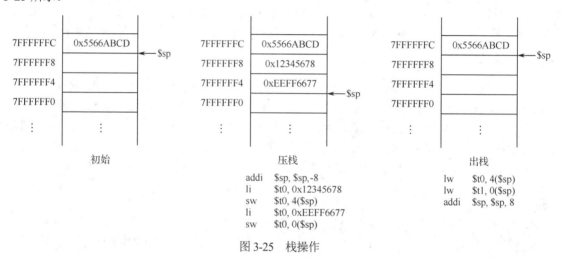

图 3-25 栈操作

在程序执行过程中，每调用一次函数，就为其分配栈存储空间以保存相关信息。存放某个程序正在运行的所有函数的信息的栈称为**调用栈**，而每个函数所对应的栈称为**栈帧（stack frame）**，因此一个调用栈由多个栈帧构成。在 MIPS 中，为了访问栈帧中的信息需要使用栈指针寄存器 $sp 和帧指针寄存器 $s8。**$sp 和 $s8 始终保持一致**，$sp 用于形成新栈顶，然后不再变化，之后通过 $s8 访问栈中的所有数据。图 3-26 给出了函数调用过程中调用栈的变化情况。

由图 3-26（a）可知，在函数调用前，首先，调用函数根据需要将调用函数保存寄存器的值存入自己的栈帧中；然后，为入口参数在自己的栈帧中分配空间，并按照需要将入口参数压入栈中。**注意，虽然 MIPS 调用约定规定前 4 个入口参数存放在从 $a0 到 $a3 的寄存器中，剩下的参数依次放到调用函数的栈帧中，但仍需要为前 4 个参数在栈帧中保留栈空间**；最后执行 jal 指令，转移到被调函数执行，并将当前栈指针寄存器 $sp 向下移动 n 字节，形成被调函数的栈帧。

如图 3-26（b）所示，在函数调用过程中，首先，如果被调函数不是叶函数，则被调函数将寄存器 $ra 中存放的返回地址压入自己的栈帧中；然后将帧指针寄存器 $s8 的旧值（即调用函数栈帧的栈顶地址）存入栈中；接着，根据需要为其他被调函数保存寄存器分配栈空间，进而将属于被调函数的非静态局部变量压入栈中；最后，如果被调函数还需要调用其他函数，则根据需要将调用函数保存寄存器压入栈并为入口参数分配栈空间。

在被调函数执行完成后，被调函数会依次恢复被调函数保存寄存器、寄存器 $s8 和寄存器 $ra 的值，并销毁自己的栈帧空间，使 $sp 重新指向调用函数栈帧的顶部，如图 3-26（c）所示。此时，执行 jr 指令，从$ra 中取出返回地址，回到调用函数继续执行。

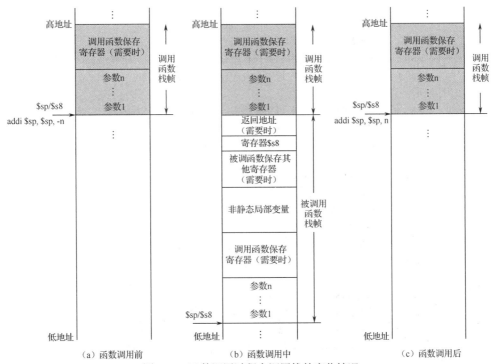

图 3-26　函数调用过程中调用栈的变化情况

需要注意的是，栈中的数据无论是什么类型，在栈中都会为其分配一个 4 字节的空间，也就是说，整个调用栈都是 4 字节对齐的。

4．普通函数调用的机器级表示

假设函数 caller 调用函数 callee，入口参数为 5 个，图 3-27 为函数 caller 的机器级表示。

```
int callee (int a, int b, int c, int d, int e){          C 代码

    return ((a + b) - (c + d)) * e;

}

int caller( ) {

    int temp1 = 36;
    int temp2 = 64;
    int temp3 = 55;
    int temp4 = 23;
    int temp5 = 75;
    int result;

    result = callee(temp1, temp2, temp3, temp4, temp5);

    return result;

}
```

图 3-27　函数 caller 的机器级表示

```
caller:                                                          汇编代码
    addiu    $sp, $sp, -56      # 形成函数 caller 的栈帧
    sw       $ra, 52($sp)       # 将函数 caller 的返回地址压入栈中
    sw       $s8, 48($sp)       # 将帧指针寄存器$s8 的旧值压入栈中
    move     $s8, $sp           # 使帧指针和栈指针都指向栈顶
    li       $v0, 36
    sw       $v0, 24(s8)        # 将非静态局部变量 temp1 = 36 压入栈
    li       $v0, 64
    sw       $v0, 28($s8)       # 将非静态局部变量 temp2 = 64 压入栈
    li       $v0,55
    sw       $v0, 32($s8)       # 将非静态局部变量 temp3 = 55 压入栈
    li       $v0, 23
    sw       $v0, 36($s8)       # 将非静态局部变量 temp4 = 23 压入栈
    li       $v0, 75
    sw       $v0, 40($s8)       # 将非静态局部变量 temp5 = 75 压入栈
    lw       $v0, 40($s8)
    sw       $v0, 16($sp)       # 将 temp5 = 75 作为入口参数压入栈中
    lw       $a0, 24($s8)       # 将入口参数 temp1 存入寄存器$a0
    lw       $a1, 28($s8)       # 将入口参数 temp2 存入寄存器$a1
    lw       $a2, 32($s8)       # 将入口参数 temp3 存入寄存器$a2
    lw       $a3, 36($s8)       # 将入口参数 temp4 存入寄存器$a3
    jal      callee             # 调用函数 callee，返回值保存在寄存器$v0 中
    nop
    sw       $v0, 44($s8)       # 将 callee 返回值，即局部变量 result，压入栈中
    lw       $v0, 44($s8)       # result 作为函数 caller 的返回值，存入寄存器$v0
    move     $sp, $s8
    lw       $ra, 52($sp)       # 将函数 caller 的返回地址从栈恢复到寄存器$ra
    lw       $s8, 48($sp)       # 将帧指针的旧址从栈恢复到寄存器$s8
    addiu    $sp, $sp, 56       # 销毁当前栈帧
```

图 3-27　函数 caller 的机器级表示（续）

　　根据函数 caller 的机器级表示，图 3-28 给出了其栈帧的变化情况，**假定函数 caller 被函数 A 调用**。首先，指令"addiu $sp, $sp, -56"移动栈指针$sp 为函数 caller 分配 56 字节的栈空间，形成新栈帧的栈顶。由于 caller 还需要调用函数 callee，故其为非叶函数，因此需要将$ra 寄存器中的返回地址保存到栈中；接着将帧指针寄存器$s8 的值（此时$s8 指向函数 A 栈帧的栈顶）压入栈中，然后通过语句"move $s8, $sp"让寄存器$s8 也指向 caller 栈帧的栈顶（再次强调：MIPS 函数调用过程中$sp 和$s8 均指向当前栈的栈顶，之后$sp 不再变化，而是通过$s8 访问栈中其他数据）。从汇编代码可以看出，除$ra 和$s8 之外，caller 没有其他被调函数寄存器需要保存。函数 caller 有 6 个非静态局部变量，即 temp1、temp2、temp3、temp4、temp5 和 result，通过指令 li 和 sw 皆被分配在栈中，如语句"li $v0, 36"和"sw $v0, 24(s8)"将局部变量 temp1 存放在栈中。在调用函数 callee 之前，函数 caller 将前 4 个入口参数保存到寄存器$a0～$a3（注意：仍要在栈中为前 4 个参数预留存储空间），第 5 个入口参数则压入栈中。函数 callee 调用返回后，其返回值保存在寄存器$v0 中，因而 jal 指令之后的两条语句"sw $v0, 44($s8)"和"lw $v0, 44($s8)"先将 callee 的返回值存入局部变量 result 的存储空间，再将 result 的值作为函数 caller 的返回值送入寄存器$v0 中。

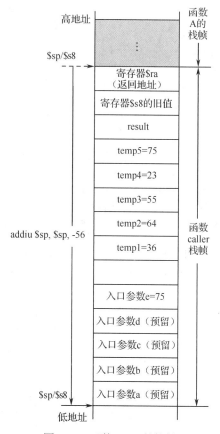

图 3-28　函数 caller 的栈帧

在函数 caller 返回前，先通过语句"lw $ra, 52($sp)"和"lw $s8, 48($sp)"恢复寄存器$ra 和$s8 在进入函数 caller 时的值，再通过语句"addiu $sp, $sp, 56"调整栈指针寄存器$sp 以释放函数 caller 的栈帧空间，指向调用函数 A 的栈顶。最后，采用语句"jr $ra"从寄存器$ra 中取出返回地址，返回函数 A 继续执行。

函数 callee 比较简单，其机器级表示如图 3-29 所示。由于函数 callee 不再调用其他函数，即它是一个叶函数，因此不需要将返回地址、入口参数及调用函数保存寄存器压入栈中。此外，函数 callee 没有用到任何被调用函数保存寄存器，也没有非静态局部变量。因此，在函数 callee 的栈帧中除保存寄存器$s8 的旧值（即函数 caller 栈帧的栈顶地址）外，无须保存其他信息。

5. 递归函数调用的机器级表示

递归函数是一种调用函数自己本身的非叶函数。图 3-30 给出了采用递归函数 factorial()实现的求阶乘运算的 C 代码及机器级表示。对于正整数 n，其阶乘表达式为 factorial(n) = n×(n−1)×(n−2)× ⋯ × 2×1，表示成递归形式为 factorial(n) = n × factorial(n−1)。为了便于叙述，我们假设其汇编代码指令的起始地址为 0x10。

```
callee:
    addiu    $sp, $sp, -8        # 形成函数 callee 的栈帧
    sw       $s8, 4($sp)         # 将帧指针寄存器$8 的旧值压入栈中
    move     $s8, $sp            # 使帧指针$8 和栈指针$sp 都指向栈顶
    addu     $v0, $a0, $a1       # 计算 a + b
    addu     $v1, $a2, $v3       # 计算 c + d
    subu     $v0, $v0, $v1       # 计算(a + b) – (c + d)
    lw       $v1, 24($s8)        # 从栈中读取参数 e
    mult     $v0, $v1            # 计算((a + b) – (c + d)) × e
    mflo     $v0                 # 将函数 callee 的返回值存入寄存器$v0
    move     $sp, $s8
    lw       $s8, 4($sp)         # 将帧指针的旧值从栈恢复到寄存器$s8
    addiu    $sp, $sp, 8         # 销毁当前栈帧
    jr       $ra                 # 返回调用函数继续执行
```

图 3-29   函数 callee 的机器级表示

```
int factorial (int n) {                                        C 代码

    if (n < 2)
        return 1;
    else
        return (n * factorial(n - 1));

}
```

```
factorial                                                      汇编代码
    10:  addiu    $sp, $sp, -24
    14:  sw       $ra, 20($sp)
    18:  sw       $s8, 16($sp)
    1c:  move     $s8, $sp
    20:  sw       $a0, 24($s8)
    24:  lw       $v0, 24($s8)
    28:  slti     $v0, $v0, 2
    2c:  beq      $v0, $zero, ELSE
    30:  li       $v0, 1
    34:  j        DONE
ELSE:
    38:  lw       $v0, 24($s8)
    3c:  addiu    $v0, $v0, -1
    40:  move     $a0, $v0
    44:  jal      factorial
    48:  move     $v1, $v0
    4c:  lw       $v0, 24($s8)
    50:  mult     $v1, $v0
    54:  mflo     $v0
DONE:
    58:  lw       $ra, 20($sp)
    5c:  lw       $s8, 16($sp)
    60:  addiu    $sp, $sp,24
    64:  jr       $ra
```

图 3-30   基于递归函数实现的阶乘运算的机器级表示

从图 3-30 可以看出，采用递归函数实现阶乘运算时，每次函数调用都会改变寄存器$ra 和$a0 的值，因此通过语句"sw $ra, 20($sp)"和"sw $a0, 24($s8)"将二者先压入栈中。接着，使用语句"slti $v0, $v0, 2"和"beq $v0, $zero, ELSE"判断 n 是否小于 2，如果是，则通过语句"li $v0, 1"将返回值 1 存入寄存器$v0，然后转移至标记 DONE 处，销毁栈空间，返回上层调用函数；否则（即 n > 1），则转移至标记 ELSE 处继续递归调用函数 factorial(n－1)，然后，通过语句"jr $ra"从递归函数逐层返回，并采用语句"lw $v0, 24($s8)"从栈中恢复每层调用的入口参数 n（即寄存器$a0 的值）至寄存器$v0 中，再使用语句"mult $v1, $v0"执行乘法运算 n × factorial(n－1)，并将乘法结果作为返回值存储在寄存器$v0 中。

图 3-31 给出了当 n＝3 时，递归函数调用栈的变化情况。假设函数 A 调用 factorial(3)。

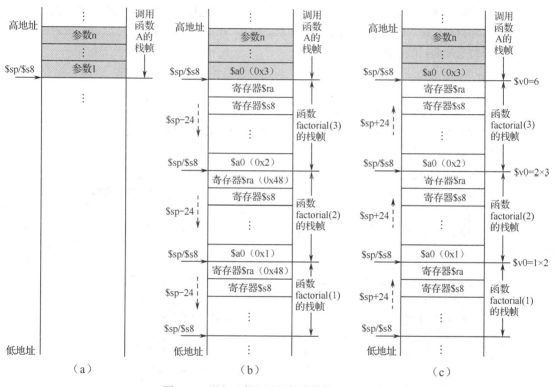

图 3-31　递归函数调用栈的变化情况（n＝3）

第一次调用 factorial 函数之前的栈情况如图 3-31（a）所示。进行第一次函数调用时，factorial 函数将寄存器$ra 和$s8 的值保存在当前的栈帧中，并将寄存器$a0 的值（此时$a0＝3，即 n＝3）存入调用函数 A 的栈帧中为入口参数 1 预留的存储空间（其地址为$sp＋24）。然后，将 n＝2 存入寄存器$a0 中，并第二次调用 factorial 函数，将寄存器$ra 的值设置为返回地址 0x48。在第二次函数调用时，仍将寄存器$ra（$ra＝0x48）和$s8 的值保存到函数 factorial(2)的栈帧中，并将寄存器$a0 的值（此时$a0＝2，即 n＝2）存入调用函数 factorial(3)栈帧中为入口参数 1 预留的存储空间（其地址为$sp＋24）。接着，将 n＝1 存入寄存器$a0 中，并第三次调用 factorial 函数。在第三次调用时，还是将寄存器$ra（$ra＝0x48）和$s8 的值保存到函数 factorial(1)的栈帧中，并将寄存器$a0 的值（此时$a0＝1，即 n＝1）存入调用函数 factorial(2)栈帧中为入口参数 1 预留的存储空间（其地址为$sp＋24）。上述递归函数调用过程中调用栈的情况如如图 3-31（b）所示。

第三次函数调用 factorial(1)结束后，将返回值 1 存入寄存器$v0，销毁栈帧空间，恢复寄存器$ra

和$s8 的值，最终返回第二次函数调用 factorial(2)。第二次函数调用从调用函数 factorial(3)的栈帧中获得其入口参数 n＝2，将其与第三次函数调用的返回结果"1"相乘得到返回值"2"，存入寄存器$v0，销毁栈帧空间，恢复寄存器$ra 和$s8 的值，最终返回第一次函数调用 factorial(3)。第一次函数调用从调用函数的栈帧中获得其入口参数 n＝3，将其与第二次函数调用的返回结果"2"相乘得到返回值"2"，存入寄存器$v0，销毁栈帧空间，恢复寄存器$ra 和$s8 的值，最终返回调用函数 A。上述递归函数返回过程中调用栈的情况如图 3-31（c）所示。

我们可以注意到，在递归函数调用的过程中，每调用一次函数都会为其在调用栈中分配空间。虽然这些被占用的栈空间是临时的，并在返回后被释放，但由于栈空间的释放发生在最后一层函数调用返回时，故当递归深度非常大时，栈空间的开销还是相当大的，同时存在栈空间溢出的安全隐患。此外，每增加一次递归调用，都会增加若干条诸如将寄存器$ra、$s8 压入栈中的额外指令，执行这些额外指令的时间开销对程序的性能也会造成较大影响。因此，在进行程序设计时，应该尽量避免不必要的函数调用，特别是递归函数调用。

3.3.4　数组

数组是具有相同基本数据类型的数据集合，常用于对大规模同类型数据进行有序组织。通常，数组中的元素被顺序存放在存储器中，可通过一个索引值和数组首地址对每个元素进行访问，数组首地址为数组第 1 个元素的地址。

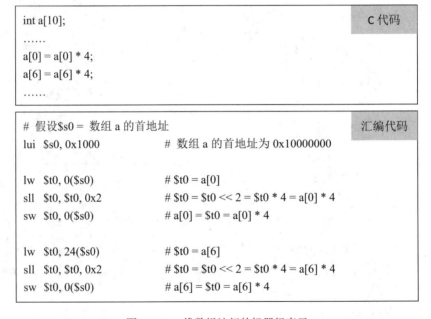

图 3-32　一维数组访问的机器级表示

对数组访问的本质是完成数组元素地址的计算。对一维数组中的元素进行访问的机器级表示如图 3-32 所示。首先，将数组 a 的首地址 0x10000000 通过指令 lui 保存到寄存器$s0 中。然后，通过指令 "lw $t0, 0($s0)" 进行访存，基地址位于寄存器$s0 中，即数组 a 的首地址，偏移量为 0，故该指令最终将数组元素 a[0]加载到寄存器$t0 中。类似地，对数组元素 a[6]的访问可以通过指令 "lw $t0, 24($s0)" 实现，其中基地址仍位于寄存器$s0 中，偏移量变为 24（数组 a 为整型数组，每个元素占 4 字节，故 a[6]相对于首地址的偏移量为 24）。

从访问一维数组的机器级表示可以看出，对数组元素访问的代码基本相同，只需要根据数组元素的索引值改变访存的偏移量即可。因此，可通过复制该段代码实现对所有数组元素的访问，但当数组元素的个数过多时，这种方式将造成程序代码量迅速增加，浪费大量存储空间。故可通过循环结构实现对数组的访问，其机器级表示如图 3-33 所示。

```
                                                    C 代码
int a[100];
int i;
……
for (i = 0; i< 100; i++)
    a[i] = a[i] * 4;
……
```

```
                                                    汇编代码
# 假设$s0 = 数组 a 的首地址, $s1 = i
    lui   $s0, 0x1000      # 数组 a 的首地址为 0x10000000
    addi  $s1, $zero, 0    # $s1 = i = 0
    addi  $t1, $zero, 100

LOOP:
    slt   $t0, $s1, $t1    # 判断 i < 100 是否成立
    beq   $t0, $zero, DONE # 如果不成立, 转移到标记 DONE
    sll   $t0, $s1, 2      # $t0 = i×4, 计算元素 a[i]的偏移量
    add   $t0, $s0, $t0    # $t0 = a[i]的地址
    lw    $t2, 0($t0)      # $t2 = a[i]
    sll   $t2, $t2, 2      # $t2 = a[i] × 4
    sw    $t2, 0($t0)      # a[i] = a[i] × 4
    addi  $s1, $s1, 1      # i = i + 1
    j     LOOP             # 转移到 LOOP 标记, 继续执行
DONE:
```

图 3-33　基于循环结构的数组元素访问的机器级表示

数组 a 中元素地址的计算由语句"sll $t0, $s1, 2"和"add $t0, $s0, $t0"共同完成。其中，sll 指令将待访问元素 a[i]的索引 i（位于寄存器$s1）乘以 4，得到该元素相对于数组首地址的偏移量（位于寄存器$t0）。指令 add 将偏移量和数组 a 首地址（位于寄存器$s0）相加得到数组元素 a[i]的访问地址（位于寄存器$t0）。

图 3-34 给出了对二维数组中元素进行访问的机器级表示。该二维数组 a 共有 4 个元素。

从图 3-34 可以看出，标记 INNER 和标记 DONE 之间的代码是对 C 程序中的内层循环的实现。其中，语句"sll $t1, $t3, 0x1"、"addu $t1, $t1, $s2"和"sll $t1, $t1, 0x2"完成根据索引 i 和 j 计算元素 a[i][j] 相对于数组首地址的偏移量，即 i×8＋j×4。对于内层循环的判断，当 j 不小于 2 时，语句"slti $t0, $s2, 2"将寄存器$t0 的值设置为 0，然后通过语句"beq $t0, $zero, OUTER"结束本次内层循环的操作，转移到外层循环。标记 OUTER 和 INNER 之间的代码对应 C 程序中的外层循环。这部分代码实现了对外层循环条件的判断（即语句"slti $t0, $s1, 2"和"beq $t0, $zero, DONE"）、索引 i 的加 1 操作及将索引 j 重新初始化为 0。

```
int a[2][2];                                              C 代码
int i, j;
……
for (i = 0; i< 2; i++)
   for (j = 0; j < 2; j++)
         a[i][j] = a[i][j] * 4;
……
```

```
# 假设$s0 = 数组 a 的首地址, $s1 = i, $s2 = j            汇编代码
   lui    $s0, 0x1000        # 数组a的首地址为0x10000000
   addi   $s1, $zero, 0      # $s1 = i = 0

OUTER:                       #外层循环
   slti   $t0, $s1, 2        # 判断 i < 2 是否成立
   beq    $t0, $zero, DONE   # 如果不成立，则转移到标记 DONE
   add    $t3, $s1, $zero    # $t3 = i
   addi   $s1, $s1, 1        # i = i + 1
   addi   $s2, $zero, 0      # $s2 = j = 0
INNER:                       # 内层循环
   slti   $t0, $s2, 2        # 判断 j < 2 是否成立
   beq    $t0, $zero, OUTER  # 如果不成立，则转移到标记 OUTER
   sll    $t1, $t3, 0x1      # $t1 = i × 2
   addu   $t1, $t1, $s2      # $t1 = i × 2 + j
   sll    $t1, $t1, 0x2      # $t1 = i × 8 + j × 4, 计算 a[i][j]的偏移量
   add    $t1, $s0, $t1      # $t1 = a[i][j]的访存地址
   lw     $t2, 0($t1)        # $t2 = a[i][j]
   sll    $t2, $t2, 2        # $t2 = a[i][j] × 4
   sw     $t2, 0($t1)        # a[i][j] = a[i][j] × 4
   addi   $s2, $s2, 1        # j = j + 1
   j      INNER              # 转移到INNER标记，继续执行内层循环
DONE:
```

图 3-34　二维数组访问的机器级表示

第 4 章　现场可编程逻辑门阵列（FPGA）及其设计流程

后续章节所设计 MiniMIPS32 处理器将烧写到现场可编程逻辑门阵列（FPGA）中，进行最终的功能验证。因此，在开始 MiniMIPS32 处理器设计之前，先通过本章来了解一下 FPGA 的基本概念和基于 FPGA 的设计流程。

首先，本章以 Xilinx FPGA 为例，分析 FPGA 的内部结构，并介绍本书所使用的 FPGA 开发平台——DIGILENT Nexys4 DDR。接着，给出基于 FPGA 的通用设计流程。最后，重点介绍面向 Xilinx FPGA 的最新集成设计环境——Vivado，并通过一个实例讲解基于 Vivado 的 FPGA 设计流程。

4.1　FPGA 概述

FPGA（Field Programmable Gate Array，现场可编程逻辑门阵列）是在 PAL、GAL、CPLD 等可编程器件的基础上进一步发展的产物。它是作为专用集成电路（Application Specific Integrated Circuits，ASIC）领域中的一种半定制电路而出现的，既解决了定制电路的不足，又克服了原有可编程器件门电路数有限的缺点。FPGA 是当今数字系统设计的主要硬件平台，其主要特点是完全由用户通过软件进行配置和编程，从而完成某种特定的功能，并且可以反复擦写。在修改和升级时，不需额外地改变 PCB，只需在计算机上修改和更新程序，使硬件设计工作成为软件开发工作，缩短了系统设计的周期，提高了实现的灵活性并降低了成本。

FPGA 最初主要用于对 ASIC 进行原型验证。随着集成电路工艺和 EDA 工具的发展，FPGA 作为一种专用芯片已被直接应用于很多应用领域，涉及汽车电子、军事（如安全通信、雷达、声呐等）、测试和测量（如仪器仪表等）、消费电子（如显示器、投影仪、数字电视和机顶盒、家庭网络等）、网络通信（如 4G/5G、软件无线电等）等领域。伴随着摩尔定律的发展，人们对计算能效提出了更高的要求，异构计算已成为提升计算能效的主要手段。FPGA 的可编程性使其成为继 GPU 后第二代异构计算平台的主要组成部分，目前被广泛应用于超级计算机、云计算、数据中心等领域。此外，近年来，越来越多的人开始认识到深度学习可能会改变未来的生活，成为未来科技发展的方向，而 FPGA 设计工具使其对深度学习领域经常使用的上层软件兼容性更强，FPGA 正在成为助力深度学习发展的一大技术。例如，北京深鉴科技有限公司相继推出了多款基于 FPGA 的深度学习处理平台，如雨燕等。

目前 FPGA 的主要生产厂商包括 Xilinx（赛灵思）、Altera、Actel、Lattice、Atmel 等。Xilinx（赛灵思）是全球领先的可编程逻辑完整解决方案的供应商，其研发、制造并销售范围广泛的高级集成电路、软件设计工具及作为预定义系统级功能的 IP（Intellectual Property）核。目前 Xilinx 占据全世界 FPGA 市场份额的一半。Altera 公司在 1983 年发明了世界上第一款可编程逻辑器件，是"可编程芯片系统"（SOPC）解决方案倡导者。该公司于 2015 年被 Intel 以 167 亿美元收购，Intel 在 2016 年发布了第一个集成了 FPGA 的处理器 Xeon E5-2600，主要为高性能机器学习和人工智能提供支持。Actel 公司成立于 1985 年，一直致力于美国军工和航空领域 FPGA 芯片及其他可编程器件的生产，其大部分产品禁止对外出售。各大公司 FPGA 虽然各有特点，但结构大体相同。**本书后续章节的设计工作均采用 Xilinx FPGA 及相关开发环境**。下面对 Xilinx FPGA 的基本结构进行详细叙述。

4.1.1 Xilinx FPGA 的基本结构

目前，FPGA 主要是基于查找表（Look-Up Table，LUT）技术构建的。根据应用场合的不同，每一个系列的 FPGA 内部结构会有局部不同，但大体上由 5 个部分组成：可编程逻辑块（CLB）、可编程输入/输出单元（IOB）、数字时钟管理模块（DCM）、嵌入式块存储器（BRAM）和内嵌专用 IP 单元，如图 4-1 所示。

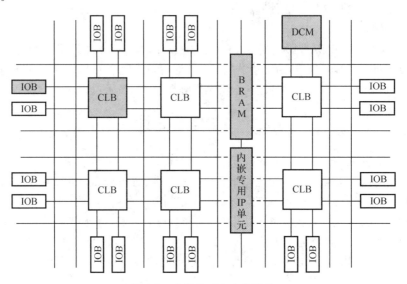

图 4-1　典型 FPGA 内部结构

1．可编程逻辑块（CLB）

CLB 是 FPGA 内部的基本逻辑单元，其数量和特性会依据器件的不同而不同，大体上每个 CLB 包含两个 SLICE。由于根据功能，SLICE 又可分为 SLICEL（Logic）和 SLICEM（Memory），因此 CLB 也可分为 CLBLL 和 CLBLM 两类，如图 4-2 所示，箭头表示进位链。

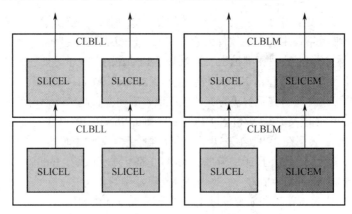

图 4-2　CLB 和 SLICE

每个 SLICE 又由若干查找表及附加逻辑（如多路选择器、触发器、进位逻辑等）组成，可用于实现组合逻辑、时序逻辑，还可以被配置为分布式 RAM 和分布式 ROM。图 4-3 给出了一种 SLICE 的内部结构，包含一个 4 输入查找表（LUT）、一个多路选择器和一个触发器。其中，触发器可以被配置（编程）为寄存器或锁存器，多路选择器可以被配置为选择一个到逻辑块的输入或 LUT 的输出，LUT 则可以被配置以实现任何的逻辑功能。

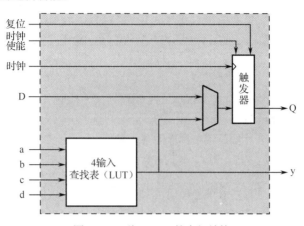

图 4-3　一种 SLICE 的内部结构

FPGA 采用 LUT 的主要功能是实现基本的电路逻辑，而大部分 LUT 采用 SRAM 工艺实现，一个 4 输入 LUT 结构如图 4-4 所示。A、B、C、D 由 FPGA 芯片的引脚输入或内部新信号给出，然后作为地址线连到 LUT，LUT 中已经事先写入了所有可能的逻辑结果，通过地址查找到相应的数据 Z_{out} 输出，这样就实现了组合逻辑的功能。对于时序电路，只需要采用 LUT 加上触发器的结构就可以实现。FPGA 芯片上电时，基于 SRAM 的 FPGA 会加载配置信息（称之为器件的编程）。作为这种配置的一部分，用作 LUT 的 SRAM 单元会被加载进所需实现逻辑功能的 0 或 1 值。对于不同的逻辑功能，只需通过器件编程改变 LUT 中存储的内容即可，从而实现了 FPGA 的可编程设计。除了实现电路逻辑功能外，LUT 还具有很多其他功能，并且功能根据 SLICE 结构的不同而不同，如表 4-1 所示。

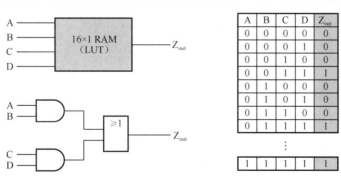

图 4-4　4 输入 LUT 结构

表 4-1　LUT 的功能

LUT 功能	SLICEL	SLICEM
电路逻辑	√	√
分布式 ROM	√	√
分布式 RAM		√
移位寄存器		√

2. 可编程输入/输出单元（IOB）

可编程输入/输出单元，简称 I/O 单元，是 FPGA 芯片与外界电路的接口部分，用于完成不同电气特性下对 I/O 信号的驱动与匹配要求。通常，FPGA 内的 I/O 按组分类，每组都能够独立地支持不同的 I/O 标准。通过软件的灵活配置，可适配不同的电气标准与 I/O 物理特性，可以调整驱动电流的大小，改变上拉或下拉电阻。目前，I/O 数据传输速率越来越高，一些高端的 FPGA 可以支持高达每秒几十吉比特的数据传输率。

为了便于管理和适应多种电气标准，FPGA 的 I/O 被划分为若干组（bank），每组的接口标准由其接口电压 VCCO 决定。一组 I/O 只能有一种 VCCO，但不同组的 VCCO 可以不同。只有相同电气标准的端口才能连接在一起，VCCO 相同是接口标准的基本条件。

3. 数字时钟管理模块（DCM）

目前，大多数 FPGA 均提供数字时钟管理模块（Xilinx 的全部 FPGA 系列均具有该模块）。在时钟的管理和控制方面，DCM 相比 DLL 功能更强大，使用更灵活。DCM 的功能包括消除时钟的延迟、频率的综合、时钟相位的调整等系统方面的需求，可提供精确的时钟综合，且能够降低时钟抖动，并实现过滤功能。DCM 的主要优点在于：

1）实现零时钟偏移（skew），消除时钟分配延迟，并实现时钟闭环控制。

2）时钟可以映射到 PCB 上，用于同步外部时钟，减少对外部芯片的要求，对芯片内、外的时钟进行一体化控制，利于系统设计。

DCM 通常由 4 个部分组成。其中，最底层仍采用 DLL 模块，然后分别是数字频率合成器（Digital Frequency Synthesizer，DFS），数字移相器（Digital Phase Shifter，DPS）和数字频谱扩展器（Digital Spread Spectrum，DSS）。

4. 嵌入式块存储器（Block Memory）

嵌入式块存储器，也称为 BRAM，是 FPGA 内部除了逻辑资源外用的最多的功能块，它以硬核的形式集成在 FPGA 内部，成为 FPGA 最主要的存储资源。各种主流的 FPGA 芯片内部都集成了数量不等的 BRAM，访问速度可达到数百兆赫兹。BRAM 最大的优势在于，它不会占用任何额外的 CLB 资源，而且可以在 ISE、Vivado 集成开发环境中，通过 IP 核生成工具灵活地将其配置为单口 RAM、简单双端口 RAM 及双端口 RAM、ROM、FIFO 等不同的存储器模式。此外，还可以将多个 BRAM 通过同步端口连接起来，构成容量更大的 BRAM。

单片 BRAM 的大小，不同的 FPGA 有不同的限制。例如，大量 Xilinx FPGA 的单片 BRAM 的容量为 18Kbit，即位宽为 18bit，深度为 1024，可根据需要改变其位宽和深度，但要满足两个原则：首先，修改后的容量不能大于 18Kbit；其次，位宽最大不能超过 36bit。若容量大于 18Kbit，则需要将多片 BRAM 级联起来形成更大的 RAM，此时只受限于 FPGA 芯片内 BRAM 的数量，而不再受上面两条原则的约束。

此外，为了满足设计的需要，BRAM 在 FPGA 内是按照一定规则分布的。对于 Xilinx FPGA，BRAM 是按列排列的，保证每个 CLB 周围都有比较靠近的 BRAM 用于存储和交换数据。靠近 BRAM 的是硬核乘加单元，有利于提高乘法运算的速度，对构建微处理器原型或加速数字信号处理应用非常有效。

5. 内嵌专用 IP 单元

内嵌专用 IP 单元指由 FPGA 厂商提供的，预先设计好、经过严格测试和优化过的软核 IP 或硬核 IP，如 DLL、PLL、DSP 或 MicroBlaze 等软核，以及专用乘法器、浮点运算单元、串并收发器 SERDES

或 PowerPC、ARM 等硬核。正是由于集成了丰富的内嵌专用 IP 单元，并在相关 EDA 工具的配合下，单片 FPGA 逐步具备了软硬件系统设计的能力，FPGA 也正在从单纯的 ASIC 原型验证平台逐步向 SoC 平台过渡。

4.1.2　DIGILENT Nexys4 DDR FPGA 开发平台

Nexys4 DDR FPGA 开发平台（以下简称 Nexys4 DDR）是美国 DIGILENT 公司设计的新一代 FPGA 口袋实验室，如图 4-5 所示。其小巧的便携式设计便于学生或其他设计者很快捷地随时随地开展基于 FGPA 的实验和设计工作。Nexys4 DDR 丰富的资源使其能够实现从简单的逻辑电路到复杂的嵌入式系统等多种设计。**本书中的 MiniMIPS32 处理器及原型系统的设计都将基于此平台完成。**

Nexys4 DDR 搭载了 Xilinx 最新的 Artix7 系列 FPGA 芯片，型号为 XC7A100T-1CSG324C。该 FPGA 具有多达 15850 个 SLICE，每个 SLICE 包含 4 个 6 输入 LUT 和 8 个触发器。块存储器 BRAM 的容量达到 4860Kbit（6075KB）。此外，FPGA 还含有 6 个时钟管理模块和 240 个硬件 DSP，内部时钟频率可达到 450MHz。

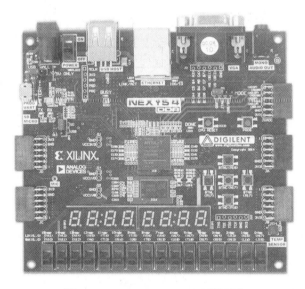

图 4-5　Nexys4 DDR FPGA 开发平台

Nexys4 DDR 相比前一代产品最大的改变就是板上集成了大容量的片外存储器，包括 1 个 128MB 的 DDR2 SDRAM 和 1 个 16MB 的 SPI（×4）Flash，可满足众多嵌入式系统的设计需求。

此外，Nexys4 DDR 还提供了丰富的外设接口，包括：GPIO（如拨动开关、按钮、LED 灯、七段数码管等）、UART 串口、以太网接口、鼠标/键盘 USB 接口、12 位 VGA 接口、音频 I/O 接口、模-数转换器及多种传感器（如温度传感器、三轴加速传感器），使其在不需要任何其他组件的情况下就能满足广泛的设计需求。为了进一步扩展 Nexys4 DDR 的功能，开发板还提供了 4 个 Pmod 接口，设计者可通过该接口连接更多外设资源。

有关 Nexys4 DDR 的各种资源，包括用户手册、原理图、样例工程等可从官方网站直接下载，网址为 http://store.digilentinc.com/nexys-4-ddr-artix-7-fpga-trainer-board-recommended-for-ece-curriculum/，也可从本书的配套资源中获取。

4.2　FPGA 的设计流程

FPGA 的设计流程是利用 EDA 开发工具对 FPGA 芯片进行开发配置的过程。FPGA 的经典应用领域是实现对 ASIC 的原型验证，即从寄存器传输级（RTL）描述到比特流文件的设计，故典型的 FPGA 设计流程与 ASIC 设计流程类似，如图 4-6 所示。

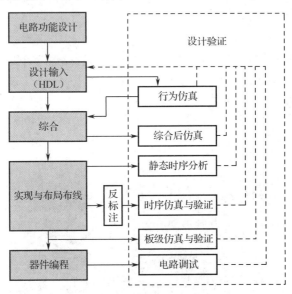

图 4-6　典型的 FPGA 设计流程

1.　电路功能设计

在系统设计之前，首先要进行方案论证、系统设计和 FPGA 芯片选择等准备工作。系统工程师根据任务要求，如系统的指标和复杂度，对工作速度和芯片本身的资源、成本等方面进行权衡，选择合理的设计方案和合适的器件类型。

2.　设计输入

设计输入将所设计的系统或电路以 FPGA EDA 工具要求的某种形式表示出来，并输入给 EDA 工具。常用的方法有硬件描述语言的 RTL 描述和原理图输入方式等。

3.　行为仿真

行为仿真也称为前仿真，在综合前对用户所设计的电路进行逻辑功能验证。此时的仿真没有延迟信息，仅对 Verilog 代码所描述的功能进行测试。

4.　综合

综合将设计编译为由基本逻辑单元构成的逻辑连接网表（并非真实门级电路），然后根据目标与要求优化所生成的逻辑连接，使层次设计平面化，供 FPGA 布局布线软件来实现。

5.　综合后仿真

检查综合结果是否和原设计一致，在仿真时，把综合生成的标准延时文件反标注到综合仿真模型中，主要评估门延时带来的影响。

6. 实现与布局布线

实现是将逻辑网表配置到具体 FPGA 上。布局布线是其中重要环节，布局是将逻辑网表中的单元配置到芯片内部的固有硬件结构上，并需要在速度最优和面积最优之间做出选择；布线是根据布局的拓扑，利用芯片内的连线资源，合理、正确地连接各个元件。目前 FPGA 的结构非常复杂，特别是在有时序约束条件时，需要利用时序驱动的引擎进行布局布线。布线结束后，FPGA EDA 工具会自动生成报告，提供有关设计中各部分资源的使用情况。由于只有 FPGA 芯片生产厂商对芯片结构最为了解，所以布局布线必须选择 FPGA 芯片开发商提供的工具。

7. 时序仿真与验证

时序仿真也称为后仿真，指将布局布线的延时信息反标注到设计网表中，检测有无时序违规，此时延时最精确，能较好地反映 FPGA 的实际工作情况。

8. 板级仿真与验证

板级仿真与验证主要应用于高速电路设计中，对信号完整性和电子干扰等特性进行分析。

9. 器件编程与电路调试

典型 FPGA 设计流程的最后一步是器件编程与电路调试。FPGA 器件编程是指产生位数据流文件（bitstream），然后将其下载到 FPGA 中。FPGA 电路调试使用内嵌的在线逻辑分析仪（如 Xilinx 公司的 ChipScope 等），它们只需占用 FPGA 少量的逻辑资源，具有较高的实用价值。

4.3　Xilinx Vivado 集成设计环境

Vivado Design Suite（以下简称 Vivado）是 Xilinx 2012 年发布的，针对 7 系列及后续 FPGA 的集成设计环境，也是 Xilinx 为其全可编程 FPGA 器件打造的全新设计环境。Vivado 包括高度集成的设计环境和新一代从系统到集成电路级的工具，这些均建立在共享的可扩展数据模型和通用调试环境基础上。该设计环境也是一个基于 AMBA AXI4 互联规范、IP-XACT IP 封装元数据、工具命令语言（TCL）、Synopsys 系统约束（SDC）及其他有助于根据客户需求量身定制设计流程并符合业界标准的开放式环境。Vivado 设计环境还把各类可编程技术结合在一起，能够扩展实现多达 1 亿个等效 ASIC 门的设计。

4.3.1　Vivado 集成设计环境介绍

Vivado 提供了全新构建的 SoC 增强型、以 IP 和系统为中心的下一代开发环境，以解决系统级集成和实现的生产力瓶颈。其用户主界面如图 4-7 所示（**版本号为 2017.3**，后续内容均以该版本为准），包括以下几个组成部分。

1）**Menu Bar**（**菜单栏**）：主要提供 Vivado 集成设计环境中的全部操作命令。

2）**Main Toolbar**（**工具栏**）：主要提供一些常用命令的访问，以及一些重要布局的切换。

3）**Flow Navigator**（**设计流程向导区**）：提供从设计输入到生成数据流文件的过程中所需的全部命令和工具，是 Vivado 中最重要的组成部分，包括以下 7 个部分。

- Project Manager（工程管理器）：主要提供当前工程属性的设计、添加或创建源文件、打开 IP Catalog（IP 目录）等功能。
- IP Integrator（IP 集成器）：创建、打开或生成一个 IP 块设计。

- Simulation（仿真）：用于对仿真属性进行设计，以及对当前工程进行仿真，包括行为仿真、综合后仿真和实现后仿真。
- RTL Analysis（RTL 分析）：主要进行设计规则检测（DRCs），并生成 RTL 原理图。
- Synthesis（综合）：提供对常用综合命令选项的设置，完成对当前工程的综合，还可打开综合后的设计，查看综合结果。
- Implementation（实现）：提供对常用实现命令选项的设置，完成对当前工程的实现，还可打开实现后的设计，查看实现结果。
- Program and Debug（编程和调试）：提供对常用比特流文件生成命令选项的设置，生成比特流文件，并打开硬件管理器将比特流文件烧写到特定的设备。如果在设计中加入了调试核，则还可以打开 Vivado 逻辑分析仪，对设计进行调试。

4）**Program Manager**（工程管理区）：显示设计文件及类型，以及这些文件之间的关系。

- Sources（源窗口）：该窗口允许设计者管理工程源文件，包括添加文件、删除文件和对文件进行排序。这些源文件包括 Design Sources（设计源文件，如 Verilog、VHDL、IP 核等）、Constraints（约束文件，如 XDC）及 Simulation Sources（仿真源文件）。
- Properties（属性窗口）：显示当前被选中的逻辑对象或设备的属性。

5）**Workspace**（工程总结区）：给出了设计报告总结，以及实现设计输入和查看设计。

6）**Result Area**（结果显示区）：Vivado 中每个命令的执行状态和结果都在这个区域显示。

- Message：当前设计产生的所有信息都在这里显示，并对信息进行分类，如警告信息、错误信息等。
- Log：显示综合、实现及仿真过程中创建的 Log 文件。
- Reports：可对设计流程中生成的各种报告进行快速访问。
- Design Runs：管理当前工程的综合和实现。

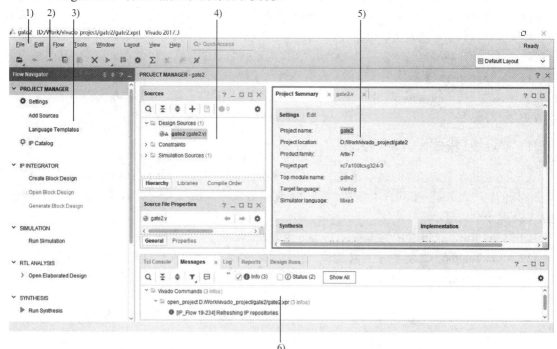

图 4-7　Vivado 集成设计环境主界面

4.3.2　基于 Vivado 的 FPGA 设计流程

本书只关注基于 Vivado 集成设计环境完成从 RTL 到比特流文件的 FPGA 设计流程。
Vivado 针对 FPGA 设计提供了两种工作方式：Project 方式和 Non-Project 方式。其中，Project 方式可以在 Vivado 的图形界面下操作或以 Tcl 脚本方式在 Vivado Tcl Shell 中运行；而 Non-Project 方式只能以 Tcl 脚本方式运行，且与 Project 方式下的 Tcl 脚本命令是不同的。本书的设计采用 Project 方式，即通过图形界面进行操作。

下面以一个 4 位加法器为例（求补码加/减法），介绍基于 Vivado 的 FPGA 设计流程。通常，计算机内部的数据都以补码形式表示。对于补码的加法运算，$[x + y]_{补} = [x]_{补} + [y]_{补}$。对于减法运算，$[x-y]_{补} = [x]_{补} + [-y]_{补} = [x]_{补} + \overline{[y]}_{反} + 1$。综上，对于补码的加法和减法运算都可以用加法器来实现，其数据通路如图 4-8 所示。当 sub 为 1 时，进行减法运算；否则（即 sub 为 0 时），进行加法运算。图 4-9 给出了相应的 Verilog HDL 描述。

采用 Vivado 完成上述设计过程，需要如下 6 个步骤：创建工程、添加设计源文件、行为仿真、添加约束文件、综合和实现、生成比特流文件并对 FPGA 进行烧写配置。

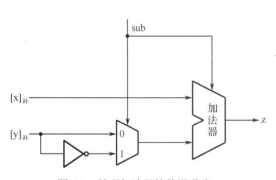

图 4-8　补码加法器的数据通路

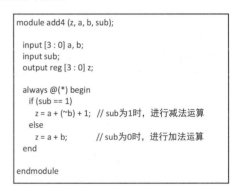

```
module add4 (z, a, b, sub);

    input [3 : 0] a, b;
    input sub;
    output reg [3 : 0] z;

    always @(*) begin
      if (sub == 1)
        z = a + (~b) + 1;   // sub为1时，进行减法运算
      else
        z = a + b;          // sub为0时，进行加法运算
    end

endmodule
```

图 4-9　4 位补码加法器的 Verilog HDL 描述

1.　创建工程

1）双击桌面 Vivado 快捷方式图标，启动 Vivado 2017.3，进入开始界面，如图 4-10 所示。单击 Create New Project 按钮，或在菜单栏中选择 File→New Project，即可新建工程。

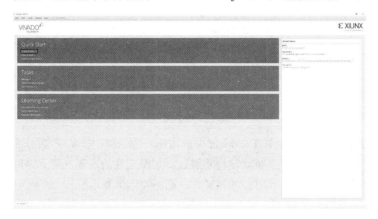

图 4-10　Vivado 开始界面

2）打开 New Project（新建工程）向导，如图 4-11 所示，直接单击 Next 按钮。

图 4-11　New Project 界面

3）在 Project name 文本框中输入"add4"作为工程名；在 Project location 文本框中选择"D:/work/ vivado_project"作为工程路径；勾选 Create project subdirectory 复选框，在工程路径下生成一个名为 "add4"的文件夹，用于保存该工程所有文件。如图 4-12 所示，单击 Next 按钮进入 Project Type 界面。

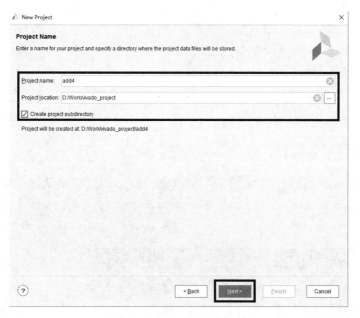

图 4-12　Project Name 界面

4）在 Project Type 界面中选中 RTL Project 单选按钮，表示将创建基于 RTL 的工程。然后，勾选 Do not specify sources at this time 复选框（这样将跳过添加源文件的步骤，源文件可以在后面设计过程 中再添加，如果希望在工程创建的同时添加源文件，则不勾选该复选框），如图 4-13 所示，单击 Next 按钮进入 Default Part 界面。

图 4-13　Project Type 界面

5）在 Default Part 界面中选择目标芯片型号或硬件平台，如图 4-14 所示。根据 Nexys4 DDR 开发平台上 FPGA 的型号，在 Family 下拉列表中选择 Artix-7 选项，在 Package 下拉列表中选择 csg324 选项。然后，在 Part 列表中选择 xc7a100tcsg324-1，单击 Next 按钮进入 New Project Summary 界面。

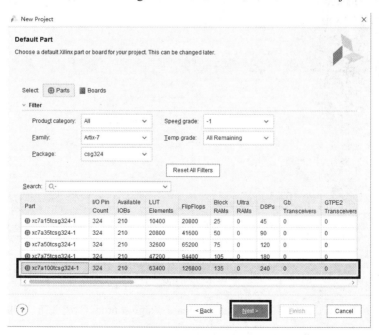

图 4-14　选择芯片型号

6）在 New Project Summary 界面中查看工程创建内容是否正确，如图 4-15 所示。若无须修改，则单击 Finish 按钮，工程创建完成，进入 Vivado 主界面。

图 4-15　New Project Summary 界面

2. 添加设计源文件

1）在 Project Manager 工程管理区的 Sources 窗口的空白处右击，在弹出的快捷菜单中选择 Add Sources 命令，如图 4-16 所示。

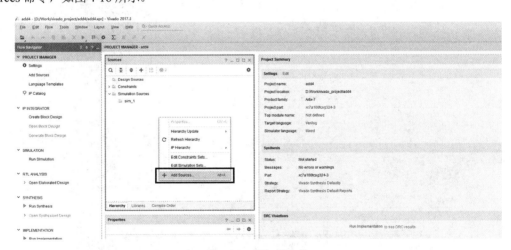

图 4-16　添加源文件

2）在打开的 Add Sources 界面中选中 Add or create design sources 单选按钮，如图 4-17 所示。单击 Next 按钮，进入 Add or Create Design Sources 界面。

3）在 Add or Create Design Sources 界面中单击 Create File 按钮，打开 Create Source File 界面，该界面用于创建设计源文件，如图 4-18 所示。在 File name 文本框中输入"add4"，其他选项保持默认设置，即创建了一个名为"add4"的 Verilog 文件，单击 OK 按钮，退出该界面。如有需要，按同样方法可以一次性新建或添加多个文件，最后单击 Finish 按钮。

图 4-17　Add Sources 界面

图 4-18　创建设计源文件

4）打开 Define Module 界面，该界面用于定义模块的 I/O 端口，如图 4-19 所示。单击 Cancel 按钮，不在该步骤对 I/O 端口进行设置，而在后续设计输入时再对 I/O 端口进行设置。

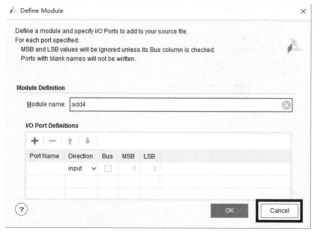

图 4-19　I/O 端口设置界面

5）此时，在主界面 Sources 窗口下的 Design Sources 目录下可看到刚添加的文件 add4.v，双击该文件，打开代码编辑界面，如图 4-20 所示，在其中添加图 4-9 所示的代码。

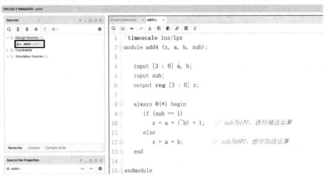

图 4-20　设计文件的输入

3．行为仿真

1）行为仿真需要添加测试程序 testbench。与添加设计文件的过程相同，在 Project Manager 工程管理区的 Sources 窗口的空白处右击，在弹出的快捷菜单中选择 Add Sources 命令，如图 4-21 所示。

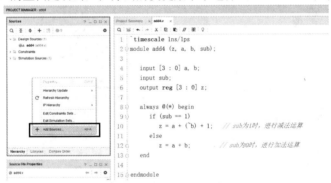

图 4-21　添加源文件

2）在打开的 Add Sources 界面中选中 Add or create simulation sources 单选按钮，如图 4-22 所示。单击 Next 按钮，进入 Add or Create Simulation Sources 界面。

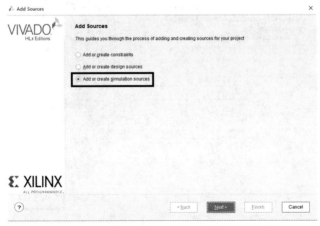

图 4-22　Add Sources 界面

3）在 Add or Create Simulation Sources 界面中单击 Create File 按钮，打开 Create Source File 界面，该界面用于创建仿真源文件，如图 4-23 所示。在 File name 文本框中输入 "add4_tb"，其他选项保持默认设置，即创建了一个名为 "add4_tb" 的 testbench 仿真测试文件，单击 OK 按钮，退出该界面。最后，单击 Finish 按钮，完成测试文件的添加。

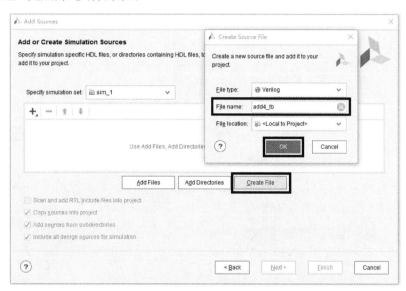

图 4-23　创建仿真源文件

4）打开 Define Module 界面，该界面用于定义模块的 I/O 端口，如图 4-24 所示。由于 testbench 没有端口，故单击 Cancel 按钮关闭该界面。

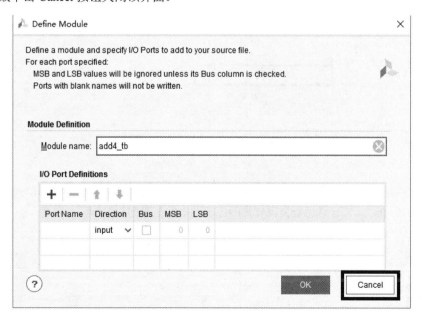

图 4-24　I/O 端口设置界面

5）此时，在主界面 Sources 窗口下的 Simulation Sources 目录下可看到刚添加的文件 add4_tb.v，双击该文件，打开代码编辑界面，输入测试代码，如图 4-25 所示。

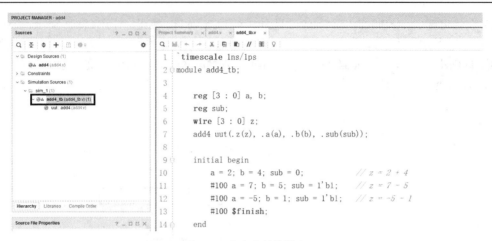

图 4-25   仿真文件的输入

6）在设计流程向导区（Flow Navigator）单击 SIMULATION→Run Simulation→Run Behavioral Simulation，开始行为仿真，如图 4-26 所示。

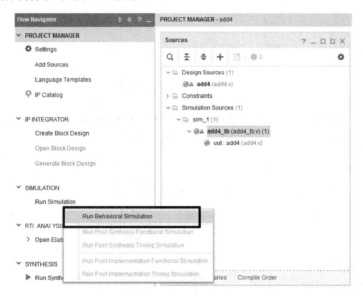

图 4-26   行为仿真

7）如果没有出现报错信息，则弹出图 4-27 所示的仿真波形图。由于采用补码形式，因此−5 的补码表示为十六进制 0xb。设计者可根据需要修改波形图上的信号的进制和波形颜色。

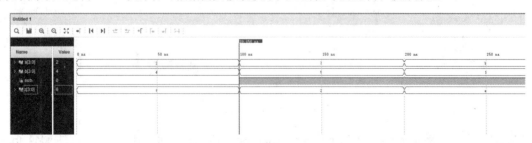

图 4-27   4 位补码加法器仿真波形

4. 添加约束文件

在工程中添加了设计源文件，并完成行为仿真后，需要给设计添加约束文件，其中包含引脚约束和时序约束。引脚约束是指将设计源文件中顶层模块的 I/O 端口和 FPGA 芯片的某个引脚进行绑定。时序约束用于为设计设置期望的时钟属性，如频率、偏斜、抖动等，其目的是提高设计的工作频率和获得正确的时序分析报告。在综合和实现过程中，EDA 工具会以时序约束为标准，优化电路以尽量满足约束要求，同时产生实际时序和用户期望时序之间的差异，并形成报告。添加约束文件的步骤如下。

1）与在工程中添加其他文件的流程相同，首先，在 Project Manager 工程管理区的 Sources 窗口的空白处右击，在弹出的快捷菜单中选择 Add Sources 命令，如图 4-21 所示。

2）在打开的 Add Sources 界面中选中 Add or create constraints 单选按钮，如图 4-28 所示。单击 Next 按钮，进入 Add or Create Constrains 界面。

图 4-28　Add Sources 界面

3）在 Add or Create Constraints 界面中单击 Create File 按钮，打开 Create Source File 界面，该界面用于创建约束文件，如图 4-29 所示。在 File name 文本框中输入"add4_xdc"，其他选项保持默认设置，即创建了一个名为"add4_xdc"的约束文件，单击 OK 按钮，退出该界面。最后单击 Finish 按钮，完成约束文件的添加。

图 4-29　添加约束文件

4）此时，在主界面 Sources 窗口下的 Constraints 目录下可看到刚添加的文件 add4_xdc.xdc，双击该文件，打开代码编辑界面，输入引脚约束（本例只需给出引脚约束），如图 4-30 所示。在本例中，我们将输入 a、b、sub 连接到 Nexys4 DDR 开发板的拨动开关之上，输出 z 连接到 LED 灯上以观测结果。关于引脚如何分配绑定，可参照本书配套资源提供的 Nexys4 DDR 开发板的引脚约束文件 Nexys-4-DDR.xdc。

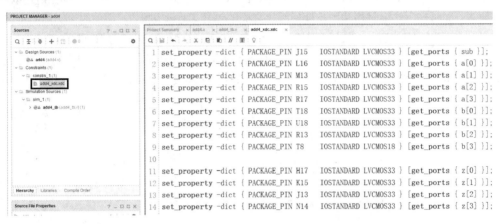

图 4-30　引脚约束的输入

5. 综合和实现

1）在设计流程向导区（Flow Navigator）单击 SYNTHESIS→Run Synthesis。然后，在打开的界面中单击 OK 按钮，开始进行工程综合，如图 4-31 所示。

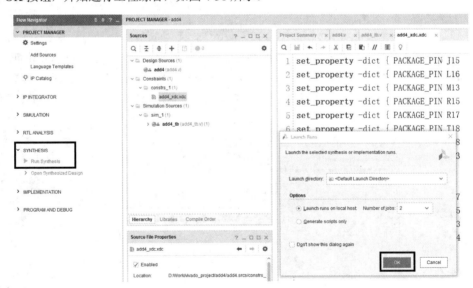

图 4-31　工程综合

2）综合完成后，如果没有报错，Vivado 会弹出一个界面，提示综合已完成，等待设计者输入下一项任务。如果设计者需要继续进行实现，则可选中 Run Implementation 单选按钮，单击 OK 按钮开始实现过程，如图 4-32 所示（如果设计者需要查看综合报告，则可选中 View Reports 单选按钮）。也可在设计流程向导区单击 IMPLEMENTATION→Run Implementation，执行实现过程。

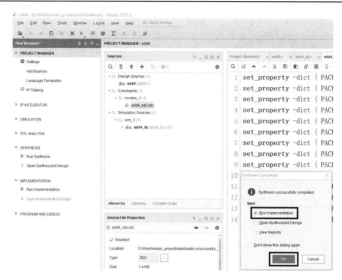

图 4-32　工程实现

6．生成比特流文件并对 FPGA 进行烧写配置

1）实现完成后，如果没有报错，Vivado 会弹出一个界面，提示实现已完成，等待设计者输入下一项任务。如果设计者需要继续生成比特流文件，则可选中 Generate Bitstream 单选按钮，单击 OK 按钮，开始产生比特流文件，如图 4-33 所示（如果设计者需要查看实现报告，则可选中 View Reports 单选按钮）。也可在设计流程向导区单击 PROGRAM AND DEBUG→Generate Bitstream，产生比特流文件。

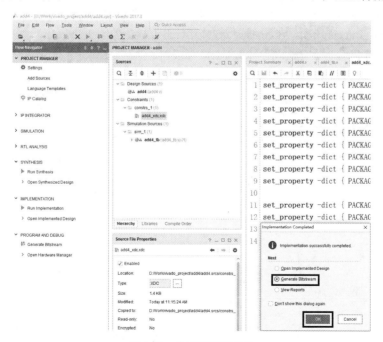

图 4-33　生成比特流文件

2）成功生成比特流文件后，Vivado 会弹出一个界面，提示比特流文件已经生成，等待设计者输入下一项任务。此时，选中 Open Hardware Manager 单选按钮，单击 OK 按钮，打开硬件管理器，准

备进行 FPGA 的烧写配置，如图 4-34 所示。也可在设计流程向导区单击 PROGRAM AND DEBUG→ Open Hardware Manager，打开硬件管理器。

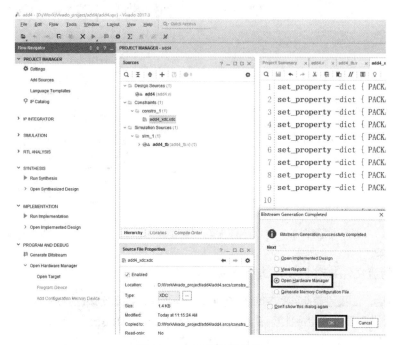

图 4-34　打开硬件管理器

3）单击 Open target，打开并连接目标器件。如果初次连接开发板，则选择 Open New Target 选项；否则，选择 Recent Targets 选项，在其列表中选择相应开发板，如图 4-35 所示。注意，此时需要确保已经将 Nexys4 DDR FPGA 开发板通过 USB Cable 连接到了 PC 之上。

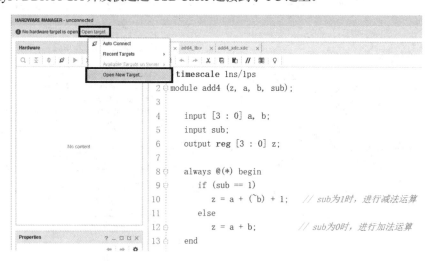

图 4-35　打开并连接目标器件

4）打开 Open New Hardware Target 界面，在 Connect to：下拉列表中选择 Local server 选项，单击 Next 按钮，如图 4-36 所示。

图 4-36　Open New Hardware Target 界面

5）此时，如图 4-37 所示，Vivado 已经识别并连接上了 Nexys4 DDR 开发板的 FPGA 器件（xc7a100t_0），单击 Next 按钮，完成器件的打开和连接。

6）在 HARDWARE MANAGER 窗口中单击 Program device，在打开的界面中检查选中的比特流文件是否正确。然后，单击 Program 按钮，如图 4-38 所示。这样，比特流文件被烧写到 Nexys4 DDR 开发板的 FPGA 中，然后就可在开发板上验证硬件电路的功能是否正确。

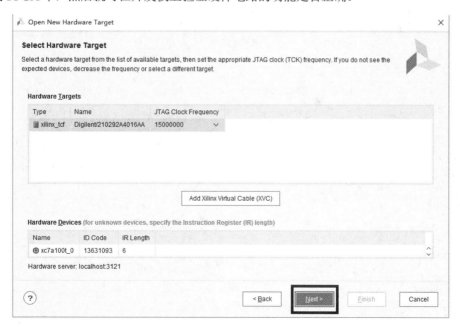

图 4-37　识别目标器件

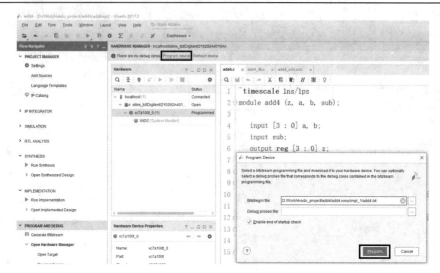

图 4-38　FPGA 的烧写配置

第 5 章　MiniMIPS32 处理器的基本流水线设计与实现

第 2 章介绍了 MiniMIPS32 处理器的指令集体系结构，第 3 章讲述了基于 MiniMIPS32 处理器的高级语言程序的机器级表示。通过这两章的学习，相信大家已经对 MiniMIPS32 处理器的指令集体系结构有了较深的理解和认识。从本章开始，我们将通过 3 章内容来逐步设计和实现 MiniMIPS32 处理器，即 MiniMIPS32 处理器微结构的设计与实现。

首先，第 5 章针对 MiniMIPS32 所支持的非转移类指令，设计一个理想情况下的经典 5 级流水线结构，称为基本流水线；然后，第 6 章针对流水线运行过程中可能出现的 3 个典型问题，即数据相关、控制相关和流水线暂停，对第 5 章提出的基本流水线结构进行扩充和完善，以确保流水线功能的正确性和运行的高效性；最后，第 7 章将设计 CP0 协处理器，并以此为基础在 MiniMIPS32 的流水线中增加精确异常处理机制，最终形成功能完备的处理器结构。

后续章节均是对本章提出的基本流水线的扩充和完善，因此本章是后续设计的重要基础。本章首先通过一个生活实例介绍什么是流水线技术，进而引出指令流水线的定义和评价指标。然后，以状态机的概念为切入点，给出 MiniMIPS32 处理器的整体结构和设计方法。接着，针对从 MiniMIPS32 指令集中选取的 16 条非转移类指令，完成 5 级流水线的设计。最后，采用 Verilog HDL 对该流水线进行具体实现，并对其功能进行仿真验证。

5.1　流水线的基本概念

5.1.1　什么是流水线

流水线最初是指一种工业上的生产方式。假设有一个产品加工厂，拥有 1 名工人和 1 套生产设备。工人每天工作 5 小时，共生产 60 件产品（每件产品需要花费 5 分钟）。现在加工厂由于市场的需求，扩大生产，日产量达到 300 件。为满足生产需求，工厂可以再聘请 4 个工人，购入 4 套设备，通过这种**资源上的并行**，5 名工人同时工作 5 小时可达到生产目标。但这种方法大大增加了工厂的经济负担和生产成本。另一种方法是对现有设备进行改造，分离出 5 道生产工序，每道工序都可以独立工作，同时保证每道工序可在 1 分钟内完成，这样工厂只需再聘请 4 名工人，每位工人负责该产品的一道工序，每道工序完成后传给下一道工序的工人，直到一件产品生产完毕。当设备满负荷工作时，会有 5 件产品同时在生产，并且每 1 分钟都会加工完一件产品，这样连续工作 5 小时也可完成 300 件产品的加工。由此可见，这种方法是一种**时间上的并行**，被称为**流水线技术**。

这种流水线工作方式的特点是：每件产品还是经过了 5 道工序处理，单件产品的加工时间没有改变，但每个工人的操作时间重叠在一起，表面上每件产品的产出时间从原来的 5 分钟缩短到了 1 分钟，从而提高了产品的生产率。

5.1.2　指令流水线

现代处理器已将流水线技术应用到了指令的处理过程中，形成指令流水线，其定义是：**把一条指令的处理过程拆分成若干阶段（简称为段或级，stage），每个阶段由专门的硬件单元完成，多个硬件单元以时间重叠的方式并行处理多条指令（即不等一条指令处理完成就开始处理下一条指令），从而加**

快指令的执行效率。

上述定义有两个关键词：拆分和并行。直观上，一条指令的处理过程至少可拆分为 3 个阶段：从存储器中取出指令、对指令进行译码、根据译码结果执行指令，简称为取指、译码、执行。如果采用串行处理方式（即一条指令处理完毕后才开始处理下一条指令），假设每个步骤都可以在一个时钟周期 Δt 内完成，则一条指令的处理时间为 $3\Delta t$，n 条指令的处理时间为 $3n\Delta t$。如果采用时间重叠的并行处理方式，则可以在执行的同时译码下一条指令，在译码下一条指令的同时再从存储器取出一条指令，这就是经典的 3 级流水线。可采用**时空图**对指令的处理过程进行描述，如图 5-1 所示。其中，横轴表示时间，纵轴表示正在处理的各条指令。

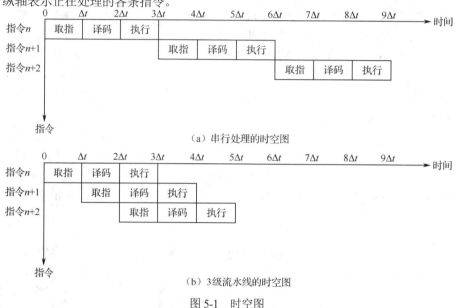

（a）串行处理的时空图

（b）3 级流水线的时空图

图 5-1　时空图

由图 5-1（b）可知，3 级流水线处理 3 条指令的时间为 $5\Delta t$，相比串行方式［见图 5-1（a）］花费的 $9\Delta t$ 时间，流水线技术确实加快了指令的执行。但上述流水线是采用理想的方式处理指令，也就是说，每个阶段花费的时间相同（1 个时钟周期 Δt），如果执行阶段花费较长的时间，如 $3\Delta t$，那么新的时空图如图 5-2 所示。

图 5-2　执行阶段耗时为 $3\Delta t$ 时流水线的时空图

由图 5-2 可知，在时间段"$2\Delta t \sim 4\Delta t$"和"$5\Delta t \sim 7\Delta t$"，取指阶段和译码阶段会被暂停，从而降低流水线的执行速度。这种流水线的暂停是由于每个阶段的运行时间不同导致的。为了解决这一问题，可对用时较长的阶段进一步按功能进行细分，形成 **5 级流水线：取指、译码、执行、访存和写回**，从而使得每阶段的用时尽可能相同，其时空图如图 5-3 所示。

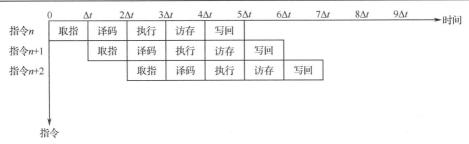

图 5-3　5 级流水线的时空图

5.1.3　指令流水线的评价指标

用于评价指令流水线的指标主要有 3 个：吞吐率、加速比和效率。

1. 吞吐率

吞吐率是指单位时间内流水线所能处理的指令数。它是衡量流水线性能的关键性能指标，用 TP 表示。

如图 5-4 所示时空图（图 5-4 是时空图的另一种形式，即横坐标表示时间，纵坐标表示流水线的各个阶段）所示，流水线在经过一段"建立时间"之后，达到满负荷工作状态，即每个流水段都在处理一条指令。此时，流水线的吞吐率达到最大，称为最大吞吐率 $\text{TP}_{\max}$。如果各个流水段花费的时间均是 Δt，则在满负荷工作时，每个 Δt 就会处理完一条指令，最大吞吐率 $\text{TP}_{\max} = 1/\Delta t$。显然，由于有建立时间的存在，流水线的实际吞吐率 TP 应该小于最大吞吐率。假设流水线中有 n 条指令、m 个流水阶段，每个流水段的耗时都是 Δt，则实际吞吐率为

$$\text{TP} = \frac{n}{T} = \frac{n}{m\Delta t + (n-1)\Delta t} = \frac{1}{\left(1 + \dfrac{m-1}{n}\right)\Delta t} = \frac{\text{TP}_{\max}}{\left(1 + \dfrac{m-1}{n}\right)}$$

可见，只有当 n 趋于无穷大时，TP 才接近 $\text{TP}_{\max}$。如果各流水段完成的时间不等，则完成 n 条指令的实际吞吐率为

$$\text{TP} = \frac{n}{\sum_{i=1}^{m}\Delta t_i + (n-1)\Delta t_j}$$

式中，Δt_j 为耗时最长的流水段所花费的时间。此时，$\text{TP}_{\max} = 1/\Delta t_j$。由此可知，最大吞吐率取决于流水线中耗时最长的那个流水段，称其为流水线中的**瓶颈段**。如果保证每个流水段都可以在一个时钟周期内完成，则**最大吞吐率表示的就是处理器的工作主频**。由此可见，为了提升流水线的吞吐率，增加工作主频，应尽量细分指令流水线中的任务，使得每个流水段的耗时相同或接近。

此外，还应注意到采用流水线技术并没有缩短一条指令的执行时间，而是提高了指令处理的吞吐

率，使得单位时间内可完成更多的指令，从而提升了处理器的性能。

2．加速比

加速比是指串行工作方式下处理所有指令的时间与流水线工作方式下处理所有指令的时间之比，用 S_p 来表示。

假设有 n 条指令，每条指令可划分为 m 个耗时为 Δt 的阶段。采用流水线方式完成 n 条指令所用的时间为 $m\Delta t + (n-1)\Delta t$，而串行完成这些指令所用的时间为 $mn\Delta t$，因此

$$S_p = \frac{mn\Delta t}{m\Delta t + (n-1)\Delta t} = \frac{mn}{m+n-1} = \frac{m}{1+\dfrac{m-1}{n}}$$

由此可见，当 $n \gg m$ 时，加速比 S_p 接近于 m，说明流水线的段数越多，加速比越高。

如果各段的耗时不等，则有

$$S_p = \frac{n\sum_{i=1}^{m}\Delta t_i}{\sum_{i=1}^{m}\Delta t_i + (n-1)\Delta t_j}$$

式中，Δt_j 为瓶颈段所花费的时间。

3．效率

由于流水线的各阶段并不总是满负荷工作，因此硬件单元的利用率称为流水线的效率，用 E 来表示。其计算方法是：该流水线时空图中 n 个任务所占用的面积与 m 个段和总时间 T 所围成的总面积的比值，即

$$E = \frac{n\sum_{i=1}^{m}\Delta t_i}{m \times \left[\sum_{i=1}^{m}\Delta t_i + (n-1)\Delta t_j\right]}$$

如果各段耗时相等，则流水线的效率与吞吐率成正比关系，即

$$E = \frac{n \times \Delta t}{T} = \mathrm{TP} \times \Delta t = \frac{n}{m+(n-1)} = \frac{1}{1+\dfrac{m-1}{n}}$$

5.1.4　指令流水线的特点

综上所述，指令流水线应具有如下主要特点。

1）指令流水线可以被划分为若干个相互联系的阶段，每个阶段由专门的硬件单元实现，并在一个时钟周期内完成运算。同一时钟周期内，每个阶段并行处理多条不同的指令。

2）每个阶段的耗时应尽可能相等，避免产生流水线瓶颈，影响流水线吞吐率和工作主频。

3）流水线需要经过一段建立时间才能进入满负荷工作状态。如果指令不能连续执行，则会造成流水线暂停（也称为断流），再次形成满负荷工作状态，还需要一段建立时间。因此，应尽量避免流水线的暂停，否则会严重降低流水线的性能。

5.2　MiniMIPS32 处理器的整体结构和设计方法

5.2.1　MiniMIPS32 处理器的整体结构

MiniMIPS32 处理器本质上是一个复杂的数字时序电路。通常，时序电路由记忆部件（如寄存器、存储器等）和组合逻辑构成。记忆部件用于保存电路的工作状态，而组合逻辑由逻辑门组成，提供电路的所有逻辑功能。在组合逻辑的作用下，电路从一个状态转化为另一个状态，这样的电路也称为"状

态机"。因此，MiniMIPS32 处理器在概念上也可以被看作一个大规模的状态机，如图 5-5 所示。其中，组合逻辑依据当前记忆部件中的值（即电路的现态）对指令进行处理，这个处理过程将再次修改记忆部件的值，使电路达到新状态（即电路的次态）。

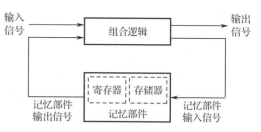

图 5-5　MiniMIPS32 处理器的概念模型（状态机）

对上述 MiniMIPS32 处理器模型中的组合逻辑部分进行功能细分，就形成了采用流水线技术的 MiniMIPS32 处理器。**本书所设计的 MiniMIPS32 处理器采用图 5-3 所示的经典 5 级流水线**。每个阶段的主要任务如下。

1）**取指阶段（IF）**：根据程序计数器 PC 的值从存储器取出指令，同时确定下一条指令的地址，并更新 PC。

2）**译码阶段（ID）**：进行指令译码，确定操作类型、源操作数来源及目的操作数的去向。如果源操作数来自通用寄存器，则需要从通用寄存器中读出相应的值。如果源操作数来自指令字中的立即数字段，则还需要对立即数进行无符号扩展或符号扩展。对于转移指令，如果满足转移条件，则需要计算出转移目标地址，作为新的指令地址。

3）**执行阶段（EXE）**：根据译码阶段给出的操作类型、源操作数等信息进行运算，得到运算结果。对于访存指令，还需要计算访存的目标地址。

4）**访存阶段（MEM）**：对于访存指令，该阶段会访问存储器，以读出数据或写入数据；否则，只需将从执行阶段传递的信息发送到写回阶段。同时，在该阶段还要判断是否有异常需要处理，如果有，则清除流水线，然后转移到异常处理程序入口继续执行。

5）**写回阶段（WB）**：将指令运算的结果写入目的寄存器。

大家对上述流水线各阶段的任务可能一时无法全部理解。本书并不是一次实现流水线的全部任务，而是逐步添加、完善，在这个过程中还会对流水线的各阶段任务进行详细讲述。

采用 5 级流水线的 MiniMIPS32 处理器的整体架构如图 5-6 所示。由于在同一个时钟周期内流水线并行处理多条指令，因此必须将每一级流水段的结果暂时保存起来，以便在下一级使用。为了达到这一目的，在基于流水线技术的处理中除了 ISA 规定的寄存器（如通用寄存器、PC 等），还需要在每两个阶段之间增加一组缓存寄存器，通常称为**流水线寄存器（pipeline registers）**。图 5-6 中的 ifid_reg、idexe_reg、exemem_reg 及 memwb_reg 都属于流水线寄存器。

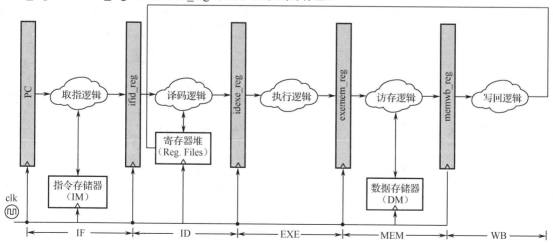

图 5-6　MiniMIPS32 微处理器 5 级流水线架构

综上所述，MiniMIPS32 是具有哈佛结构的 32 位标量 RISC 处理器，主要特点包括：

- 采用 5 级经典 32 位整数流水线；
- 具有哈佛结构，即独立的指令存储器和数据存储器；
- 采用小端模式；
- 支持 MIPS32 Release 1 指令集中的 56 条指令；
- 除除法指令外，其他指令都可在一个周期内执行完成；
- 支持数据定向前推、暂停及延迟转移等流水线机制；
- 支持外部中断和精确异常处理。

5.2.2　MiniMIPS32 处理器的设计方法

在进行 MiniMIPS32 处理器流水线设计时，可将其微结构划分为两部分，即**数据通路和控制单元**，分别进行设计。**数据通路完成对指令中操作数的运算处理**，通常包括算术逻辑单元（Arithmetic Logical Unit，ALU）、操作数扩展单元、多路选择器等。MiniMIPS32 为 32 位处理器，因此，我们将采用 32 位数据通路。**控制单元从数据通路中接收指令**，并对其进行**翻译以告知数据通路如何处理指令**。通常，控制单元产生寄存器读/写使能信号、存储器写使能信号、多路选择器选择信号等控制数据通路操作的信号。完成处理器这样的复杂设计，就相当于在各个记忆部件（寄存器和存储器）之间添加组合逻辑电路，在控制单元的控制下根据当前电路的状态计算出电路的新状态（即更新记忆部件）。

如第 2 章所述，MiniMIPS32 处理器共支持 56 条整数指令。后续章节将以其中的 **26 条**（见表 5-1）为例完成处理器的流水线设计。**剩下的 30 条指令由同学参考已设计完成的指令在课后独立完成**。之所以选择 26 条指令，是因为有了这些指令后，处理器就可以运行一些简单的应用程序，如求斐波那契数列、求矩阵乘法等。对于这 26 条指令，我们也不是一次全部实现，而是结合流水线的设计步骤和特定问题，分阶段实现。其中，在第 5 章中实现 16 条指令，在第 6 章中实现 6 条指令，在第 7 章中实现 4 条指令。

表 5-1　后续章节需实现的 26 条指令

指　　令	类　　型	指令含义	后续章节
ADD	R-型	寄存器加（可触发异常）	第 5 章
SUBU		寄存器减（不可触发异常）	
SLT		寄存器有符号小于置 1	
AND		寄存器按位与	
MULT		有符号乘法	
MFHI		HI 寄存器至通用寄存器	
MFLO		LO 寄存器至通用寄存器	
SLL		逻辑左移	
ADDIU	I-型	立即数加（不可触发异常）	
SLTIU		立即数无符号小于置 1	
ORI		立即数按位或	

续表

指　　令	类　　型	指令含义	后续章节
LUI	I-型	寄存器高半字置立即数	第 5 章
LB		加载有符号字节	
LW		加载字	
SB		存储有符号字节	
SW		存储字	
DIV	R-型	有符号除法	第 6 章
JR		无条件寄存器转移	
BEQ	I-型	相等转移	
BNE		不等转移	
J	J-型	无条件转移	
JAL		子程序调用	
MFC0	R-型	读 CP0 中的寄存器	第 7 章
MTC0		写 CP0 中的寄存器	
SYSCALL	其他	系统调用	
ERET		异常返回	

5.3　MiniMIPS32 处理器的基本流水线设计

本节将针对表 5-1 中的 **16 条非转移类指令**设计 MiniMIPS32 处理器的基本流水线（转移类指令的流水线设计将在第 6 章的控制相关一节进行详细介绍）。我们首先设计面向非转移类 R-型指令的流水线数据通路；接着，对其进行扩充以支持非转移类 I-型指令；最后，完成控制单元的设计。

5.3.1　非转移类 R-型指令的流水线数据通路的设计

非转移类 R-型指令按功能又分为 **ALU 运算指令、乘法指令、数据移动指令和移位指令** 4 类，其指令格式如图 5-7 所示。下面将依据各类指令的特点分别对流水线各个阶段的数据通路进行设计，最终形成支持非转移类 R-型指令的流水线数据通路。

1. ALU 运算指令

这里以指令"**AND \$s0, \$t0, \$t1**"为例设计支持 ALU 运算指令的流水线数据通路。其他 ALU 运算指令的流水线数据通路都与其相同。

第一阶段：取指阶段（IF）的设计

通常情况下，指令存储在指令存储器中，故取指阶段的任务就是从指令存储器中取出指令，并将**其传递给流水线的后续阶段继续处理。对于所有非转移类指令，取指阶段的数据通路都是相同的，由** 4 个部分组成，如图 5-8 所示。

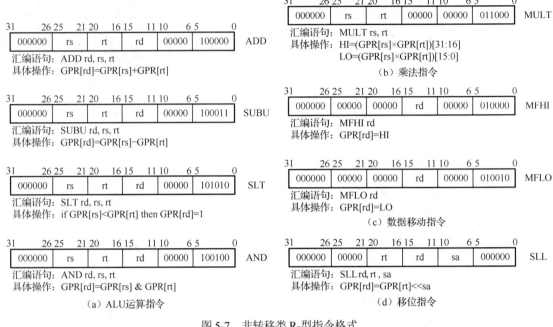

图 5-7　非转移类 R-型指令格式

- **程序计数器 PC：** 一个 32 位的特殊寄存器，用于存放下一条待读取指令的地址，并在每个时钟周期被作为访存地址传送给指令存储器。此外，PC 还将产生指令存储器的片选信号 ice，当 ice 无效时，表示指令存储器禁用。注意，32 位 PC 值理论上可访问 4GB 存储空间，但本设计中的指令存储器的物理容量有限，而且没有实现虚实地址的变换机制，因此 PC 的高位在实际设计中没有被使用。
- **指令存储器 IM：** 用于存放由 MiniMIPS32 指令构成的程序，采用同步只读存储器 ROM[§]构建。在时钟上升沿处，若 IM 的片选信号 ice 有效，则根据其输入端 iaddr 的访存地址输出相应的指令字 inst。由于指令字为 32 位，故 IM 中存储单元的位宽也是 32 位。本设计中的指令存储器包含 2K 个单元，故访存地址为 11 位，其容量为 8KB（2K×32 位）。
- **PC 自增加法器：** 该模块完成 PC 值的自增操作，形成下一条指令的地址。由于指令字的位宽是 32 位，且指令存储器按字节编址，所以每次 PC 值自增 4，即 PC_Next = PC + 4，采用加法器实现即可。
- **多路选择器 MUX：** 片选信号 ice 有效，表示指令存储器 IM 可以使用，在时钟上升沿将 "PC + 4" 写入 PC，作为下一条指令的地址；否则，指令存储器 IM 被禁用，PC 寄存器的值始终保持初始值 PC_INIT。在本设计中，PC 的初始值被设置为 **0x00000000**。

取指阶段的工作流程：①当指令存储器 IM 可用时（即 ice 信号有效），将 PC 寄存器中的值作为访存地址访问指令存储器；②从相应的存储单元中读出一条 32 位的指令；③将 PC 值加 4 形成下一条指令的地址；④将取出的指令送入流水线下一阶段，返回步骤①重复执行。

第二阶段：译码阶段（ID）的设计

译码阶段根据指令字中各个字段的含义，完成对指令的译码工作，获得指令的操作类型、源操作

[§] 对于实际的计算机系统，指令存储器应该由 RAM 构建。因为，通常程序（包括操作系统和应用程序）在运行前被存放在外部存储器中，如磁盘或 Flash，运行时再按需调入指令存储器，故指令存储器本质上是可读可写的 RAM。本册为了简化设计，认为程序已经被固化在存储器中，因此采用 ROM 实现指令存储器。在下册中，我们会将指令存储器修改为 RAM。

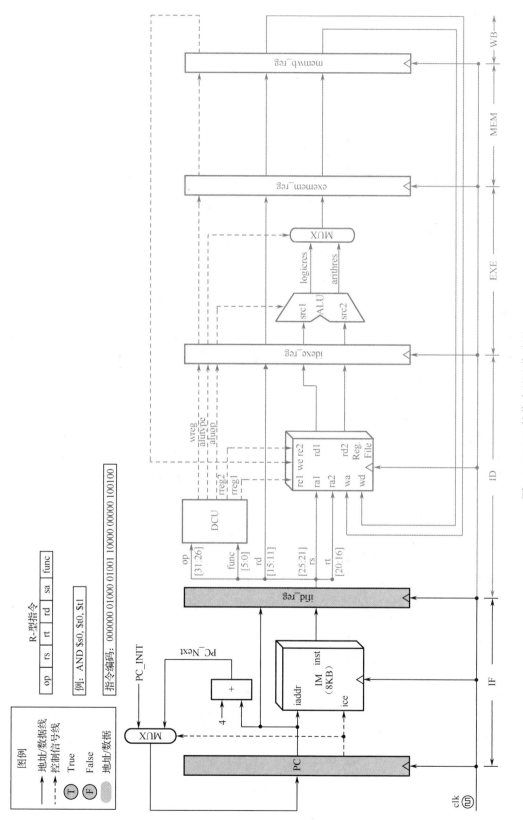

图5-8　ALU运算指令的取指阶段

数、目的操作数等信息。由图 5-7 可知，R-型指令的具体操作由操作码字段 op 和功能码字段 func 共同指定，其中操作码字段 op 均为 0。ALU 运算类 R-型指令属于三操作数指令。两个源操作数均来自通用寄存器堆（register files），由 rs 和 rt 两个字段指定相应的寄存器索引（也就是寄存器地址）。由于寄存器堆包含 32 个通用寄存器，因此 rs 和 rt 字段都是 5 位。目的操作数也将存入通用寄存器堆，所对应的寄存器索引由 5 位的 rd 字段指定。译码阶段的数据通路如图 5-9 所示，由两个模块组成。

- **通用寄存器堆**：包含 MiniMIPS32 处理器中的 32 个 32 位整数通用寄存器，提供指令执行所需要的操作数及保存指令执行的结果。寄存器堆采用"2 读 1 写"结构，即包含 2 组读端口和 1 组写端口。每组读端口由**寄存器堆读使能端口 re**、**寄存器堆读地址端口 ra** 和**寄存器堆读数据端口 rd** 构成。每组写端口则由**寄存器堆写使能端口 we**、**寄存器堆写地址端口 wa** 和**寄存器堆写数据端口 wd** 组成。为了确保在译码阶段所处时钟周期获得所需的操作数，寄存器堆采用异步读同步写的工作模式，即寄存器读操作采用组合逻辑实现，而写操作必须发生在时钟的上升沿。

- **译码控制单元（Decode Control Unit，DCU）**：根据指令字的 op 字段和 func 字段产生一系列的控制信号，包括内部操作码 **aluop**、操作类型 **alutype** 及通用寄存器堆控制信号（即**寄存器堆读使能信号 rreg1** 和 **rreg2** 及寄存器堆写使能信号 **wreg**）。内部操作码 aluop 用于指定当前指令的具体操作，如加法、按位与、算术右移等，不同的指令可能具有相同的内部操作码（如 ADD 和 ADDI，都是进行有符号的加法运算）。操作类型 alutype 则指定操作的种类，如算术运算、逻辑运算、移位运算等。对于本例中的 AND 指令，其 aluop 为"按位与"，alutype 为"逻辑操作"。寄存器堆读使能信号 rreg1 和 rreg2 用于控制当前指令是否需要从寄存器堆读端口 1 和读端口 2 获取数据。寄存器堆写使能信号 wreg 控制指令的运算结果是否写入寄存器堆。

对于本例中的指令 "AND $s0, $t0, $t1"，其译码过程如下：①根据 AND 指令的 op 字段和 func 字段，由译码控制单元 DCU 产生控制信号 aluop、alutype、rreg1、rreg2 和 wreg。因为该指令将从寄存器$t0 和$t1 读取两个源操作数，运算结果也要写入寄存器$s0，所以信号 rreg1、rreg2 和 wreg 均被设置为有效。②由于寄存器堆读端口 1 使能信号 rreg1 和读端口 2 使能信号 rreg2 均为有效，则将指令字中的 rs 字段（编码为 0x01000，对应寄存器$t0）和 rt 字段（编码为 0x01001，对应寄存器$t1）作为寄存器索引访问通用寄存器堆，从通用寄存器堆读数据端口 rd1 和 rd2 获得两个源操作数。③最后，将控制信号 **aluop**、**alutype**、**wreg** 及由**指令字 rd 字段**（编码为 0x10000，对应寄存器$s0）确定的**目的寄存器的索引**和**两个源操作数**送入执行阶段继续处理。

第三阶段：执行阶段（EXE）的设计

在执行阶段，算术逻辑单元 ALU 根据译码阶段传递过来的控制信号，对源操作数进行运算，并获得相应的结果。执行阶段的数据通路如图 5-10 所示，由两个模块构成。

- **算术逻辑单元 ALU**：执行阶段的核心运算部件，在控制信号 aluop 的作用下完成相应的运算，包括算术运算、逻辑运算、移位运算等，并产生对应的运算结果。注意，每种类型的运算对应一种运算结果，如图 5-10 所示，arithres 表示算术运算的结果，logicres 表示逻辑运算的结果。

- **多路选择器 MUX**：根据控制信号 alutype，从 ALU 的输出结果中选择一个作为执行阶段的最终运算结果。通过该多路选择器确定的最终结果将作为待写入目的寄存器的数据，在流水线的最后阶段被写入通用寄存器堆。

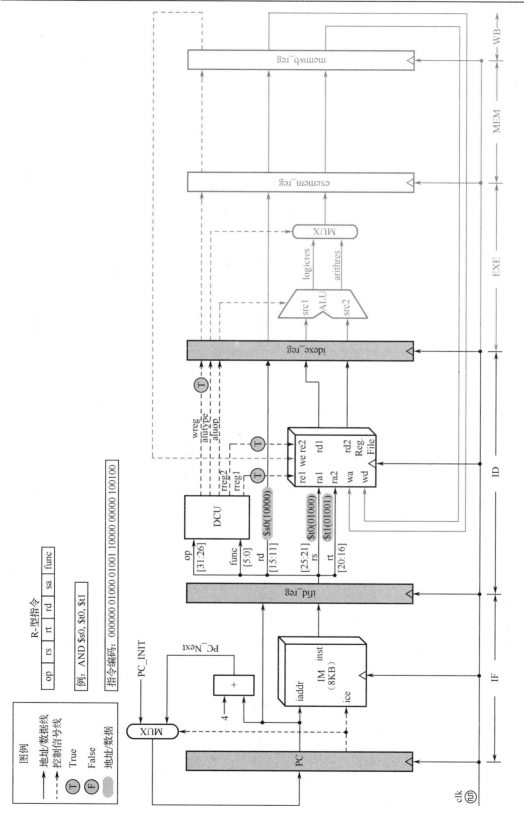

图5-9　ALU运算指令的译码阶段

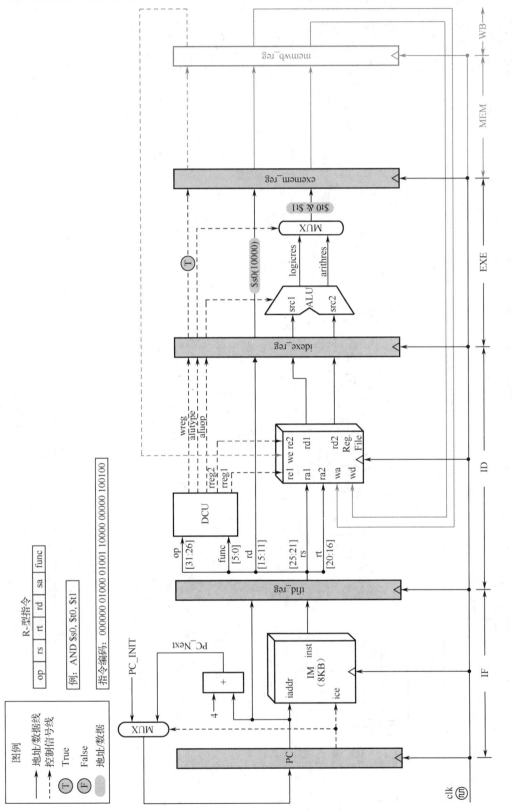

图5-10 ALU运算指令的执行阶段

对于本例，执行过程如下：①从译码阶段传递来的两个源操作数分别送入 ALU 的两个输入端 src1 和 src2；②由 aluop 控制信号确定对两个源操作数进行按位与操作，其结果"logicres = $t0 & t1"在 alutype 信号的控制下被作为执行阶段的最终运算结果，即待写入目的寄存器$s0 的数据；③最后，将寄存器写使能信号 wreg、目的寄存器的索引"$s0(10000)"及待写入目的寄存器的数据"$t0 & $t1"送入访存阶段继续处理。

第四阶段：访存阶段（MEM）的设计

访存阶段的数据通路如图 5-11 所示。由于 R-型 ALU 运算指令不需要对存储器进行任何访问，故该阶段只需要将写寄存器使能信号 wreg、目的寄存器$s0 的索引 0x10000 和待写入目的寄存器$s0 的数据"$t0 & $t1"传递给流水线的写回阶段。

第五阶段：写回阶段（WB）的设计

写回阶段的数据通路如图 5-12 所示。该流水段将从访存阶段传递来的寄存器写使能信号 wreg、目的寄存器$s0 的索引 0x10000 及待写入目的寄存器$s0 的数据"$t0 & $t1"连接到寄存器堆的写端口，并在时钟上升沿将指令"AND $s0, $t0, $t1"的运算结果写入寄存器$s0 中。

2. 乘法指令

这里以指令"MULT $t0, $t1"为例设计支持乘法指令的流水线数据通路。

第一阶段：取指阶段（IF）的设计

乘法指令取指阶段的数据通路与之前的设计相同，不需要进行修改。

第二阶段：译码阶段（ID）的设计

乘法指令译码阶段的数据通路如图 5-13 所示。相比之前的设计，译码控制单元 DCU 产生一个新的控制信号 **whilo**（见图 5-13 中虚线框所示），称为 **HILO 寄存器写使能信号**，用于控制指令的运算结果是否写入 HILO 寄存器。对于乘法指令 MULT，其运算结果为 64 位，故不能保存到通用寄存器中，而需要存入 HILO 寄存器。其中，寄存器 HI 保存结果的高 32 位，寄存器 LO 保存结果的低 32 位。

对于本例中的指令"MULT $t0, $t1"，其译码过程如下：①根据 MULT 指令的 op 字段和 func 字段，由译码控制单元 DCU 产生控制信号 aluop、alutype、rreg1、rreg2、wreg 和 whilo。该指令将从寄存器$t0 和$t1 读取两个源操作数，运算结果将写入寄存器 HILO，而不是写入通用寄存器，故通用寄存器堆读使能信号 rreg1 和 rreg2 被设置为有效，通用寄存器堆写使能信号 wreg 被设置为无效，HILO 寄存器写使能信号 whilo 被设置为有效。②将指令字中的 rs 字段（编码为 0x01000，对应寄存器$t0）和 rt 字段（编码为 0x01001，对应寄存器$t1）作为寄存器索引访问寄存器堆，从通用寄存器堆读数据端口 rd1 和 rd2 获得两个源操作数。③将控制信号 aluop、alutype、wreg、whilo 及两个源操作数送入执行阶段继续处理。注意，rd 字段仍会被送入流水线的后续阶段，但对乘法指令 MULT 而言，该字段无意义。

第三阶段：执行阶段（EXE）的设计

乘法指令执行阶段的数据通路如图 5-14 所示。对于乘法指令，算术逻辑单元 ALU 增加了一个输出 mulres（如图 5-14 中虚线框所示），用于保存乘法指令的运算结果"$t0×$t1"。由于乘法指令的源操作数是 32 位，因此运算结果 mulres 为 64 位。该 64 位结果不能写入通用寄存器堆，而要存入 HILO 寄存器，故 mulres 不需要经过多路选择器 MUX，而是与 HILO 寄存器写使能信号 whilo 及通用寄存器堆写使能信号 wreg 一起直接送入流水线下一级的访存阶段。

第四阶段：访存阶段（MEM）的设计

乘法指令访存阶段的数据通路如图 5-15 所示。由于乘法指令不需要访存，故该阶段只需将从执行阶段传递来的控制信号、地址信号及数据信号再向下继续传递给流水线的写回阶段。相比之前的设计，在该阶段新增加了 HILO 寄存器写使能信号 whilo 和待写入 HILO 寄存器的数据。

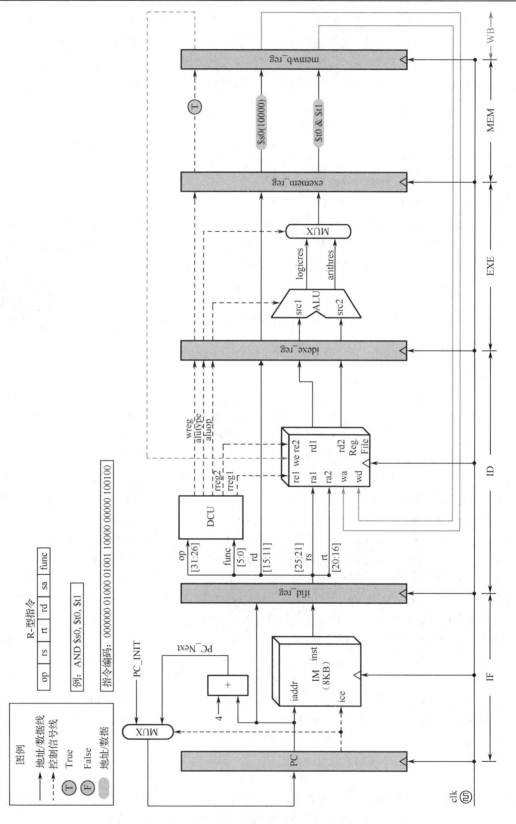

图5-11　ALU运算指令的访存阶段

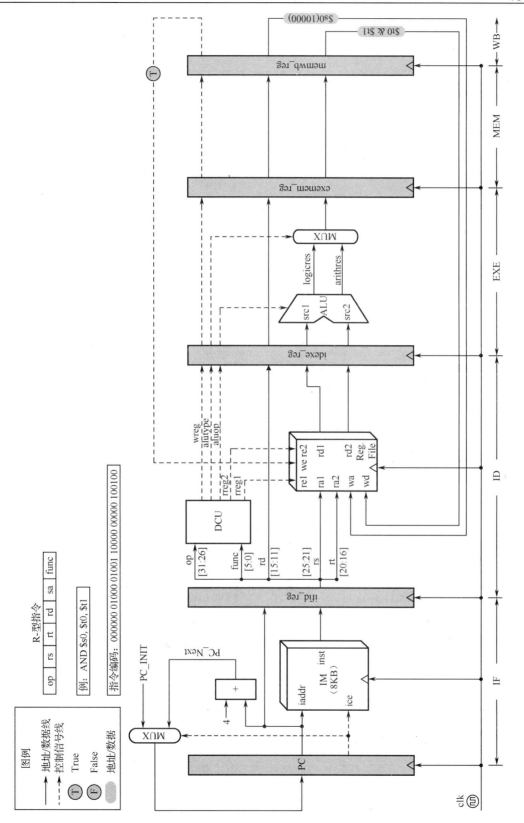

图5-12　ALU运算指令的写回阶段

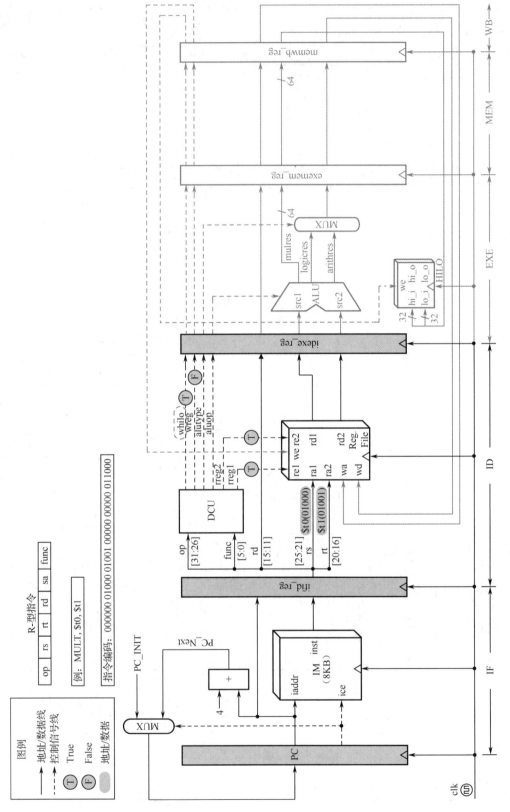

图5-13 乘法指令的译码阶段

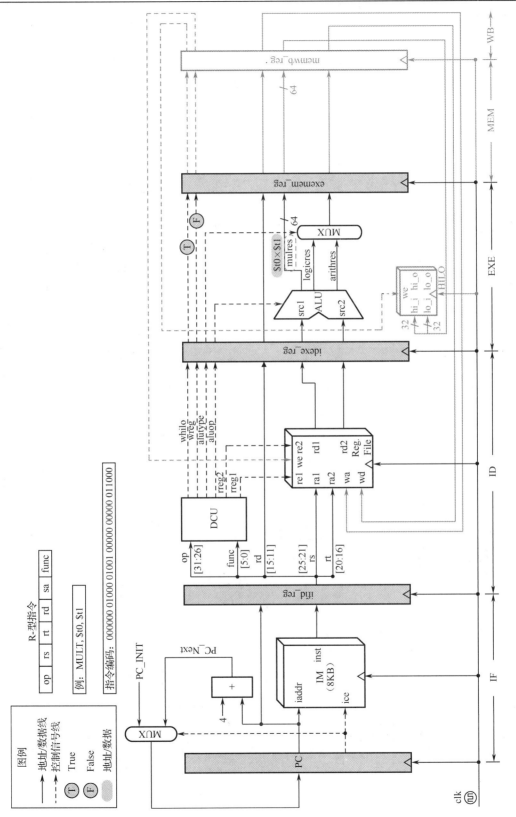

图5-14　乘法指令的执行阶段

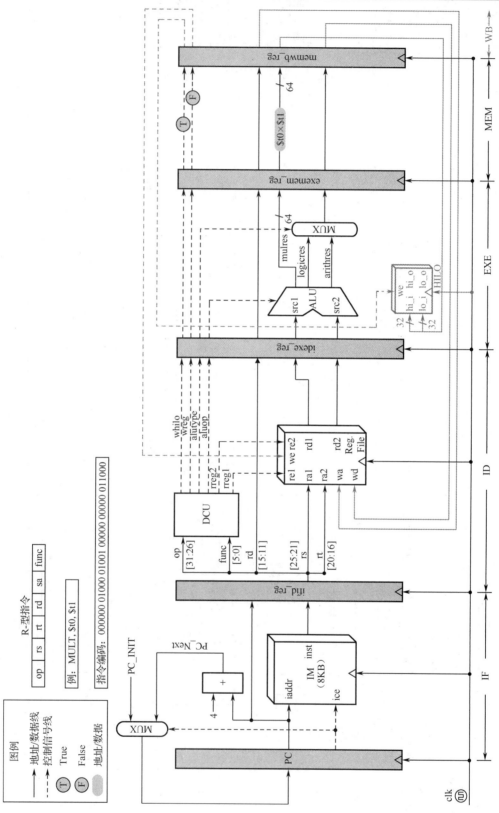

图5-15　乘法指令的访存阶段

第五阶段：写回阶段（WB）的设计

乘法指令写回阶段的数据通路如图 5-16 所示。该阶段增加了一个 **HILO 寄存器，具有两个写数据端口 hi_i 和 lo_i、两个读数据端口 hi_o 和 lo_o 及一个写使能端口 we**。写回阶段将从访存阶段传递来的寄存器 HILO 写使能信号 whilo 及乘法运算的结果"$t0×$t1"连接到 HILO 寄存器的写使能端口和写数据端口。其中，hi_i 连接乘法结果的高 32 位，lo_i 连接乘法结果的低 32 位，并在时钟上升沿处将乘法指令的 64 位结果写入 HILO 寄存器中。此外，由于通用寄存器堆写使能信号 wreg 被设置为无效，故无任何运算结果被写入通用寄存器。

3. 数据移动指令

这里以指令"MFLO $s0"为例设计支持数据移动指令的流水线数据通路，指令 MFHI 的数据通路与其相同。其设计思路如下：在执行阶段读取 HI 或 LO 寄存器的值，最后在写回阶段写入目的寄存器。

第一阶段：取指阶段（IF）的设计

数据移动指令取指阶段的数据通路与之前的设计相同，不需要进行修改。

第二阶段：译码阶段（ID）的设计

数据移动指令译码阶段的数据通路如图 5-17 所示，相比之前的设计，无须做任何修改，只需产生不同的译码控制信号即可。

对于本例中的指令"MFLO $s0"，其译码过程如下：①根据 MFLO 指令的 op 字段和 func 字段，由译码控制单元 DCU 产生控制信号 aluop、alutype、rreg1、rreg2、wreg 和 whilo。对于 MFLO 指令，源操作数不是来自通用寄存器堆，而是来自 HILO 中的 LO 寄存器，并将读取的 LO 寄存器的值写入寄存器$s0 中，故通用寄存器堆读使能信号 rreg1 和 rreg2 被设置为无效，通用寄存器堆写使能信号 wreg 被设置为有效，HILO 寄存器写使能信号 whilo 被设置为无效。②将上述控制信号及 rd 字段（编码为 0x10000，对应目的寄存器$s0 的索引）送入执行阶段继续处理。注意，rs 字段和 rt 字段仍然会被转送到通用寄存器堆的两个读寄存器地址端口，但由于通用寄存器堆读使能信号被设置为无效，故无法从通用寄存器堆读出数据。

第三阶段：执行阶段（EXE）的设计

数据移动指令执行阶段的数据通路如图 5-18 所示，相比之前的设计，新增加了一个多路选择器，如图 5-18 中虚线框所示，其输出称为 moveres。该阶段从 HILO 寄存器的读数据端口 hi_o 和 lo_o 获取 HI 和 LO 寄存器的值，并根据控制信号 aluop，选择其中之一传递给 moveres。对本例而言，moveres 传递的是 LO 寄存器的值。然后，在控制信号 alutype 的作用下，通过另一个多路选择器选择 moveres 作为待写入目的寄存器的数据，传递给流水线下一级的访存阶段，同时传递给访存阶段的还有目的寄存器的索引"$s0(10000)"及控制信号 whilo 和 wreg。

第四阶段：访存阶段（MEM）的设计

数据移动指令访存阶段的数据通路如图 5-19 所示，与之前的设计相同，不需要进行修改。由于数据移动指令也不需要访存，故该阶段只需将从执行阶段传递来的控制信号、地址信号及数据信号再向下继续传递给流水线的写回阶段。

第五阶段：写回阶段（WB）的设计

数据移动指令写回阶段的数据通路如图 5-20 所示，与之前的设计相同，不需要进行修改。对于本例指令"MFLO $s0"，LO 寄存器的值在通用寄存器堆写使能信号 wreg 的控制下，在时钟上升沿被写入通用寄存器$s0。

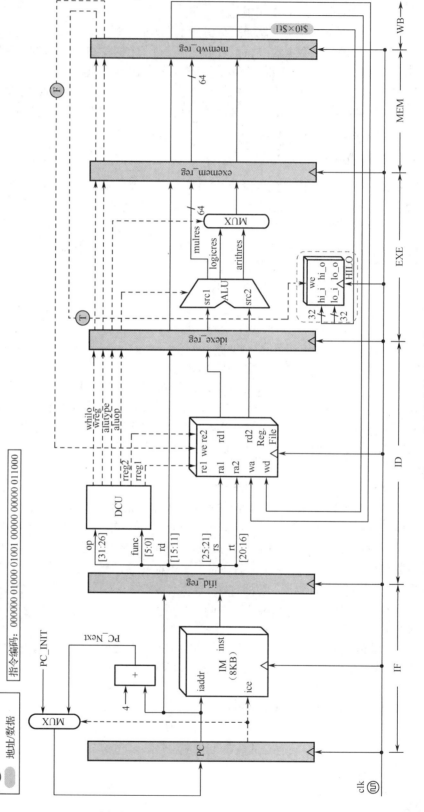

图5-16　乘法指令的写回阶段

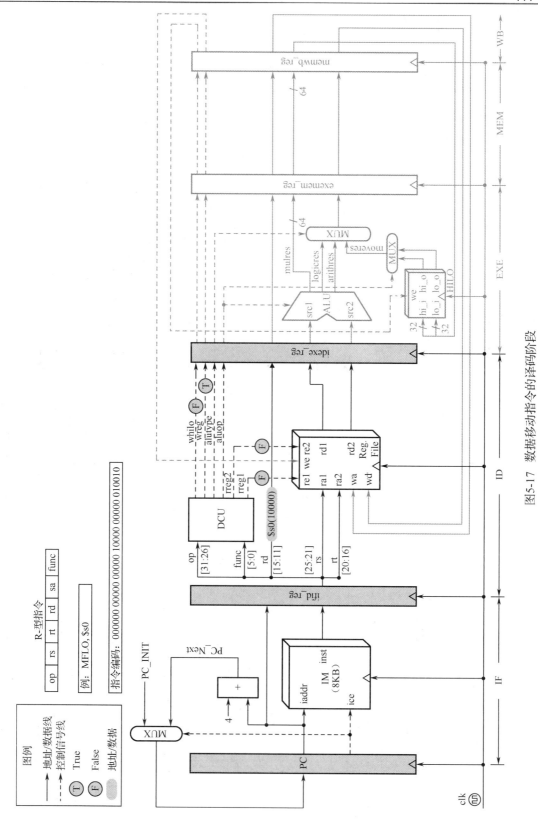

图5-17　数据移动指令的译码阶段

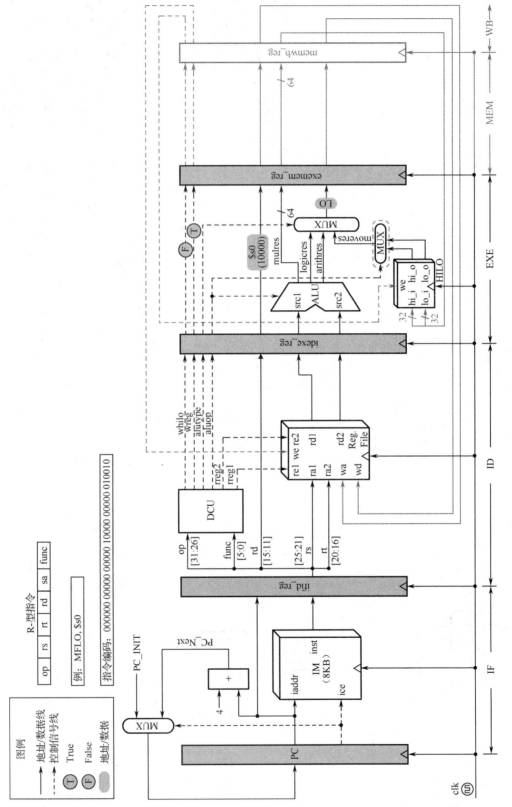

图5-18　数据移动指令的执行阶段

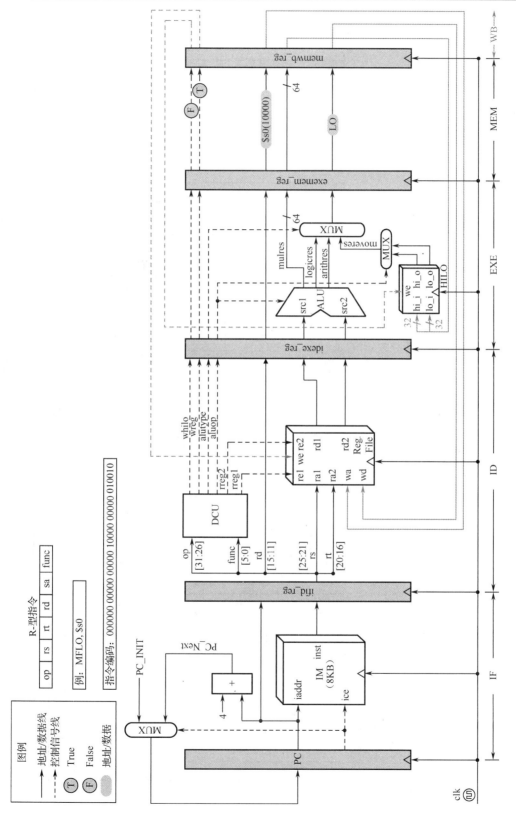

图5-19　数据移动指令的访存阶段

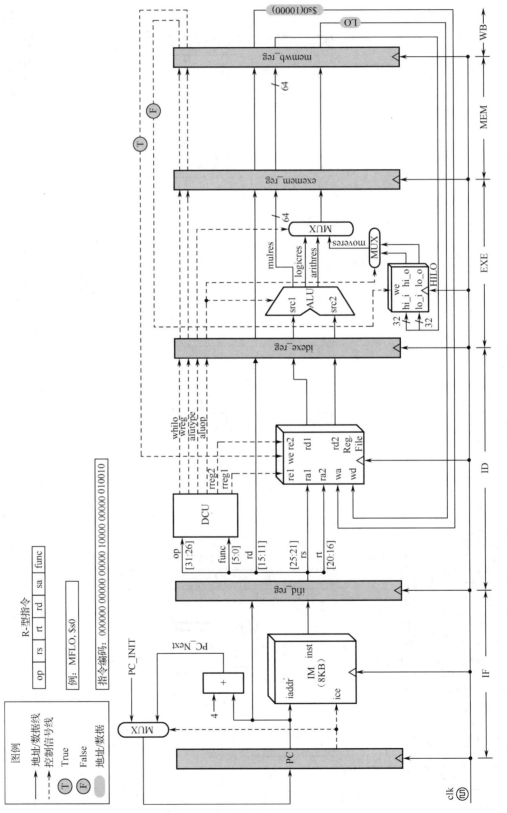

图5-20　数据移动指令的写回阶段

4．移位指令

这里以指令"SLL $s0, $t0, 5"为例设计支持移位指令的流水线数据通路。最终，形成支持非转移类 R-型指令的完整数据通路。

第一阶段：取指阶段（IF）的设计

移位指令取指阶段的数据通路与之前的设计相同，不需要进行修改。

第二阶段：译码阶段（ID）的设计

如图 5-7（d）所示，移位指令的两个源操作数一个来自以 rt 字段作为索引的通用寄存器，另一个则是由 sa 字段确定的移位位数。移位运算的结果存入由 rd 字段作为索引的通用寄存器，rs 字段没有使用，被设置为全 0。因此，移位指令译码阶段的数据通路与之前的设计略有不同，如图 5-21 所示。其中，rt 字段作为索引被送入通用寄存器堆的读地址端口 ra2，从寄存器堆读数据端口 rd2 读出数据，并将其作为源操作数 src2 传送到流水线下一级的执行阶段。源操作数 src1 有两个来源，一个来自寄存器堆读数据端口 rd1（其他 R-型指令），另一个则来自指令字的 sa 字段，即移位指令的移位位数。因此，为了对 src1 的两个来源进行区分，在译码阶段增加了一个多路选择器和一个新的**移位使能控制信号 shift**，如图 5-21 中虚线框所示。多路选择器接收两个来源的数据，并在 shift 信号的控制下选择其中之一输出到执行阶段，作为源操作数 src1。

对于本例中的指令"SLL $s0, $t0, 5"，其译码过程如下：①根据 SLL 指令的 op 字段和 func 字段，由译码控制单元 DCU 产生控制信号 aluop、alutype、rreg1、rreg2、wreg、whilo 和 shift。对于 SLL 指令，两个源操作数一个来自由 rt 字段作为索引的寄存器$t0，另一个来自 sa 字段，运算结果将写入通用寄存器$s0 中，故通用寄存器堆读使能信号 rreg1 被设置为无效，rreg2 被设置为有效，通用寄存器堆写使能信号 wreg 被设置为有效，HILO 寄存器写使能信号 whilo 被设置为无效，移位使能信号 shift 被设置为有效。②将指令字中的 rt 字段（编码为 0x01000，对应寄存器$t0）作为索引访问通用寄存器堆，从寄存器堆读数据端口 rd2 获得源操作数 src2。③在移位使能信号 shift 的控制下，从多路选择器选择移位位数 sa 作为另一个源操作数 src1。④将控制信号 aluop、alutype、wreg、whilo、shift 及指令字 rd 字段（编码为 0x10000，对应寄存器$s0）确定的目的寄存器的索引和两个源操作数送入执行阶段继续处理。

第三阶段：执行阶段（EXE）的设计

移位指令执行阶段的数据通路如图 5-22 所示，相比之前的设计，算术逻辑单元 ALU 增加了一个输出信号 shiftres，如图 5-22 中虚线框所示，用于传输移位运算的结果"shiftres = $t0 << 5"。然后，在控制信号 alutype 的作用下，通过多路选择器选择 shiftres 作为最终运算结果，即待写入目的寄存器的数据，传递给访存阶段，同时被传递给访存阶段的还有目的寄存器的索引"$s0 (10000)"及控制信号 whilo 和 wreg。

第四阶段：访存阶段（MEM）的设计

移位指令访存阶段的数据通路如图 5-23 所示，与之前的设计相同，不需要进行修改。由于移位指令也不需要访存，故该阶段只需将从执行阶段传递来的控制信号、地址信号及数据信号再向下继续传递给流水线的写回阶段。

第五阶段：写回阶段（WB）的设计

移位指令写回阶段的数据通路如图 5-24 所示，与之前的设计相同，不需要进行修改。对于本例指令"SLL $s0, $t0, 5"，逻辑左移的结果"$t0 << 5"在通用寄存器堆写使能信号 wreg 的控制下，在时钟上升沿被写入通用寄存器$s0。**该流水线数据通路也是最终支持非转移类 R-型指令的完整数据通路。**

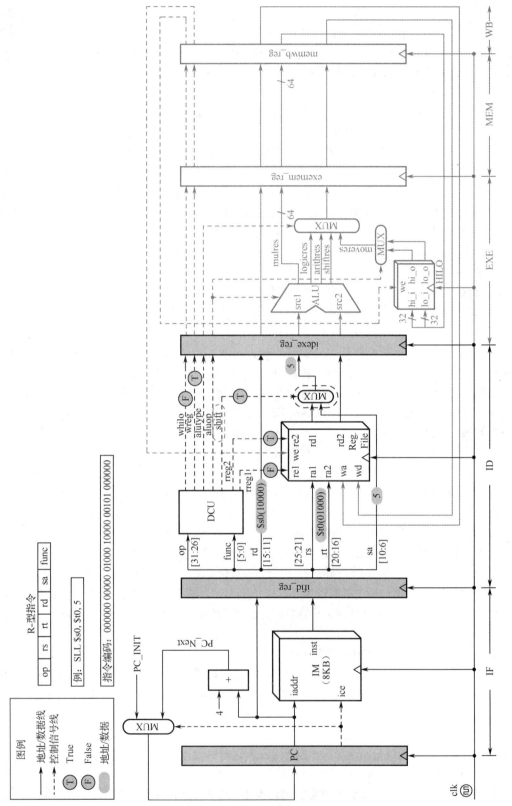

图5-21 移位指令的译码阶段

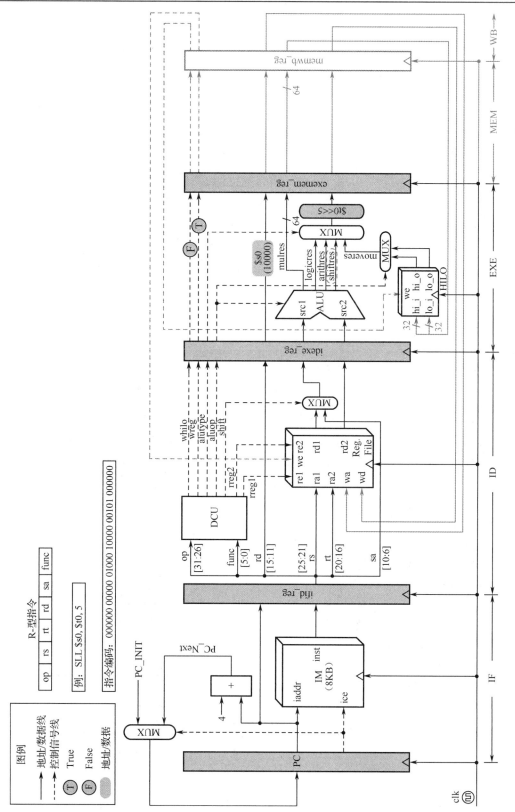

图5-22　移位指令的执行阶段

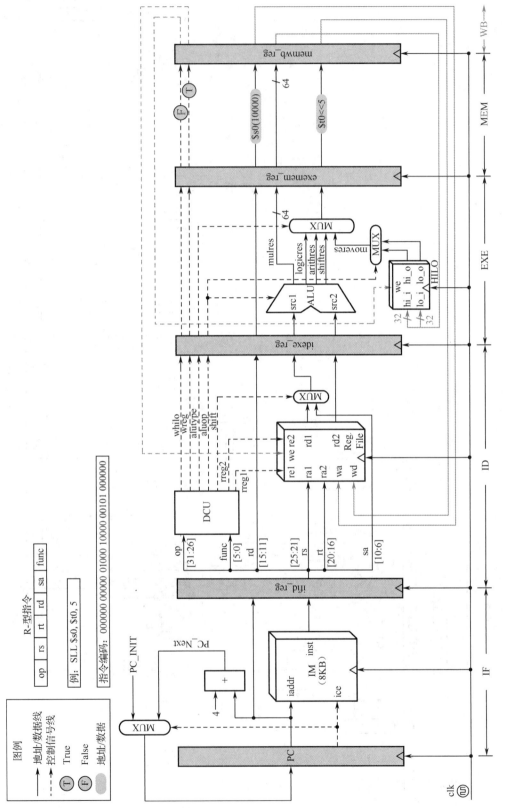

图5-23　移位指令的访存阶段

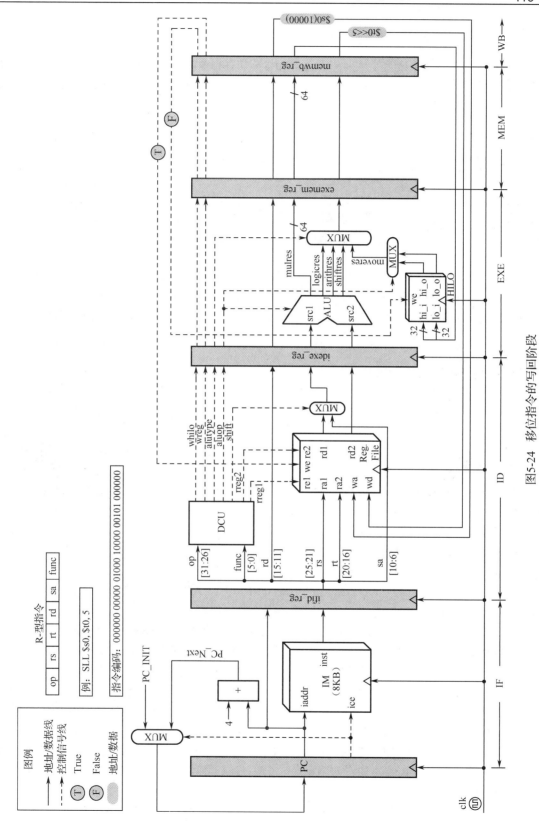

图5-24　移位指令的写回阶段

5.3.2　非转移类 I-型指令的流水线数据通路的设计

非转移类 I-型指令按功能可分为 **ALU 运算指令**和**访存指令**两类，访存指令又可进一步分为**加载指令**和**存储指令**，其指令格式如图 5-25 所示。下面将依据各类 I-型指令的特点，对 R-型指令数据通路进行扩充以支持非转移类 I-型指令。

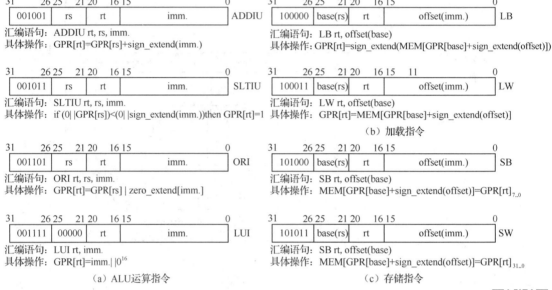

（a）ALU 运算指令　　　　　　　　　　　　　（c）存储指令

图 5-25　非转移类 I-型指令格式

1. ALU 运算指令

这里以指令"**ORI $s0, $t0, 0x1234**"为例设计支持 I-型 ALU 运算指令的流水线数据通路。其他 I-型 ALU 运算指令的流水线数据通路与其基本相同。

第一阶段：取指阶段（IF）的设计

ALU 运算指令取指阶段的数据通路与之前的设计完全相同，不需要进行修改。

第二阶段：译码阶段（ID）的设计

由图 5-25（a）可知，I-型 ALU 运算指令包括 ORI、LUI、ADDIU、SLTIU，仅通过 op 字段就可进行区分。其中，除指令 LUI 外，剩下的指令需要两个源操作数，一个来自由 rs 字段确定的通用寄存器，另一个来自指令字中的 imm.字段指定的 16 位立即数。由于 MiniMIPS32 是 32 位处理器，因此需要将 16 位立即数字段扩展为 32 位，此时又分为**符号扩展**和**无符号扩展**。指令的执行结果保存到由 rt 字段指定的目的寄存器中。需要特别说明的是，LUI 指令只需要一个源操作数，即立即数 imm.字段，然后将其左移 16 位，结果也保存在由 rt 字段确定的目的寄存器中。根据上述 I-型 ALU 运算指令的特点，图 5-26 给出了支持 I-型 ALU 运算指令的流水线译码阶段的数据通路，相比之前的设计，共添加了 5 个模块和 4 个控制信号，在图 5-26 中已用虚线框和数字进行了标记。

- 新增模块 1：**立即数扩展模块 ext**，在新增的**控制信号 sext**（符号扩展使能信号）的控制下将 16 位立即数 imm.扩展为 32 位。当 sext 为 1 时，进行符号扩展，如指令 ADDIU 和 SLTIU；当 sext 为 0 时，进行无符号扩展，如指令 ORI。
- 新增模块 2：**左移模块**，专门针对指令 LUI，实现对立即数 imm.左移 16 位。

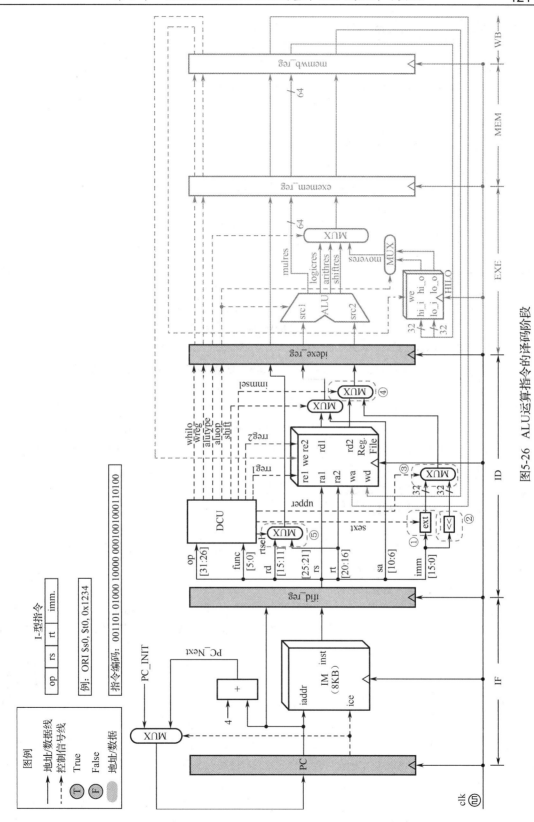

图5-26　ALU运算指令的译码阶段

- 新增模块 3：**多路选择器**，因为译码阶段对指令 LUI 中的立即数 imm.字段和其他 I-型指令中的立即数 imm.字段所做的处理不同，故该多路选择器的作用是在新增的**控制信号 upper（加载高半字使能信号）**的控制下，确定对立即数 imm.是进行立即数扩展还是左移 16 位。
- 新增模块 4：**多路选择器**，因为 I-型指令的源操作数 src2 的来源不同于 R-型指令，故该多路选择器的作用是在新增的**控制信号 immsel（立即数使能信号）**的控制下，确定源操作数 src2 是来自寄存器堆的读数据端口 rd2（R-型指令）还是来自立即数（I-型指令）。
- 新增模块 5：**多路选择器**，因为存放 I-型指令执行结果的通用寄存器索引来自 rt 字段，而 R-型指令来自 rd 字段，故该多路选择器的作用是在新增的**控制信号 rtsel（目的寄存器选择信号）**的作用下，确定目的寄存器的索引是 rt 字段还是 rd 字段。

对于本例指令 "ORI \$s0, \$t0, 0x1234"，译码过程（见图 5-27）如下：①根据 op 字段，由译码控制单元 DCU 产生各种控制信号。该指令的两个源操作数，一个来自寄存器（由 rs 字段确定），另一个来自立即数 imm.字段，运算结果保存到由 rt 字段确定的寄存器中。因此，控制信号 rreg1、immsel、rtsel 及 wreg 被设置为有效，rreg2、whilo 和 shift 被设置为无效。立即数需要进行无符号扩展，故控制信号 sext 和 upper 都被设置为无效。②使用 rs 字段（编码为 0x01000，对应寄存器\$t0）作为索引访问通用寄存器堆，在控制信号 shift 的作用下，将从读数据端口 rd1 获取的数据作为源操作数 src1。在控制信号 sext、upper 和 immsel 的作用下，将立即数字段无符号扩展后的值（0x00001234）作为源操作数 src2。在控制信号 rtsel 的作用下，选择 rt 字段（编码为 0x10000，对应寄存器\$s0）作为目的寄存器的索引。③将控制信号 **wreg、whilo、aluop、alutype** 及由**指令字 rt 字段**确定的目的寄存器的索引和**两个源操作数**送入执行阶段继续处理。

第三阶段：执行阶段（EXE）的设计

I-型 ALU 运算指令执行阶段的数据通路如图 5-28 所示，相比之前的设计，不需要进行修改。对于本例指令 "ORI \$s0, \$t0, 0x1234"，该阶段的算术逻辑单元 ALU 在控制信号 aluop 的控制下，对从译码阶段传递来的源操作数 src1 和 src2 进行按位或操作，其结果 "logicres = \$t0 | 0x00001234" 在控制信号 alutype 的作用下，被作为待写入目的寄存器的数据传递到下一级访存阶段，同时被传递到访存阶段的还有待写入目的寄存器的索引 "\$s0 (10000)" 及控制信号 whilo 和 wreg。

第四阶段：访存阶段（MEM）的设计

I-型 ALU 运算指令访存阶段的数据通路如图 5-29 所示，与之前的设计相同，不需要进行修改。由于 ALU 运算指令不需要访存，故该阶段只需将从执行阶段传递来的控制信号、地址信号及数据信号再向下继续传递给流水线的写回阶段。

第五阶段：写回阶段（WB）的设计

I-型 ALU 运算指令写回阶段的数据通路如图 5-30 所示，与之前的设计相同，不需要进行修改。对于本例指令 "ORI \$s0, \$t0, 0x1234"，按位或的结果 "\$t0 | 0x00001234" 在通用寄存器堆写使能信号 wreg 的控制下，在时钟上升沿被写入通用寄存器\$s0。

2．加载指令

加载指令实现从存储器中读取数据，并将该数据存入通用寄存器。首先，需要计算访存地址，该地址由两部分决定：**基地址**和**偏移量**。基地址为加载指令字中 base（即 rs）字段所指定寄存器的值，偏移量是指令字中低 16 位的 offset 字段（也就是立即数 imm.字段）经过符号扩展后的值，两个值相加得到访存地址。然后，使用得到的访存地址访问存储器，将读取的数据写入由指令字中 rt 字段指定的通用寄存器中。

我们既可以用一块存储器保存指令和数据，也可以使用两块存储器分别保存程序和数据，但由于所采用的存储器只有一个读端口，故前者无法在一个时钟周期内既访问指令又读取数据。因此，在本设计中我们使用后者，即分离的指令存储器和数据存储器，也就是哈佛结构。

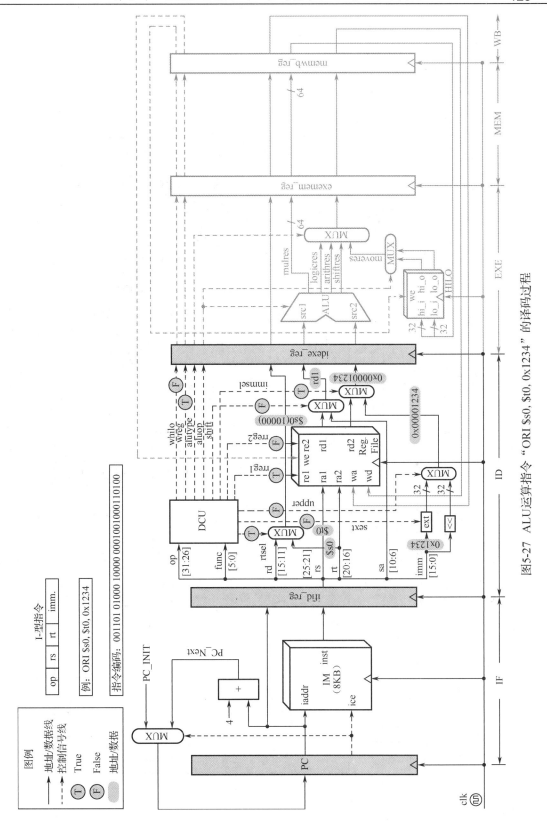

图5-27　ALU运算指令"ORI $s0, $t0, 0x1234"的译码过程

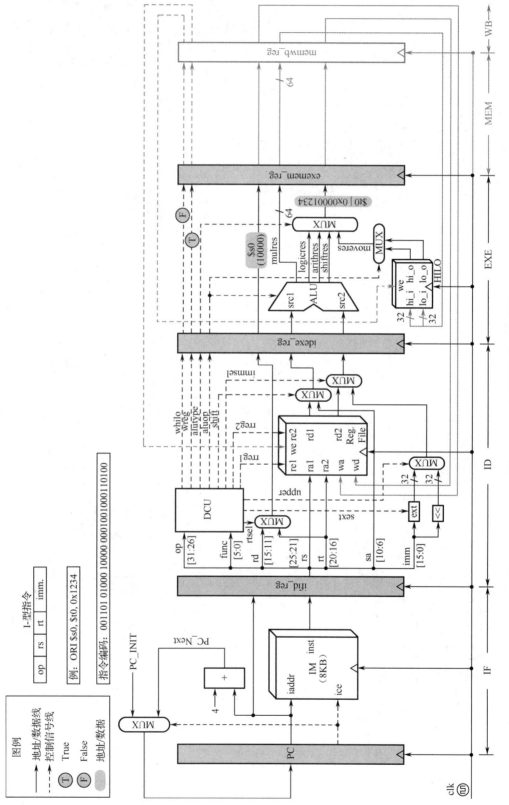

图5-28 ALU运算指令的执行阶段

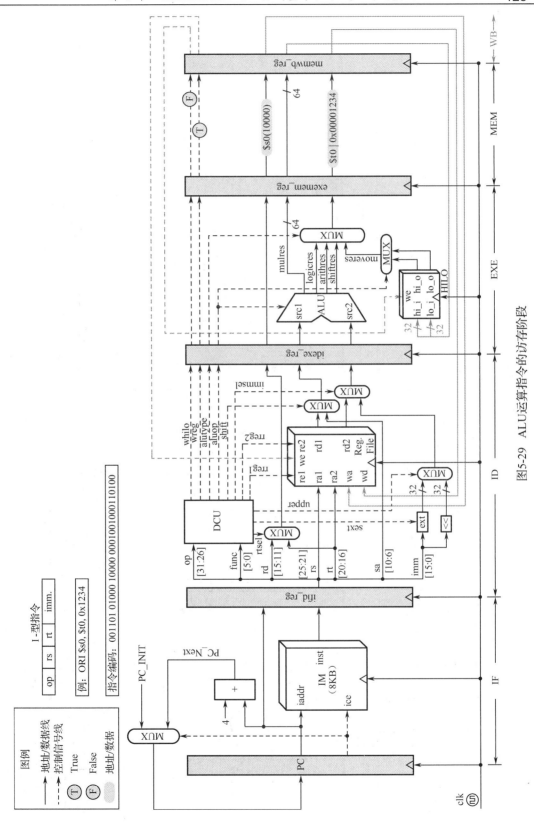

图5-29　ALU运算指令的访存阶段

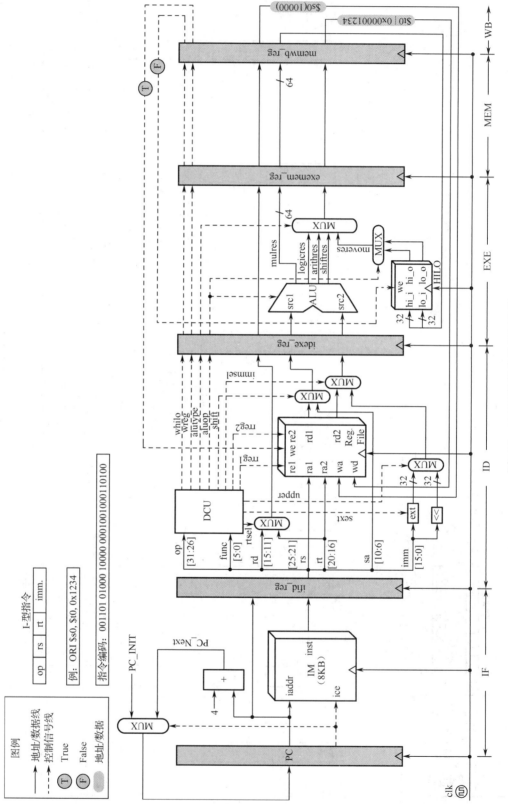

图5-30 ALU运算指令的写回阶段

这里将以指令"**LB $s0, 5($t0)**"为例设计支持加载指令的流水线数据通路。其他加载指令的流水线数据通路可参照其进行设计。

第一阶段：取指阶段（**IF**）的设计

加载指令取指阶段的数据通路与之前的设计完全相同，不需要进行修改。

第二阶段：译码阶段（**ID**）的设计

图 5-31 给出了加载指令的译码阶段数据通路，相比之前的设计，增加了 1 个控制信号 **mreg**，称为**存储器到寄存器使能信号**，如图 5-31 中虚线框所示。由于引入加载指令，最终写入通用寄存器堆的数据有两个来源：一是来自执行阶段的运算结果，二是来自数据存储器。使用控制信号 mreg 对两者进行选择，当 mreg 有效时，将从数据存储器中读出的数据写入通用寄存器堆，否则将执行阶段的运算结果写入通用寄存器堆。

对于本例中的指令"LB $s0, 5($t0)"，其译码过程如下：①加载指令仅通过 op 字段即可区分，由控制单元 DCU 产生各种控制信号。加载指令的两个源操作数，一个来自寄存器（即基地址，由 rs 字段确定），另一个来自立即数（即偏移量），读取的数据写入由 rt 字段确定的寄存器中。因此，控制信号 rreg1、immsel、rtsel 及 wreg 被设置为有效，rreg2、whilo 和 shift 被设置为无效。立即数需要进行有符号扩展，故控制信号 sext 被设置为有效，upper 被设置为无效。最终写入寄存器的数据来自数据存储器，所以 mreg 被设置为有效。②使用 rs 字段（编码为 0x01000，对应寄存器$t0）作为索引访问通用寄存器堆，在控制信号 shift 的作用下，将从读数据端口 rd1 获取的数据作为源操作数 src1，即访存基地址。在控制信号 sext、upper 和 immsel 的作用下，将立即数字段符号扩展后的值（0x00000005）作为源操作数 src2，即访存偏移量。在控制信号 rtsel 的作用下，选择 rt 字段（编码为 0x10000，对应寄存器$s0）作为目的寄存器的索引。③将控制信号 **mreg**、**whilo**、**wreg**、**alutype**、**aluop** 及两个源操作数（访存基地址和偏移量）和由 rt 字段确定的目的寄存器的索引送入流水线下一级的执行阶段。

第三阶段：执行阶段（**EXE**）的设计

图 5-32 给出了支持加载指令的执行阶段数据通路，相比之前的设计，不需要进行修改。算术逻辑单元 ALU 接收从译码阶段传递来的两个源操作数，基地址和偏移量在控制信号 aluop 的作用下相加得到访存地址 daddr，通过信号 arithres 进行输出（注意：访存地址的计算为加法，可复用 ALU 中已有的加法器）。然后，在控制信号 alutype 的作用下，通过多路选择器选择 arithres 作为最终运算结果，即访存地址 daddr，传递给访存阶段，同时被传递给访存阶段的还有目的寄存器的索引"$s0(10000)"及控制信号 mreg、whilo 和 wreg。此外，在该阶段还需要将内部操作码 aluop 也传递到访存阶段，以便于在访存阶段对访存类型进行判断。

第四阶段：访存阶段（**MEM**）的设计

图 5-33 给出了支持加载指令的访存阶段数据通路，相比之前的设计，新增加了两个模块。

● 数据存储器（Data Memory，DM）：采用可读可写的 RAM 构建，按字节编址，容量为 8KB（2K×32 位）。I/O 端口包括：**数据存储器使能端口 dce、写字节使能端口 we、访存地址端口 daddr、待写入数据端口 din** 及**读取数据端口 dout**。这里需要特别说明的是写字节使能端口 we。在 MiniMIPS32 指令集中，无论是加载指令还是存储指令，它们都涉及字节、半字和字操作，如加载字节 lb、加载半字 lh 等。通常，连接处理器和数据存储器的数据总线宽度为 32 位（4 字节），故需要确定哪些字节是有效的。由于在具体实现时，我们将使用 FPGA 中的 Block Memory 构造数据存储器，这种存储器的特点是设有写字节使能端口，即 we，对本设计而言，we 为 4 位，分别对应写入数据的 4 字节。当 we = 4'b0000 时，表示要对数据存储器进行读操作；当 we 为非 0 时，表示对存储器进行写操作，此时需要根据当前要写入的数据中哪些字节有效，设置 we 的取值，字节有效，则 we 中的对应位就设置为 1。注意，该存储器并没有设置读字

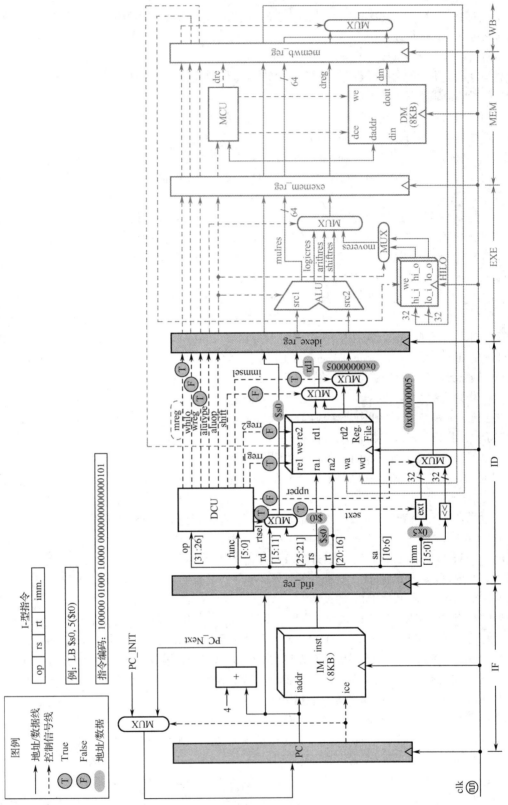

图5-31 加载指令的译码阶段

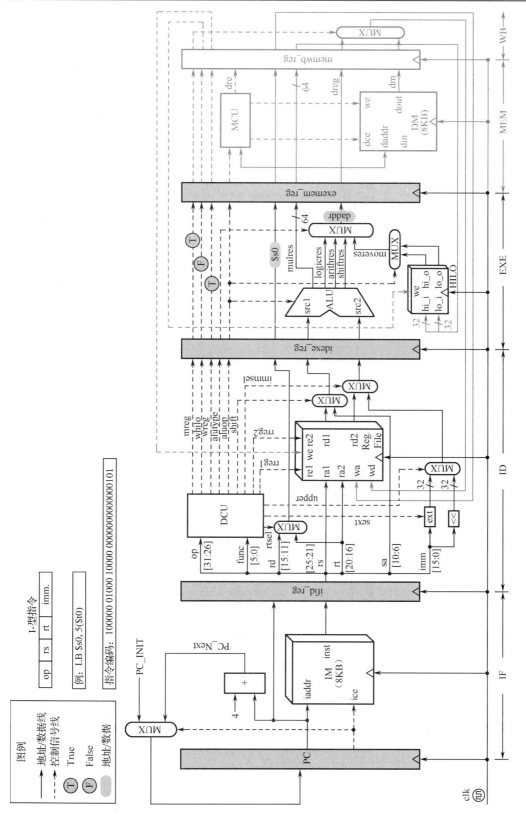

图5-32　加载指令的执行阶段

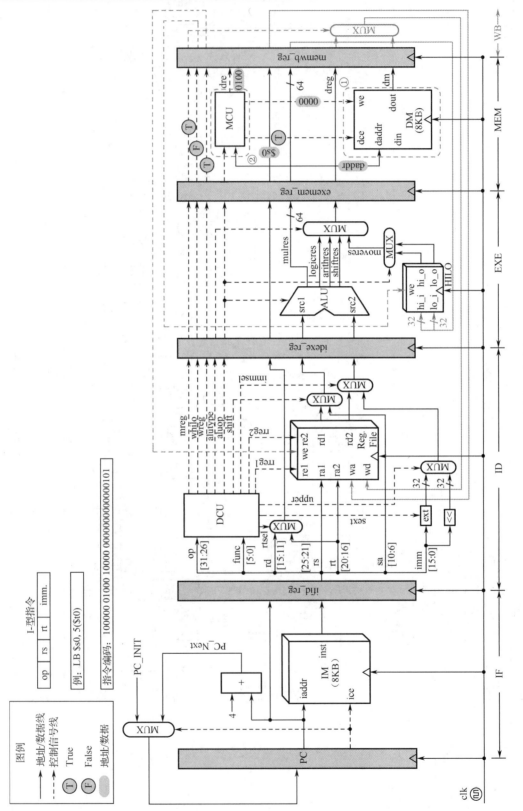

图5-33　加载指令的访存阶段

节使能端口，也就是说，**每次读操作都会从数据存储器中获得一个完整的 32 位数据，然后，需要在访存阶段生成专门的读字节使能信号 dre**，对读出数据的有效字节进行选择。

● 访存控制单元（Memory Control Unit，MCU）：根据由执行阶段传递而来的 aluop 和访存地址 daddr，产生各种访存控制信号，即 dce、we 和**读字节使能信号 dre**，其中 dre 为 4 位，用于确定从数据存储器中读出的 32 位数据中，哪些字节是有效的。对数据存储器进行写操作时，dre 被设置为 4'b0000；否则根据读出数据中哪些字节有效设置 dre 的取值，字节有效，则 dre 中的对应位就被设置为 1。

对于本例指令"LB $s0, 5($t0)"，为字节加载指令，对存储器进行读操作。访存控制单元 MCU 将数据存储器的 dce 设置为 1，we 设置为 4'b0000。由于访存地址偏移量为 5，其低 2 位为 01（假设访存基地址为字对齐），则在小端模式下 dre 被设置为 0100。然后，根据访存地址从数据存储器的 dout 端口读出数据 dm，并将其送入下一级写回阶段，同时传递到写回阶段的还有控制信号 mreg、whilo、wreg 和 dre。此外，执行阶段的运算结果 dreg（对本例而言，就是访存地址）也会被送入写回阶段。

第五阶段：写回阶段（WB）的设计

图 5-34 给出了支持加载指令的写回阶段数据通路，相比之前的设计，添加了 1 个多路选择器，如图 5-34 中虚线框所示。该多路选择器在控制信号 mreg 的作用下，判断是将访存阶段的输出数据 dm 还是执行阶段的运算结果作为待写入目的寄存器中的数据。对本例而言，写回阶段在时钟上升沿处，从访存阶段的输出数据 dm 中根据读字节使能信号 dre 选择有效字节，并扩展为 32 位，写入通用寄存器$s0 中。

3．存储指令

存储指令实现将某个通用寄存器的值写入数据存储器。访存地址的计算与加载指令相同，利用 rs 字段指定的寄存器的值作为基地址，立即数字段作为偏移量。然后，基于访存地址，将由 rt 字段确定的寄存器的值写入数据存储器。这里以指令"**SW $t1, 20($t0)**"为例设计支持存储指令的流水线数据通路。其他存储指令的流水线数据通路可参照其进行设计。

第一阶段：取指阶段（IF）的设计

存储指令取指阶段的数据通路与之前的设计完全相同，不需要进行修改。

第二阶段：译码阶段（ID）的设计

图 5-35 给出了支持存储指令的译码阶段数据通路，相比之前的设计，增加了 1 个连接寄存器堆读数据端口 rd2 的信号，如图 5-35 中虚线框所示。该信号用于将由 rt 字段指定的寄存器的值，即待存入数据存储器的值，传递到流水线后续阶段。

对于本例中的指令"SW $t1, 20($t0)"，其译码过程如下。①存储指令仅通过 op 字段即可区分，由控制单元 DCU 产生各种控制信号。存储指令具有 3 个源操作数，其中，用于访存地址计算的两个源操作数一个来自通用寄存器（即基地址，由 rs 字段确定），另一个来自立即数（即偏移量）。第三个源操作数，即待写入存储器的数据，来自由 rt 字段确定的通用寄存器。此外，存储指令不需要向寄存器堆写入任何值。因此，控制信号 rreg1、rreg2 及 immsel 被设置为有效，mreg、whilo、wreg 和 shift 被设置为无效，rtsel 可以取任意值（由于 wreg 为无效，故无论目的寄存器的地址为任何值，寄存器的值都不改变）。立即数需要进行有符号扩展，故控制信号 sext 被设置为有效，upper 被设置为无效。②使用 rs 字段（编码为 0x01000，对应寄存器$t0）作为索引访问通用寄存器堆，在控制信号 shift 的作用下，将从读数据端口 rd1 获取的数据作为源操作数 src1，即访存基地址。在控制信号 sext、upper 和 immsel 的作用下，将立即数字段符号扩展后的值（0x00000014）作为源操作数 src2，即访存偏移量。在控制信号 rreg2 的作用下，使用 rt 字段（编码为 0x01001，对应寄存器$t1）作为索引访问寄存器堆，将从读数据端口 rd2 获取的数据作为待写入数据存储器中的数据。③将控制信号 **mreg、whilo、wreg、alutype、aluop** 及两个源操作数（访存基地址和偏移量）和待写入存储器的数据送入流水线下一级的执行阶段。

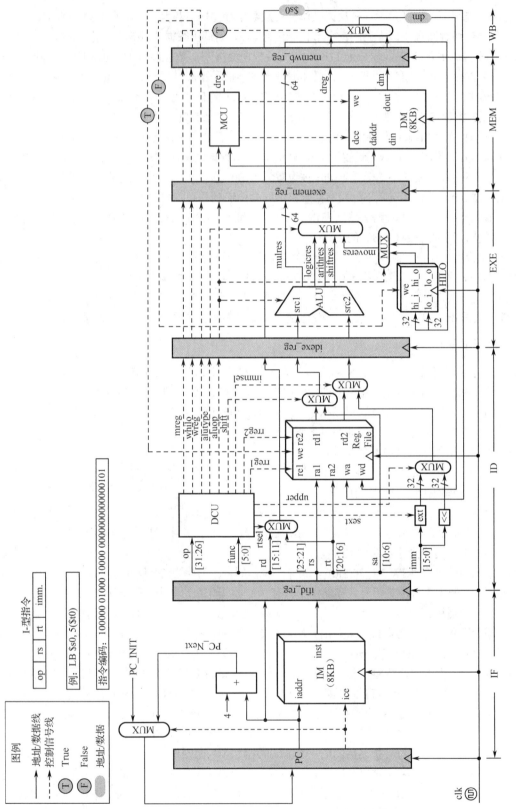

图5-34 加载指令的写回阶段

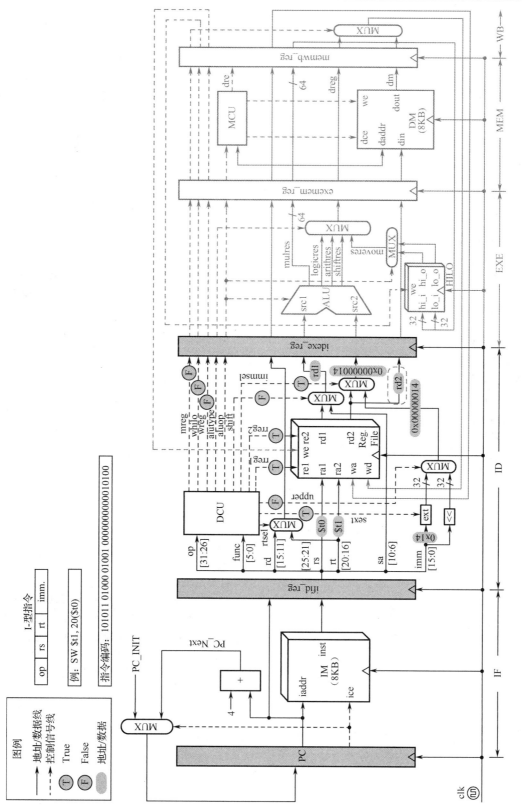

图5-35　存储指令的译码阶段

第三阶段：执行阶段（EXE）的设计

图 5-36 给出了支持存储指令的执行阶段数据通路，相比之前的设计，增加了 1 条信号线（如图 5-36 中虚线框所示）用于将待写入数据存储器中的数据，即由 rt 字段指定的寄存器$t1 的值，传递给流水线下一级的访存阶段，同时被传递给访存阶段的还有访存地址 daddr 及控制信号 mreg、whilo 和 wreg。

第四阶段：访存阶段（MEM）的设计

图 5-37 给出了支持存储指令的访存阶段数据通路，相比之前的设计，增加了 1 条信号线（如图 5-37 中虚线框所示）用于将待写入数据存储器中的数据，即由 rt 字段指定的寄存器$t1 的值，送入数据存储器的数据输入端口 din。

指令 "SW $t1, 20($t0)" 为字存储指令，对存储器进行写操作。访存控制单元 MCU 将数据存储器的 dce 设置为 1，we 设置为 4'b1111，dre 设置为 0000。然后，根据访存地址将 din 端口的数据存入数据存储器中，同时将控制信号 mreg、whilo、wreg、dre 传递到写回阶段。

第五阶段：写回阶段（WB）的设计

支持存储指令的流水线写回阶段数据通路如图 5-38 所示。由于存储指令在访存阶段已将数据写入数据存储器，并且控制信号 wreg 和 whilo 均无效，因此写回阶段无须进行任何操作。

5.3.3　控制单元的设计

目前，我们已经设计完成支持非转移类指令的 MiniMIPS32 处理器的基本流水线数据通路，如图 5-38 所示。图 5-38 中包含两个控制单元，一个是**译码控制单元 DCU**，另一个是**访存控制单元 MCU**。前者读入指令的**操作码 op** 字段和**功能码 func** 字段，经过译码生成各种控制信号以告知数据通路如何去执行这条指令，主要包括多路选择器的选择信号、寄存器使能信号、指令操作类型信号等。后者读入指令的内部操作码 aluop 和访存地址 daddr，生成各种访存控制信号，如数据存储器使能信号、写字节使能信号等。本节将详细描述这两个控制单元的设计方法。

1. 译码控制单元 DCU 的设计

译码控制单元 DCU 采用两级组合逻辑电路实现，如图 5-39 所示。

第一级组合逻辑电路根据表 5-2 对指令字中的 op 字段和 func 字段进行译码，确认当前具体执行的是哪一条指令。每个输出（不包括 inst_reg）的逻辑表达式如下所示。

$$inst\_reg = \overline{op[5]} \cdot \overline{op[4]} \cdot \overline{op[3]} \cdot \overline{op[2]} \cdot \overline{op[1]} \cdot \overline{op[0]}$$
$$inst\_add = inst\_reg \cdot func[5] \cdot \overline{func[4]} \cdot \overline{func[3]} \cdot \overline{func[2]} \cdot \overline{func[1]} \cdot \overline{func[0]}$$
$$inst\_subu = inst\_reg \cdot func[5] \cdot \overline{func[4]} \cdot \overline{func[3]} \cdot \overline{func[2]} \cdot func[1] \cdot func[0]$$
$$inst\_slt = inst\_reg \cdot func[5] \cdot \overline{func[4]} \cdot func[3] \cdot \overline{func[2]} \cdot func[1] \cdot \overline{func[0]}$$
$$inst\_and = inst\_reg \cdot func[5] \cdot \overline{func[4]} \cdot \overline{func[3]} \cdot func[2] \cdot \overline{func[1]} \cdot \overline{func[0]}$$
$$inst\_mult = inst\_reg \cdot \overline{func[5]} \cdot func[4] \cdot func[3] \cdot \overline{func[2]} \cdot \overline{func[1]} \cdot \overline{func[0]}$$
$$inst\_mfhi = inst\_reg \cdot \overline{func[5]} \cdot func[4] \cdot \overline{func[3]} \cdot \overline{func[2]} \cdot \overline{func[1]} \cdot \overline{func[0]}$$
$$inst\_mflo = inst\_reg \cdot \overline{func[5]} \cdot func[4] \cdot \overline{func[3]} \cdot \overline{func[2]} \cdot func[1] \cdot \overline{func[0]}$$
$$inst\_sll = inst\_reg \cdot \overline{func[5]} \cdot \overline{func[4]} \cdot \overline{func[3]} \cdot \overline{func[2]} \cdot \overline{func[1]} \cdot \overline{func[0]}$$
$$inst\_ori = \overline{op[5]} \cdot \overline{op[4]} \cdot op[3] \cdot op[2] \cdot \overline{op[1]} \cdot op[0]$$
$$inst\_lui = \overline{op[5]} \cdot \overline{op[4]} \cdot op[3] \cdot op[2] \cdot op[1] \cdot op[0]$$
$$inst\_addiu = \overline{op[5]} \cdot \overline{op[4]} \cdot op[3] \cdot \overline{op[2]} \cdot \overline{op[1]} \cdot op[0]$$
$$inst\_sltiu = \overline{op[5]} \cdot \overline{op[4]} \cdot op[3] \cdot \overline{op[2]} \cdot op[1] \cdot op[0]$$
$$inst\_lb = op[5] \cdot \overline{op[4]} \cdot \overline{op[3]} \cdot \overline{op[2]} \cdot \overline{op[1]} \cdot \overline{op[0]}$$
$$inst\_lw = op[5] \cdot \overline{op[4]} \cdot \overline{op[3]} \cdot \overline{op[2]} \cdot op[1] \cdot op[0]$$
$$inst\_sb = op[5] \cdot \overline{op[4]} \cdot op[3] \cdot \overline{op[2]} \cdot \overline{op[1]} \cdot \overline{op[0]}$$
$$inst\_sw = op[5] \cdot \overline{op[4]} \cdot op[3] \cdot \overline{op[2]} \cdot op[1] \cdot op[0]$$

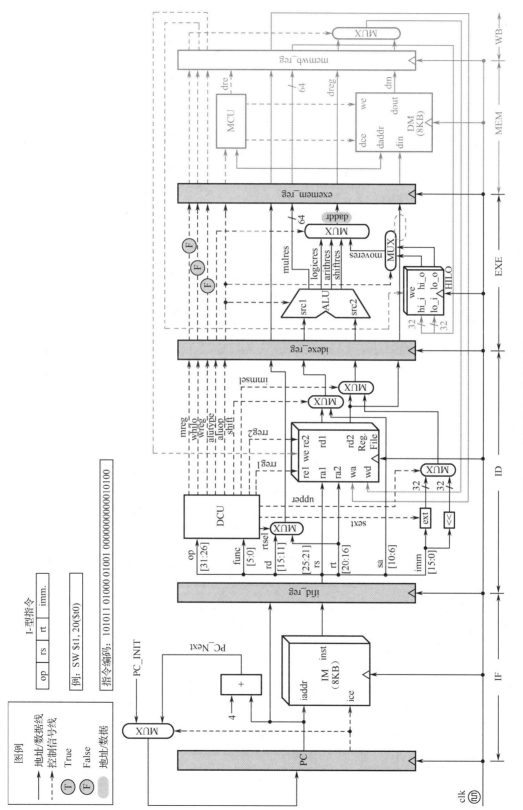

图5-36　存储指令的执行阶段

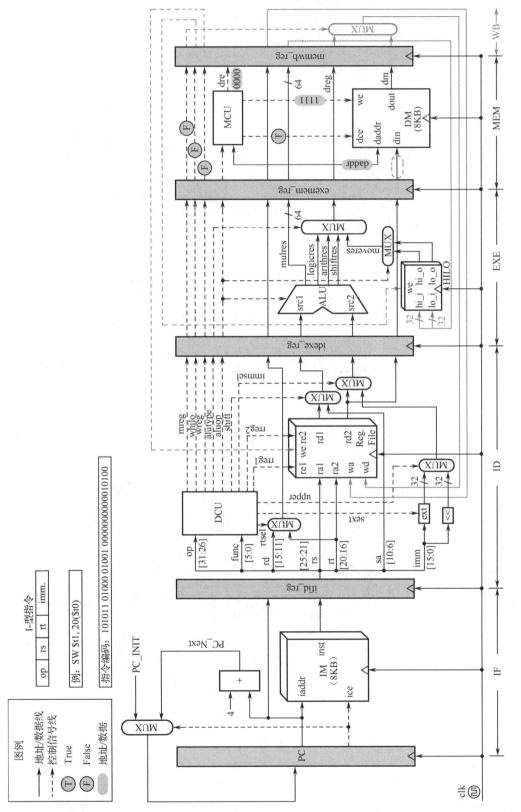

图5-37　存储指令的访存阶段

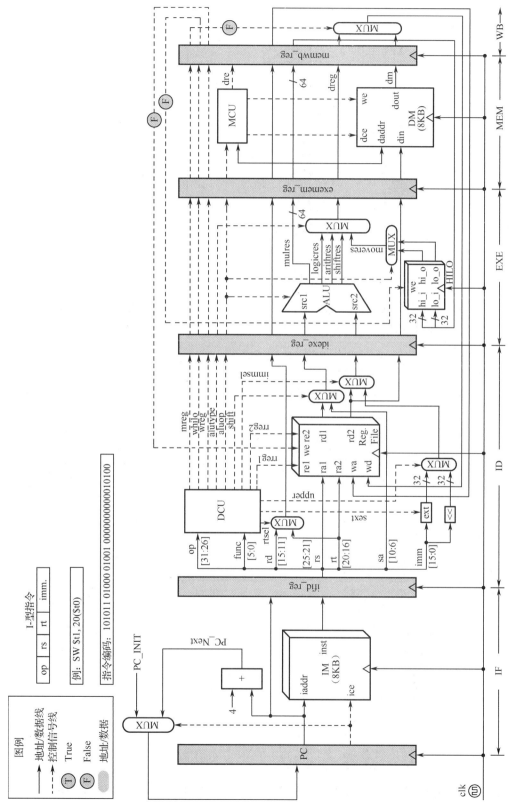

图5-38　存储指令的写回阶段

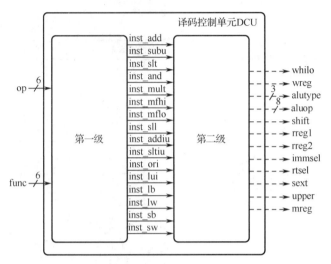

图 5-39　译码控制单元 DCU 的内部结构

对于 R-型指令，需要由 op 字段和 func 字段共同决定，其中 op 字段全为 0。因此，我们使用一个临时变量 inst_reg 来标识该指令为 R-型。对于 I-型指令，只需要使用 op 字段即可进行区分。

表 5-2　指令译码

指　令		op 字段[5∶0]	func 字段[5∶0]
R-型	ADD	000000	100000
	SUBU	000000	100011
	SLT	000000	101010
	AND	000000	100100
	MULT	000000	011000
	MFHI	000000	010000
	MFLO	000000	010010
	SLL	000000	000000
I-型	ORI	001101	—
	LUI	001111	—
	ADDIU	001001	—
	SLTIU	001011	—
	LB	100000	—
	LW	100011	—
	SB	101000	—
	SW	101011	—

DCU 的第一级电路确定了当前执行的是哪条指令后，第二级组合逻辑根据第一级的输出，确定控制信号的具体取值。目前 DCU 共产生 12 个控制信号，如表 5-3 所示。

表 5-3　DCU 产生的控制信号的含义

控制信号	含义和取值情况
rreg1	**通用寄存器堆读使能信号 1**：0 表示通用寄存器堆读端口 1 无效，即不从读端口 1 读取数据；1 表示通用寄存器堆读端口 1 有效，即从读端口 1 读取数据
rreg2	**通用寄存器堆读使能信号 2**：0 表示通用寄存器堆读端口 2 无效，即不从读端口 2 读取数据；1 表示通用寄存器堆读端口 2 有效，即从读端口 2 读取数据
wreg	**通用寄存器堆写使能信号**：0 表示通用寄存器堆端口无效，即指令运算结果不写入寄存器；1 表示通用寄存器堆端口有效，即运算结果写入寄存器
whilo	**HILO 寄存器写使能信号**：0 表示指令运算结果不写入 HILO 寄存器；1 表示指令运算结果写入 HILO 寄存器
aluop[7 : 0]	**内部操作码**：用于控制执行阶段对指令进行的具体操作，MiniMIPS32 处理器共支持 56 条指令，故 aluop 信号具有 8 位即可满足要求
alutype[2 : 0]	**操作类型**：用于指定指令的操作类型，共 3 位
shift	**移位使能信号**：0 表示选择通用寄存器堆读端口 1 的数据作为源操作数 src1；1 表示选择移位位数 sa 作为源操作数 src1
immsel	**立即数使能信号**：0 表示选择通用寄存器堆读端口 2 的数据作为源操作数 src2；1 表示选择立即数作为源操作数 src2
rtsel	**目的寄存器选择信号**：0 表示由指令字的 rd 字段确定目的寄存器的索引；1 表示由指令字的 rt 字段确定目的寄存器的索引
sext	**符号扩展使能信号**：0 表示对指令字的立即数字段做无符号扩展；1 表示对指令字的立即数字段做符号扩展
upper	**加载高半字使能信号**：0 表示选择立即数扩展的结果；1 表示选择立即数左移 16 位的结果（仅对 LUI 指令有效）
mreg	**存储器到寄存器使能信号**：0 表示将执行阶段的运算结果写入目的寄存器；1 表示将从数据存储器中读取的数据写入目的寄存器

根据各个控制信号的含义，表 5-4 给出了针对每条非转移类指令的真值表。我们以指令 ADD 为例说明填表方法：ADD 指令的两个源操作数来自通用寄存器（rreg1 = 1，rreg2 = 1，shift = 0，immsel = 0，sext 和 upper 可以取任何值）；执行结果要写入通用寄存器（wreg = 1，mreg = 0），目的寄存器的索引由 rd 字段确定（rtsel = 0）而不写入 HILO 寄存器（whilo = 1）；在执行阶段，ALU 单元进行加法操作（aluop = 0x00011000），属于算术运算（alutype = 0x001）。其他指令的填表方法与 ADD 指令相同。

表 5-4　DCU 产生的控制信号的真值表

指令	控制信号											
	rreg1	rreg2	wreg	whilo	aluop [7 : 0]	aluop [2 : 0]	shift	immsel	rtsel	sext	upper	mreg
ADD	1	1	1	0	0001 1000	001	0	0	0	×	×	0
SUBU	1	1	1	0	0001 1011	001	0	0	0	×	×	0
SLT	1	1	1	0	0010 0110	001	0	0	0	×	×	0
AND	1	1	1	0	0001 1100	010	0	0	0	×	×	0
MULT	1	1	0	1	0001 0100	×××	0	0	×	×	×	×

指　令	控制信号											
	rreg1	rreg2	wreg	whilo	aluop [7：0]	aluop [2：0]	shift	immsel	rtsel	sext	upper	mreg
MFHI	0	0	1	0	0000 1100	011	×	×	0	×	×	0
MFLO	0	0	1	0	0000 1101	011	×	×	0	×	×	0
SLL	0	1	1	0	0001 0001	100	1	0	0	×	×	0
ADDIU	1	0	1	0	0001 1001	001	0	1	1	1	0	0
SLTIU	1	0	1	0	0010 0111	001	0	1	1	1	0	0
ORI	1	0	1	0	0001 1101	010	0	1	1	0	0	0
LUI	0	0	1	0	0000 0101	010	×	1	1	×	1	0
LB	1	0	1	0	1001 0000	001	0	1	1	1	0	1
LW	1	0	1	0	1001 0010	001	0	1	1	1	0	1
SB	1	1	0	0	1001 1000	001	0	1	×	1	0	×
SW	1	1	0	0	1001 1010	001	0	1	×	1	0	×

根据表 5-4，给出各个控制信号的逻辑表达式，如下所示。当某个信号有多位时，如 aluop，必须分别给出每一位的逻辑表达式。

```
rreg1=inst_add + inst_subu + inst_slt + inst_and + inst_mult + inst_ori + inst_addiu
    + inst_sltiu + inst_lb + inst_lw + inst_sb + inst_sw
rreg2=inst_add + inst_subu + inst_slt + inst_and + inst_mult + inst_sll + inst_sb
    + inst_sw
wreg=inst_add + inst_subu + inst_slt + inst_and + inst_mfhi + inst_mflo + inst_sll
    + inst_ori + inst_lui + inst_addiu + inst_sltiu + inst_lb + inst_lw
whilo = inst_mult
aluop[7]=inst_lb + inst_lw + inst_sb + inst_sw
aluop[6]=0
aluop[5]=inst_slt + inst_sltiu
aluop[4]=inst_add + inst_subu + inst_and + inst_mult + inst_sll + inst_ori +
    inst_addiu + inst_lb + inst_lw + inst_sb + inst_sw
aluop[3]=inst_add + inst_subu + inst_and + inst_mfhi + inst_mflo + inst_ori +
    inst_addiu + inst_sb + inst_sw
aluop[2]=inst_slt+inst_and+inst_mult+inst_mfhi+inst_mflo+inst_ori+inst_lui
    + inst_sltiu
aluop[1]= inst_subu + inst_slt + inst_sltiu + inst_lw + inst_sw
aluop[0]= inst_subu + inst_mflo + inst_sll + inst_ori + inst_lui + inst_addiu +
    inst_sltiu
alutype[2]= inst_sll
alutype[1] = inst_and + inst_mfhi + inst_mflo + inst_ori + inst_lui
alutype[0] = inst_add + inst_subu + inst_slt + inst_mfhi + inst_mflo + inst_addiu
     + inst_sltiu + inst_lb +inst_lw + inst_sb + inst_sw
shift=inst_sll
```

```
immsel = inst_ori + inst_lui + inst_addiu + inst_sltiu + inst_lb + inst_lw + inst_sb
       + inst_sw
rtsel = inst_ori + inst_lui + inst_addiu + inst_sltiu + inst_lb + inst_lw
sext = inst_addiu + inst_sltiu + inst_lb + inst_lw + inst_sb + inst_sw
upper = inst_lui
mreg = inst_lb + inst_lw
```

2. 访存控制单元 MCU 的设计

如图 5-38 所示，访存控制单元 MCU 根据内部操作码 aluop 和访存地址 daddr 生成 3 个访存控制信号。各个控制信号的含义如表 5-5 所示。

表 5-5　MCU 产生的控制信号的含义

控 制 信 号	含义和取值情况
dce	**数据存储器使能信号**：0 表示数据存储器不工作；1 表示数据存储器工作
we[3:0]	**写字节使能信号**：用于确定待写入数据存储器中的存储字中，哪些字节是有效的。0 表示相应字节无效；1 表示相应字节有效
dre[3:0]	**读字节使能信号**：用于确定从数据存储器读出的存储字中，哪些字节是有效的。0 表示相应字节无效；1 表示相应字节有效

根据各个访存控制信号的含义，表 5-6 给出了针对每条访存指令的真值表。我们以指令 SB 为例说明填表方法：SB 为存储字节指令，故 dce 设置为 1，dre 设置为 4'b0000，表示对数据存储器进行写操作；we 中只能有 1 位设置为 1，表示将对应的有效字节写入数据存储器。如何设置需要根据访存地址 daddr 的低 2 位进行判断：针对小端模式，若 daddr 的低 2 位为 00，we 设置为 1000；若 daddr 的低 2 位为 01，we 设置为 0100；若 daddr 的低 2 位为 10，we 设置为 0010；若 daddr 的低 2 位为 11，we 设置为 0001。其他访存指令的填表方法与其相同。对于非访存指令，则将 dce 设置为 0，表示数据存储器不工作，其他访存控制信号取任意值即可。

表 5-6　MCU 产生的控制信号的真值表

指令/访存地址	aluop	访存控制信号		
		dce	dre[3:0]	we[3:0]
非访存指令		0	××××	××××
LB & (daddr[1:0] == 0x00)	1001 0000（0x90）	1	1000	0000
LB & (daddr[1:0] == 0x01)			0100	
LB & (daddr[1:0] == 0x10)			0010	
LB & (daddr[1:0] == 0x11)			0001	
LW	1001 0010（0x92）	1	1111	0000
SB & (daddr[1:0] == 0x00)	1001 1000（0x98）	1	0000	1000
SB & (daddr[1:0] == 0x01)				0100
SB & (daddr[1:0] == 0x10)				0010
SB & (daddr[1:0] == 0x11)				0001
SW	1001 1010（0x9A）	1	0000	1111

根据表 5-6，给出各个访存控制信号的逻辑表达式，如下所示。

```
dce = (aluop == 0x90) + (aluop == 0x92) + (aluop == 0x98) + (aluop == 0x9A)
dre[3] = ((aluop == 0x90) & (daddr[1 : 0] == 0x00)) + (aluop == 0x92)
dre[2] = ((aluop == 0x90) & (daddr[1 : 0] == 0x01)) + (aluop == 0x92)
dre[1] = ((aluop == 0x90) & (daddr[1 : 0] == 0x10)) + (aluop == 0x92)
dre[0] = ((aluop == 0x90) & (daddr[1 : 0] == 0x11)) + (aluop == 0x92)
we[3] = ((aluop == 0x98) & (daddr[1 : 0] == 0x00)) + (aluop == 0x9A)
we[2] = ((aluop == 0x98) & (daddr[1 : 0] == 0x01)) + (aluop == 0x9A)
we[1] = ((aluop == 0x98) & (daddr[1 : 0] == 0x10)) + (aluop == 0x9A)
we[0] = ((aluop == 0x98) & (daddr[1 : 0] == 0x11)) + (aluop == 0x9A)
```

综上所述，根据获得的译码控制单元 DCU 和访存控制单元 MCU 的输出逻辑表达式，我们可以很方便地采用 Verilog HDL 的**数据流建模方式**对其进行描述实现。

5.4 基于 Verilog HDL 的实现与测试

根据图 5-38 所示的 MiniMIPS32 处理器的基本流水线数据通路，我们将其分为两部分：处理器内核和存储器（包括指令存储器 IM 和数据存储器 DM）。在 5.4.1 节中，我们先来完成处理器内核（即基本流水线）的实现，而存储器部分将在 5.4.2 节中再添加。

5.4.1　MiniMIPS32 处理器的基本流水线的 Verilog 实现

在 MiniMIPS32 处理器内核中，基本流水线的每个功能子模块（如流水段等）都可采用一个 Verilog HDL 文件进行实现，然后，通过一个顶层模块，将所有子模块组织起来，构成完整的处理器内核，如表 5-7 所示。相应的 MiniMIPS32 处理器内核的结构如图 5-40 所示。

表 5-7　MiniMIPS32 处理器内核所对应的 Verilog HDL 文件

文 件 名	功 能 描 述	文 件 名	功 能 描 述
if_stage.v	取指模块	hilo.v	HILO 寄存器模块
id_stage.v	译码模块	ifid_reg.v	取指/译码寄存器模块
exe_stage.v	执行模块	idexe_reg.v	译码/执行寄存器模块
mem_stage.v	访存模块	exemem_reg.v	执行/访存寄存器模块
wb_stage.v	写回模块	memwb_reg.v	访存/写回寄存器模块
regfile.v	通用寄存器堆模块	MiniMIPS32.v	处理器内核的顶层模块

除上述用于描述 MiniMIPS32 处理器内核各模块功能的 Verilog HDL 文件外，我们还实现了一个名为"define.v"的头文件，其中定义了在代码编写过程中所用的和处理器内核有关的所有宏定义，如图 5-41 所示。该文件中的宏定义包括全局参数、指令字参数和通用寄存器堆参数，在后续章节中，随着 MiniMIPS32 处理器流水线功能的进一步增强，还会添加更多的宏。

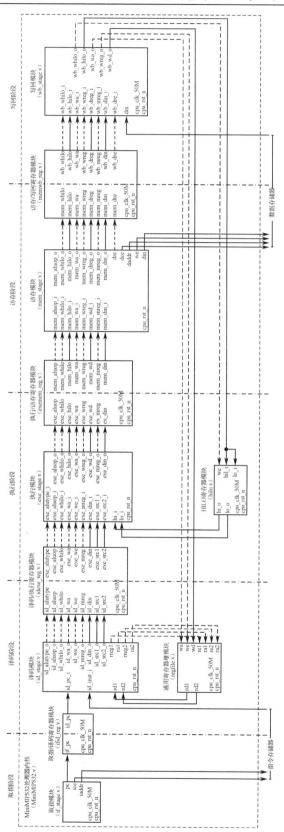

图5-40　MiniMIPS32处理器内核的结构（每个模块上方为该模块对应的Verilog HDL文件）

```
       /*------------------------------------ 全局参数 ------------------------------------*/
01     `define RST_ENABLE          1'b0                    // 复位信号有效 RST_ENABLE
02     `define RST_DISABLE         1'b1                    // 复位信号无效
03     `define ZERO_WORD           32'h00000000            // 32位的数值0
04     `define ZERO_DWORD          64'b0                   // 64位的数值0
05     `define WRITE_ENABLE        1'b1                    // 使能写
06     `define WRITE_DISABLE       1'b0                    // 禁止写
07     `define READ_ENABLE         1'b1                    // 使能读
08     `define READ_DISABLE        1'b0                    // 禁止读
09     `define ALUOP_BUS           7 : 0                   // 内部操作码aluop的宽度
10     `define SHIFT_ENABLE        1'b1                    // 移位指令使能
11     `define ALUTYPE_BUS         2 : 0                   // 操作类型alutype的宽度
12     `define TRUE_V              1'b1                    // 逻辑"真"
13     `define FALSE_V             1'b0                    // 逻辑"假"
14     `define CHIP_ENABLE         1'b1                    // 芯片使能
15     `define CHIP_DISABLE        1'b0                    // 芯片禁止
16     `define WORD_BUS            31 : 0                  // 32位宽
17     `define DOUBLE_REG_BUS      63 : 0                  // 两倍的通用寄存器的数据线宽度
18     `define RT_ENABLE           1'b1                    // rt寄存器选择使能
19     `define SIGNED_EXT          1'b1                    // 符号扩展使能
20     `define IMM_ENABLE          1'b1                    // 立即数选择使能
21     `define UPPER_ENABLE        1'b1                    // 立即数逻辑左移16位位使能
22     `define MREG_ENABLE         1'b1                    // 写回阶段存储器结果选择信号
23     `define BSEL_BUS            3 : 0                   // 数据存储器字节选择信号宽度
24     `define PC_INIT             32'h00000000            // PC初始值
25
26     /*------------------------------------ 指令字参数 ------------------------------------*/
27     `define INST_ADDR_BUS       31 : 0                  // 指令的地址宽度
28     `define INST_BUS            31 : 0                  // 指令的数据宽度
29
30     // 操作类型alutype
31     `define NOP                 3'b000
32     `define ARITH               3'b001
33     `define LOGIC               3'b010
34     `define MOVE                3'b011
35     `define SHIFT               3'b100
36
37     // 内部操作码aluop
38     `define MINIMIPS32_LUI      8'h05
39     `define MINIMIPS32_MFHI     8'h0C
40     `define MINIMIPS32_MFLO     8'h0D
41     `define MINIMIPS32_SLL      8'h11
42     `define MINIMIPS32_MULT     8'h14
43     `define MINIMIPS32_ADD      8'h18
44     `define MINIMIPS32_ADDIU    8'h19
45     `define MINIMIPS32_SUBU     8'h1B
46     `define MINIMIPS32_AND      8'h1C
47     `define MINIMIPS32_ORI      8'h1D
48     `define MINIMIPS32_SLT      8'h26
49     `define MINIMIPS32_SLTIU    8'h27
50     `define MINIMIPS32_LB       8'h90
51     `define MINIMIPS32_LW       8'h92
52     `define MINIMIPS32_SB       8'h98
53     `define MINIMIPS32_SW       8'h9A
54
55     /*------------------------------ 通用寄存器堆参数 ------------------------------*/
56     `define REG_BUS             31 : 0                  // 寄存器数据宽度
57     `define REG_ADDR_BUS        4 : 0                   // 寄存器的地址宽度
58     `define REG_NUM             32                      // 寄存器数量32个
59     `define REG_NOP             5'b00000                // 零号寄存器
```

图 5-41   define.v 文件

下面我们将按照表 5-7，介绍 MiniMIPS32 处理器内核中各子模块的 Verilog HDL 的实现。

1. if_stage.v（取指模块）

取指模块对应 MiniMIPS32 处理器内核中流水线的取指阶段, 其代码如图 5-42 所示。该模块的 I/O 端口如表 5-8 所示。该模块主要用于产生访问指令存储器 IM 的信号, 并在每个时钟周期对 PC 值进行更新。

```verilog
01  module if_stage (
02      input    wire       cpu_clk_50M,
03      input    wire       cpu_rst_n,
04      output   reg        ice,
05      output   reg [`INST_ADDR_BUS]    pc,
06      output   wire [`INST_ADDR_BUS]   iaddr
07      );
08
09      wire [`INST_ADDR_BUS] pc_next;
10      assign pc_next = pc + 4;            // 计算下一条指令的地址
11
12      always @(posedge cpu_clk_50M) begin
13          if (cpu_rst_n == `RST_ENABLE) begin
14              ice <= `CHIP_DISABLE;       // 复位的时候指令存储器禁用
15          end else begin
16              ice <= `CHIP_ENABLE;        // 复位结束后, 指令存储器使能
17          end
18      end
19
20      always @(posedge cpu_clk_50M) begin
21          if (ice == `CHIP_DISABLE)
22          // 指令存储器禁用的时候, PC保持初始值（MiniMIPS32中设置为0x00000000）
23              pc <= `PC_INIT;
24          else begin
25              pc <= pc_next;              // 指令存储器使能后, PC值每时钟周期加4
26          end
27      end
28
29      // 获得访问指令存储器的地址
30      assign iaddr = (ice == `CHIP_DISABLE) ? `PC_INIT : pc;
31
32  endmodule
```

图 5-42　if_stage.v（取指模块）的代码

表 5-8　取指模块的 I/O 端口

端 口 名 称	端 口 方 向	端口宽度/位	端 口 描 述
cpu_clk_50M	输入	1	处理器时钟信号
cpu_rst_n	输入	1	处理器复位信号
ice	输出	1	指令存储器使能信号
pc	输出	32	PC 寄存器的值
iaddr	输出	32	待读取指令的地址

在取指模块的代码中, 第 9、10 行定义了一个中间变量 pc_next, 用于保存 "pc + 4", 因为在 MiniMIPS32 处理器中, 存储器按字节寻址, 并且每条指令字的宽度都是 4 字节, 故每次 PC 值自动加 4, 从而形成下一条指令的地址。第 12~18 行为一个 always 块, 用于生成指令存储器的使能信号 ice。当处理器复位时, 指令存储器禁用; 否则, 指令存储器可用。第 20~27 行也是一个 always 块, 用于在每个时钟周期更新 PC 寄存器的值。在每个时钟上升沿到来时, 如果指令存储器禁用, 则 PC 寄存器

被赋值为初始值；否则，将 pc_next 存入 PC 寄存器。第 30 行表示当指令存储器 IM 可用时，使用当前的 PC 值作为访存地址 iaddr。

2. ifid_reg.v（取指/译码寄存器模块）

该模块对应 MiniMIPS32 处理器内核中位于取指阶段和译码阶段之间的一级流水线寄存器，用于将从取指阶段获得的信号，在时钟上升沿到来时传递给译码阶段，其 Verilog HDL 代码如图 5-43 所示。该模块的 I/O 端口如表 5-9 所示。

```
01  module ifid_reg (
02      input    wire      cpu_clk_50M,
03      input    wire      cpu_rst_n,
04
05      // 来自取指阶段的信息
06      input    wire [`INST_ADDR_BUS]     if_pc,
07
08      // 送至译码阶段的信息
09      output   reg  [`INST_ADDR_BUS]     id_pc
10      );
11
12      always @(posedge cpu_clk_50M) begin
13          if (cpu_rst_n == `RST_ENABLE) begin   // 复位的时候将送至译码阶段的信息清0
14              id_pc <= `ZERO_WORD;
15          end
16          else begin
17              id_pc <= if_pc;                   // 将来自取指阶段的信息寄存并送至译码阶段
18          end
19      end
20
21  endmodule
```

图 5-43   ifid_reg.v（取指/译码寄存器模块）的代码

表 5-9   取指/译码寄存器模块的 I/O 端口

端 口 名 称	端 口 方 向	端口宽度/位	端 口 描 述
cpu_clk_50M	输入	1	处理器时钟信号
cpu_rst_n	输入	1	处理器复位信号
if_pc	输入	1	来自取指阶段的 PC 值
id_pc	输出	32	送至译码阶段的 PC 值（第 5 章暂不使用）

该模块的代码十分简单，第 12～19 行对应的 always 块是一个时序电路，在时钟上升沿到来时将从取指阶段输出的信号送至译码阶段。

此时，大家可能有一个疑问，根据前面章节的流水线设计方案（如图 5-8），取指/译码寄存器应该完成对 PC 值和指令的缓存与传递，但这部分代码只是将 PC 值从取指阶段送到了译码阶段，并没有实现指令的传送。其原因是：在我们的**最终实现**中，指令存储器 IM 将采用 FPGA 内的块存储器 BRAM 构建，但基于 BRAM 只能设计同步存储器，即对存储器的读/写操作都必须受时钟的控制。这样，虽然我们在取指阶段就向指令存储器 IM 发出了访存地址和使能信号，但并不能马上获得相应的指令，而必须等到下一个时钟周期才能得到（也就是说，读指令存储器具有 1 个时钟周期的延迟）。实际上，这就相当于用来缓存指令的那一级寄存器位于指令存储器 IM 的内部。因此，如图 5-40 所示，在最终的实现中，从指令存储器 IM 输出的指令绕过取指/译码寄存器，被直接送到译码阶段。如果仍然将指令送到取指/译码寄存器，则取指阶段将花费 **2 个时钟周期**（第 1 个周期读出指令，第 2 个周期将其送入译码阶段），与设计要求不符，这一点需要大家特别注意。当然，如果指令存储器具有异步读功能，就可以按照之前的设计，将读出的指令通过取指/译码寄存器送至译码阶段。

3．id_stage.v（译码模块）

该模块对应 MiniMIPS32 处理器内核中的译码阶段，完成对指令的译码，并产生相应的译码信息，其 Verilog HDL 代码如图 5-44 所示。该模块的 I/O 端口如表 5-10 所示。

```
01  module id_stage(
02      input       wire                        cpu_rst_n,
03
04      // 从指令存储器读出的指令字
05      input       wire [`INST_BUS]            id_inst_i,
06
07      //从通用寄存器堆读出的数据
08      input       wire [`REG_BUS]             rd1,
09      input       wire [`REG_BUS]             rd2,
10
11      // 送至执行阶段的译码信息
12      output      wire [`ALUTYPE_BUS]         id_alutype_o,
13      output      wire [`ALUOP_BUS]           id_aluop_o,
14      output      wire                        id_whilo_o,
15      output      wire                        id_mreg_o,
16      output      wire [`REG_ADDR_BUS]        id_wa_o,
17      output      wire                        id_wreg_o,
18      output      wire [`REG_BUS]             id_din_o,
19
20      //送至执行阶段的源操作数1、源操作数2
21      output      wire [`REG_BUS]             id_src1_o,
22      output      wire [`REG_BUS]             id_src2_o,
23
24      // 送至读通用寄存器堆端口的使能和地址
25      output      wire                        rreg1,
26      output      wire [`REG_ADDR_BUS]        ra1,
27      output      wire                        rreg2,
28      output      wire [`REG_ADDR_BUS]        ra2
29      );
30
31      // 根据小端模式组织指令字
32      wire [`INST_BUS] id_inst = {id_inst_i[7:0], id_inst_i[15:8], id_inst_i[23:16], id_inst_i[31:24]};
33
34      // 提取指令字中各个字段的信息
35      wire [5 :0] op   = id_inst[31:26];
36      wire [5 :0] func = id_inst[5 : 0];
37      wire [4 :0] rd   = id_inst[15:11];
38      wire [4 :0] rs   = id_inst[25:21];
39      wire [4 :0] rt   = id_inst[20:16];
40      wire [4 :0] sa   = id_inst[10: 6];
41      wire [15:0] imm  = id_inst[15: 0];
42
43      /*------------------·---------- 第一级译码逻辑：确定当前需要译码的指令 ----------------------------*/
44      wire inst_reg = ~|op;
45      wire inst_add  = inst_reg& func[5]&~func[4]&~func[3]&~func[2]&~func[1]&~func[0];
46      wire inst_subu = inst_reg& func[5]&~func[4]&~func[3]&~func[2]& func[1]& func[0];
47      wire inst_slt  = inst_reg& func[5]&~func[4]& func[3]&~func[2]& func[1]&~func[0];
48      wire inst_and  = inst_reg& func[5]&~func[4]&~func[3]& func[2]&~func[1]&~func[0];
49      wire inst_mult = inst_reg&~func[5]& func[4]& func[3]&~func[2]&~func[1]&~func[0];
50      wire inst_mfhi = inst_reg&~func[5]& func[4]&~func[3]&~func[2]&~func[1]&~func[0];
51      wire inst_mflo = inst_reg&~func[5]& func[4]&~func[3]&~func[2]& func[1]&~func[0];
```

图 5-44　id_stage.v（译码模块）的代码

```
52    wire inst_sll  = inst_reg&~func[5]&~func[4]&~func[3]&~func[2]&~func[1]&~func[0];
53    wire inst_ori  =~op[5]&~op[4]& op[3]& op[2]&~op[1]& op[0];
54    wire inst_lui  =~op[5]&~op[4]& op[3]& op[2]& op[1]& op[0];
55    wire inst_addiu=~op[5]&~op[4]& op[3]&~op[2]&~op[1]& op[0];
56    wire inst_sltiu=~op[5]&~op[4]& op[3]&~op[2]& op[1]& op[0];
57    wire inst_lb  = op[5]&~op[4]&~op[3]&~op[2]&~op[1]&~op[0];
58    wire inst_lw  = op[5]&~op[4]&~op[3]&~op[2]& op[1]& op[0];
59    wire inst_sb  = op[5]&~op[4]& op[3]&~op[2]&~op[1]&~op[0];
60    wire inst_sw  = op[5]&~op[4]& op[3]&~op[2]& op[1]& op[0];
61    /*-------------------------------------------------------------------------------------------*/
62
63    /*--------------------------------- 第二级译码逻辑：生成具体控制信号 ---------------------------------*/
64    // 操作类型alutype
65    assign id_alutype_o[2] = (cpu_rst_n == `RST_ENABLE) ? 1'b0 : inst_sll;
66    assign id_alutype_o[1] = (cpu_rst_n == `RST_ENABLE) ? 1'b0 :
67                              (inst_and | inst_mfhi | inst_mflo | inst_ori | inst_lui);
68    assign id_alutype_o[0] = (cpu_rst_n == `RST_ENABLE) ? 1'b0 :
69                              (inst_add | inst_subu | inst_slt | inst_mfhi | inst_mflo |
70                              inst_addiu | inst_sltiu | inst_lb | inst_lw | inst_sb | inst_sw);
71
72    // 内部操作码aluop
73    assign id_aluop_o[7] = (cpu_rst_n == `RST_ENABLE) ? 1'b0 : (inst_lb | inst_lw | inst_sb | inst_sw);
74    assign id_aluop_o[6] = 1'b0;
75    assign id_aluop_o[5] = (cpu_rst_n == `RST_ENABLE) ? 1'b0 : (inst_slt | inst_sltiu);
76    assign id_aluop_o[4] = (cpu_rst_n == `RST_ENABLE) ? 1'b0 :
77                              (inst_add | inst_subu | inst_and | inst_mult | inst_sll |
78                              inst_ori | inst_addiu | inst_lb | inst_lw | inst_sb | inst_sw);
79    assign id_aluop_o[3] = (cpu_rst_n == `RST_ENABLE) ? 1'b0 :
80                              (inst_add | inst_subu | inst_and | inst_mfhi | inst_mflo |
81                              inst_ori | inst_addiu | inst_sb | inst_sw);
82    assign id_aluop_o[2] = (cpu_rst_n == `RST_ENABLE) ? 1'b0 :
83                              (inst_slt | inst_and | inst_mult | inst_mfhi | inst_mflo |
84                              inst_ori | inst_lui | inst_sltiu);
85    assign id_aluop_o[1] = (cpu_rst_n == `RST_ENABLE) ? 1'b0 :
86                              (inst_subu | inst_slt | inst_sltiu | inst_lw | inst_sw);
87    assign id_aluop_o[0] = (cpu_rst_n == `RST_ENABLE) ? 1'b0 :
88                              (inst_subu | inst_mflo | inst_sll |
89                              inst_ori | inst_lui | inst_addiu | inst_sltiu);
90
91    // 写通用寄存器使能信号
92    assign id_wreg_o = (cpu_rst_n == `RST_ENABLE) ? 1'b0 :
93                              (inst_add | inst_subu | inst_slt | inst_and | inst_mfhi | inst_mflo | inst_sll |
94                              inst_ori | inst_lui | inst_addiu | inst_sltiu | inst_lb | inst_lw);
95    // 写HILO寄存器使能信号
96    assign id_whilo_o  = (cpu_rst_n == `RST_ENABLE) ? 1'b0 : inst_mult;
97    // 移位使能指令
98    wire shift = inst_sll;
99    // 立即数使能信号
100   wire immsel = inst_ori | inst_lui | inst_addiu | inst_sltiu | inst_lb | inst_lw | inst_sb | inst_sw;
101   // 目的寄存器选择信号
102   wire rtsel = inst_ori | inst_lui | inst_addiu | inst_sltiu | inst_lb | inst_lw;
103   // 符号扩展使能信号
104   wire sext  = inst_addiu | inst_sltiu | inst_lb | inst_lw | inst_sb | inst_sw;
105   // 加载高半字使能信号
106   wire upper = inst_lui;
107   // 存储器到寄存器使能信号
108   assign id_mreg_o   = (cpu_rst_n == `RST_ENABLE) ? 1'b0 : (inst_lb | inst_lw);
109   // 读通用寄存器堆端口1使能信号
110   assign rreg1 = (cpu_rst_n == `RST_ENABLE) ? 1'b0 :
111                     (inst_add | inst_subu | inst_slt | inst_and | inst_mult |
112                     inst_ori | inst_addiu | inst_sltiu | inst_lb | inst_lw | inst_sb | inst_sw);
```

图 5-44　id_stage.v（译码模块）的代码（续）

```
113    // 读通用寄存器堆读端口2使能信号
114    assign rreg2 = (cpu_rst_n == `RST_ENABLE) ? 1'b0 :
115                  (inst_add | inst_subu | inst_slt | inst_and | inst_mult | inst_sll | inst_sb | inst_sw);
116    /*--------------------------------------------------------------------------------------*/
117
118    // 读通用寄存器堆端口1的地址为rs字段，读端口2的地址为rt字段
119    assign ra1 = (cpu_rst_n == `RST_ENABLE) ? `ZERO_WORD : rs;
120    assign ra2 = (cpu_rst_n == `RST_ENABLE) ? `ZERO_WORD : rt;
121
122    // 获得指令操作所需的立即数
123    wire [31:0] imm_ext = (cpu_rst_n == `RST_ENABLE) ? `ZERO_WORD :
124                          (upper == `UPPER_ENABLE ) ? (imm << 16) :
125                          (sext == `SIGNED_EXT   ) ? {{16{imm[15]}}, imm} : {{16{1'b0}}, imm};
126
127    // 获得待写入目的寄存器的地址（rt或rd）
128    assign id_wa_o = (cpu_rst_n == `RST_ENABLE) ? `ZERO_WORD : (rtsel == `RT_ENABLE   ) ? rt : rd;
129
130    // 获得访存阶段要存入数据存储器的数据（来自通用寄存器堆读数据端口2）
131    assign id_din_o  = (cpu_rst_n == `RST_ENABLE) ? `ZERO_WORD : rd2;
132
133    // 获得源操作数1。如果shift信号有效，则源操作数1为移位位数，否则为从读通用寄存器堆端口1获得的数据
134    assign id_src1_o = (cpu_rst_n == `RST_ENABLE) ? `ZERO_WORD :
135                       (shift == `SHIFT_ENABLE ) ? {27'b0, sa} :
136                       (rreg1 == `READ_ENABLE ) ? rd1 : `ZERO_WORD;
137
138    // 获得源操作数2。如果immsel信号有效，则源操作数1为立即数，否则为从读通用寄存器堆端口2获得的数据
139    assign id_src2_o = (cpu_rst_n == `RST_ENABLE) ? `ZERO_WORD :
140                       (immsel == `IMM_ENABLE ) ? imm_ext :
141                       (rreg2 == `READ_ENABLE ) ? rd2 : `ZERO_WORD;
142
143 endmodule
```

图 5-44　id_stage.v（译码模块）的代码（续）

表 5-10　译码模块的 I/O 端口

端口名称	端口方向	端口宽度/位	端口描述
cpu_rst_n	输入	1	处理器复位信号
id_inst_i	输入	32	从指令存储器读出的指令
rd1	输入	32	从通用寄存器读读端口1读出的数据
rd2	输入	32	从通用寄存器读读端口2读出的数据
id_alutype_o	输出	3	处于译码阶段的指令的操作类型
id_aluop_o	输出	8	处于译码阶段的指令的内部操作码
id_whilo_o	输出	1	处于译码阶段的指令的HILO寄存器写使能信号
id_mreg_o	输出	1	处于译码阶段的指令的存储器到寄存器使能信号
id_wa_o	输出	5	处于译码阶段的指令待写入目的寄存器的地址
id_wreg_o	输出	1	处于译码阶段的指令的通用寄存器堆写使能信号
id_din_o	输出	32	处于译码阶段的指令的待写入数据存储器的数据
id_src1_o	输出	32	处于译码阶段的指令的源操作数1
id_src2_o	输出	32	处于译码阶段的指令的源操作数2
rreg1	输出	1	通用寄存器堆读使能信号1（读端口1）
ra1	输出	5	通用寄存器堆读地址信号1（读端口1）
rreg2	输出	1	通用寄存器堆读使能信号2（读端口2）
ra2	输出	5	通用寄存器堆读地址信号2（读端口2）

　　该模块的第 32 行代码实现从指令存储器 IM 中获取进入译码阶段的指令字。由于 MiniMIPS32 处理器采用**小端字节序**，故指令字的最低有效字节存放在指令存储器 IM 的低地址上。这样，指令字 id_inst_i 中的字节序（最低有效字节在最左侧）与通常习惯的字节序（最低有效字节在最右侧）是相反的。所以，为了便于译码，这行代码对字节序进行重排序，得到具有习惯字节序的指令字 id_inst。

　　第 35～41 行代码分解指令字，获得各类型指令中的各个字段，如 op、func、rs 等。

　　第 44～60 行代码实现图 5-39 所示的译码控制单元 DCU 中的第一级译码逻辑，用于确定 MiniMIPS32 处理器的基本流水线所支持的 16 条指令。其逻辑表达式请参考表 5-2。

　　第 65～115 行代码实现图 5-39 所示的译码控制单元 DCU 中的第二级译码逻辑，用于产生各种译码控制信号，其逻辑表达式请参考表 5-4。

　　第 119、120 行代码用于产生访问通用寄存器堆读端口 1 和读端口 2 的地址。

　　第 123～125 行代码用于产生指令执行所需的立即数。如果加载高半字使能信号有效，则将立即数字段逻辑左移 16 位；否则，如果符号扩展使能信号有效，则对立即数字段进行符号扩展；否则，对立即数字段进行无符号扩展。

　　第 128 行代码根据目的寄存器选择信号 rtsel，确定指令字待写入目的寄存器的地址。

　　第 131 行代码获得访存阶段要存入数据存储器 DM 的数据，它来自通用寄存器堆的读数据端口 2。

　　第 134～136 行代码用于确定处于译码阶段的指令的源操作数 1。如果移位使能信号 shift 有效，则源操作数 1 来自指令字的 sa 字段；否则，如果通用寄存器堆读端口 1 的使能信号有效，则源操作数 1 来自通用寄存器堆的读端口 1。

　　第 139～141 行代码用于确定处于译码阶段的指令的源操作数 2。如果立即数使能信号 immsel 有效，则源操作数 2 来自立即数 imm_ext；否则，如果通用寄存器堆读端口 2 的使能信号有效，则源操作数 2 来自通用寄存器堆的读端口 2。

4．regfile.v（通用寄存器堆模块）

　　该模块对应 MiniMIPS32 处理器内核中的通用寄存器堆，其 Verilog HDL 代码如图 5-45 所示。该模块的 I/O 端口如表 5-11 所示。

```
01   module regfile(
02       input    wire                      cpu_clk_50M,
03       input    wire                      cpu_rst_n,
04
05       // 写端口
06       input    wire [`REG_ADDR_BUS]      wa,
07       input    wire [`REG_BUS      ]     wd,
08       input    wire                      we,
09
10       // 读端口1
11       input    wire [`REG_ADDR_BUS]      ra1,
12       output   reg  [`REG_BUS      ]     rd1,
13       input    wire                      re1,
14
15       // 读端口2
16       input    wire [`REG_ADDR_BUS]      ra2,
17       output   reg  [`REG_BUS      ]     rd2,
18       input    wire                      re2
19       );
20
21       //定义32个32位寄存器
```

图 5-45　regfile.v（通用寄存器堆模块）的代码

```
22      reg [`REG_BUS]        regs[0:`REG_NUM-1];
23
24      always @(posedge cpu_clk_50M) begin
25          if (cpu_rst_n == `RST_ENABLE) begin
26              regs[ 0] <= `ZERO_WORD;
27              regs[ 1] <= `ZERO_WORD;
28              regs[ 2] <= `ZERO_WORD;
29              regs[ 3] <= `ZERO_WORD;
30              regs[ 4] <= `ZERO_WORD;
31              regs[ 5] <= `ZERO_WORD;
32              regs[ 6] <= `ZERO_WORD;
33              regs[ 7] <= `ZERO_WORD;
34              regs[ 8] <= `ZERO_WORD;
35              regs[ 9] <= `ZERO_WORD;
36              regs[10] <= `ZERO_WORD;
37              regs[11] <= `ZERO_WORD;
38              regs[12] <= `ZERO_WORD;
39              regs[13] <= `ZERO_WORD;
40              regs[14] <= `ZERO_WORD;
41              regs[15] <= `ZERO_WORD;
42              regs[16] <= `ZERO_WORD;
43              regs[17] <= `ZERO_WORD;
44              regs[18] <= `ZERO_WORD;
45              regs[19] <= `ZERO_WORD;
46              regs[20] <= `ZERO_WORD;
47              regs[21] <= `ZERO_WORD;
48              regs[22] <= `ZERO_WORD;
49              regs[23] <= `ZERO_WORD;
50              regs[24] <= `ZERO_WORD;
51              regs[25] <= `ZERO_WORD;
52              regs[26] <= `ZERO_WORD;
53              regs[27] <= `ZERO_WORD;
54              regs[28] <= `ZERO_WORD;
55              regs[29] <= `ZERO_WORD;
56              regs[30] <= `ZERO_WORD;
57              regs[31] <= `ZERO_WORD;
58          end
59          else begin
60              if ((we == `WRITE_ENABLE) && (wa != 5'h0))
61                  regs[wa] <= wd;
62          end
63      end
64
65      //读端口1的读操作
66      // ra1是读地址、wa是写地址、we是写使能、wd是要写入的数据
67      always @(*) begin
68          if (cpu_rst_n == `RST_ENABLE)
69              rd1 = `ZERO_WORD;
70          else if (ra1 == `REG_NOP)
71              rd1 = `ZERO_WORD;
72          else if (re1 == `READ_ENABLE)
73              rd1 = regs[ra1];
74          else
75              rd1 = `ZERO_WORD;
76      end
77
78      //读端口2的读操作
79      // ra2是读地址、wa是写地址、we是写使能、wd是要写入的数据
80      always @(*) begin
81          if (cpu_rst_n == `RST_ENABLE)
82              rd2 = `ZERO_WORD;
```

图 5-45　regfile.v（通用寄存器堆模块）的代码（续）

```
83          else if (ra2 == `REG_NOP)
84              rd2 = `ZERO_WORD;
85          else if (re2 == `READ_ENABLE)
86              rd2 = regs[ra2];
87          else
88              rd2 = `ZERO_WORD;
89      end
90
91  endmodule
```

图 5-45　regfile.v（通用寄存器堆模块）的代码（续）

表 5-11　通用寄存器堆模块的 I/O 端口

端 口 名 称	端 口 方 向	端口宽度/位	端 口 描 述
cpu_clk_50M	输入	1	处理器时钟信号
cpu_rst_n	输入	1	处理器复位信号
wa	输入	5	通用寄存器堆的写地址信号
wd	输入	32	待写入通用寄存器堆的数据
we	输入	1	通用寄存器堆的写使能信号
ra1	输入	5	通用寄存器堆的读端口 1 地址信号
re1	输入	1	通用寄存器堆的读端口 1 使能信号
ra2	输入	5	通用寄存器堆的读端口 2 地址信号
re2	输入	1	通用寄存器堆的读端口 2 使能信号
rd1	输出	32	从通用寄存器堆的读端口 1 读出的数据
rd2	输出	32	从通用寄存器堆的读端口 1 读出的数据

该模块的第 22 行代码定义了一个寄存器数组 regs，用于表示 MiniMIPS32 处理器中的通用寄存器堆，由 32 个 32 位寄存器组成。

第 25～58 行代码用于对通用寄存器堆进行初始化，各个通用寄存器的初始值均为 0。

第 60、61 行代码用于实现对通用寄存器的写操作，即将待写入的数据 wd 存入由地址 wa 指定的寄存器中。注意，不能对 0 号寄存器进行写操作，因为此寄存器的值是恒为 0 的。

第 67～89 行代码用于实现对通用寄存器的读操作，分别根据地址 ra1 和 ra2，从通用寄存器堆的读端口 1 和读端口 2 获取相应寄存器中的数据（rd1 和 rd2）。

我们可以注意到，**对通用寄存器堆的读操作采用组合逻辑实现**，这样可以确保在译码阶段即可获得通用寄存器中的值。**对通用寄存器堆的写操作采用时序逻辑实现**，也就是说，写操作要在时钟上升沿到来时才能进行。

5. idexe_reg.v（译码/执行寄存器模块）

该模块对应 MiniMIPS32 处理器内核中位于译码阶段和执行阶段之间的一级流水线寄存器，用于将从译码阶段获得的信号，在时钟上升沿到来时传递给执行阶段，其 Verilog HDL 代码如图 5-46 所示。该模块的 I/O 端口如表 5-12 所示。

```
01  module idexe_reg (
02      input  wire              cpu_clk_50M,
03      input  wire              cpu_rst_n,
04
05      // 来自译码阶段的信息
06      input  wire [`ALUTYPE_BUS ]        id_alutype,
07      input  wire [`ALUOP_BUS   ]        id_aluop,
08      input  wire [`REG_BUS     ]        id_src1,
09      input  wire [`REG_BUS     ]        id_src2,
10      input  wire [`REG_ADDR_BUS ]       id_wa,
11      input  wire                        id_wreg,
12      input  wire                        id_mreg,
13      input  wire [`REG_BUS     ]        id_din,
14      input  wire                        id_whilo,
15
16      // 送至执行阶段的信息
17      output reg  [`ALUTYPE_BUS ]        exe_alutype,
18      output reg  [`ALUOP_BUS   ]        exe_aluop,
19      output reg  [`REG_BUS     ]        exe_src1,
20      output reg  [`REG_BUS     ]        exe_src2,
21      output reg  [`REG_ADDR_BUS ]       exe_wa,
22      output reg                         exe_wreg,
23      output reg                         exe_mreg,
24      output reg  [`REG_BUS     ]        exe_din,
25      output reg                         exe_whilo
26      );
27
28      always @(posedge cpu_clk_50M) begin
29          // 复位的时候将送至执行阶段的信息清0
30          if (cpu_rst_n == `RST_ENABLE) begin
31              exe_alutype  <=       `NOP;
32              exe_aluop    <=       `MINIMIPS32_SLL;
33              exe_src1     <=       `ZERO_WORD;
34              exe_src2     <=       `ZERO_WORD;
35              exe_wa       <=       `REG_NOP;
36              exe_wreg     <=       `WRITE_DISABLE;
37              exe_mreg     <=       `FALSE_V;
38              exe_din      <=       `ZERO_WORD;
39              exe_whilo    <=       `WRITE_DISABLE;
40          end
41          // 将来自译码阶段的信息寄存并送至执行阶段
42          else begin
43              exe_alutype  <=       id_alutype;
44              exe_aluop    <=       id_aluop;
45              exe_src1     <=       id_src1;
46              exe_src2     <=       id_src2;
47              exe_wa       <=       id_wa;
48              exe_wreg     <=       id_wreg;
49              exe_mreg     <=       id_mreg;
50              exe_din      <=       id_din;
51              exe_whilo    <=       id_whilo;
52          end
53      end
54
55  endmodule
```

图 5-46　idexe_reg.v（译码/执行寄存器模块）的代码

表 5-12　译码/执行寄存器模块的 I/O 端口

端 口 名 称	端 口 方 向	端口宽度/位	端 口 描 述
cpu_clk_50M	输入	1	处理器时钟信号
cpu_rst_n	输入	1	处理器复位信号
id_alutype	输入	3	来自译码阶段的操作类型

端 口 名 称	端 口 方 向	端口宽度/位	端 口 描 述
id_aluop	输入	8	来自译码阶段的内部操作码
id_src1	输入	32	来自译码阶段的源操作数 1
id_src2	输入	32	来自译码阶段的源操作数 2
id_wa	输入	5	来自译码阶段的目的寄存器的地址
id_wreg	输入	1	来自译码阶段的目的寄存器写使能信号
id_mreg	输入	1	来自译码阶段的存储器到寄存器使能信号
id_din	输入	32	来自译码阶段的待写入数据存储器中的数据
id_whilo	输入	1	来自译码阶段的 HILO 寄存器写使能信号
exe_alutype	输出	3	送至执行阶段的操作类型
exe_aluop	输出	8	送至执行阶段的内部操作码
exe_src1	输出	32	送至执行阶段的源操作数 1
exe_src2	输出	32	送至执行阶段的源操作数 2
exe_wa	输出	5	送至执行阶段的目的寄存器的地址
exe_wreg	输出	1	送至执行阶段的目的寄存器写使能信号
exe_mreg	输出	1	送至执行阶段的存储器到寄存器使能信号
exe_din	输出	32	送至执行阶段的待写入数据存储器中的数据
exe_whilo	输出	1	送至执行阶段的 HILO 寄存器写使能信号

该部分代码的功能很简单，第 28～53 行对应的 always 块是一个时序电路，在时钟上升沿到来时将从译码阶段获得的信号送至执行阶段。

6. exe_stage.v（执行模块）

该模块对应 MiniMIPS32 处理器内核中的执行阶段，根据译码信息，完成指令所指定的运算操作，并输出最终运算结果，其 Verilog HDL 代码如图 5-47 所示。该模块的 I/O 端口如表 5-13 所示。

```
01  module exe_stage (
02      input    wire                     cpu_rst_n,
03
04      // 从译码阶段获得的信息
05      input    wire [`ALUTYPE_BUS   ]    exe_alutype_i,
06      input    wire [`ALUOP_BUS     ]    exe_aluop_i,
07      input    wire [`REG_BUS       ]    exe_src1_i,
08      input    wire [`REG_BUS       ]    exe_src2_i,
09      input    wire [`REG_ADDR_BUS  ]    exe_wa_i,
10      input    wire                     exe_wreg_i,
11      input    wire                     exe_mreg_i,
12      input    wire [`REG_BUS       ]    exe_din_i,
13      input    wire                     exe_whilo_i,
14
15      // 从HILO寄存器获得的数据
16      input    wire [`REG_BUS       ]    hi_i,
17      input    wire [`REG_BUS       ]    lo_i,
18
19      // 送至执行阶段的信息
20      output   wire [`ALUOP_BUS     ]    exe_aluop_o,
```

图 5-47   exe_stage.v（译码模块）的代码

```verilog
21      output    wire [`REG_ADDR_BUS ]         exe_wa_o,
22      output    wire                          exe_wreg_o,
23      output    wire [`REG_BUS      ]         exe_wd_o,
24      output    wire                          exe_mreg_o,
25      output    wire [`REG_BUS      ]         exe_din_o,
26      output    wire                          exe_whilo_o,
27      output    wire [`DOUBLE_REG_BUS]        exe_hilo_o
28      );
29
30      // 直接传到下一阶段
31      assign exe_aluop_o  = (cpu_rst_n == `RST_ENABLE) ? 8'b0 : exe_aluop_i;
32      assign exe_mreg_o   = (cpu_rst_n == `RST_ENABLE) ? 1'b0 : exe_mreg_i;
33      assign exe_din_o    = (cpu_rst_n == `RST_ENABLE) ? 32'b0 : exe_din_i;
34      assign exe_whilo_o  = (cpu_rst_n == `RST_ENABLE) ? 1'b0 : exe_whilo_i;
35
36      wire      [`REG_BUS       ]        logicres;      // 保存逻辑运算的结果
37      wire      [`REG_BUS       ]        shiftres;      // 保存移位运算结果
38      wire      [`REG_BUS       ]        moveres;       // 保存移动操作的结果
39      wire      [`REG_BUS       ]        hi_t;          // 保存HI寄存器的最新值
40      wire      [`REG_BUS       ]        lo_t;          // 保存LO寄存器的最新值
41      wire      [`REG_BUS       ]        arithres;      // 保存算术操作的结果
42      wire      [`REG_BUS       ]        memres;        // 保存访存操作地址
43      wire      [`DOUBLE_REG_BUS]        mulres;        // 保存乘法操作的结果
44
45      // 根据内部操作码aluop进行逻辑运算
46      assign logicres = (cpu_rst_n == `RST_ENABLE) ? `ZERO_WORD :
47                        (exe_aluop_i == `MINIMIPS32_AND ) ? (exe_src1_i & exe_src2_i) :
48                        (exe_aluop_i == `MINIMIPS32_ORI ) ? (exe_src1_i | exe_src2_i) :
49                        (exe_aluop_i == `MINIMIPS32_LUI ) ? exe_src2_i : `ZERO_WORD;
50
51      // 根据内部操作码aluop进行移位运算
52      assign shiftres = (cpu_rst_n == `RST_ENABLE) ? `ZERO_WORD :
53                        (exe_aluop_i == `MINIMIPS32_SLL ) ? (exe_src2_i << exe_src1_i) : `ZERO_WORD;
54
55      // 根据内部操作码aluop进行数据移动，得到最新的HI、LO寄存器的值
56      assign hi_t = (cpu_rst_n == `RST_ENABLE) ? `ZERO_WORD : hi_i;
57      assign lo_t = (cpu_rst_n == `RST_ENABLE) ? `ZERO_WORD : lo_i;
58      assign moveres = (cpu_rst_n == `RST_ENABLE) ? `ZERO_WORD :
59                        (exe_aluop_i == `MINIMIPS32_MFHI) ? hi_t :
60                        (exe_aluop_i == `MINIMIPS32_MFLO) ? lo_t : `ZERO_WORD;
61
62      // 根据内部操作码aluop进行算术运算
63      assign arithres = (cpu_rst_n == `RST_ENABLE) ? `ZERO_WORD :
64                        (exe_aluop_i == `MINIMIPS32_ADD ) ? (exe_src1_i + exe_src2_i) :
65                        (exe_aluop_i == `MINIMIPS32_LB  ) ? (exe_src1_i + exe_src2_i) :
66                        (exe_aluop_i == `MINIMIPS32_LW  ) ? (exe_src1_i + exe_src2_i) :
67                        (exe_aluop_i == `MINIMIPS32_SB  ) ? (exe_src1_i + exe_src2_i) :
68                        (exe_aluop_i == `MINIMIPS32_SW  ) ? (exe_src1_i + exe_src2_i) :
69                        (exe_aluop_i == `MINIMIPS32_ADDIU) ? (exe_src1_i + exe_src2_i) :
70                        (exe_aluop_i == `MINIMIPS32_SUBU ) ? (exe_src1_i + (~exe_src2_i) + 1) :
71                        (exe_aluop_i == `MINIMIPS32_SLT ) ? (($signed(exe_src1_i) < $signed(exe_src2_i)) ? 32'b1 : 32'b0) :
72                        (exe_aluop_i == `MINIMIPS32_SLTIU) ? ((exe_src1_i < exe_src2_i) ? 32'b1 : 32'b0) : `ZERO_WORD;
73
74      // 根据内部操作码aluop进行乘法运算，并保存送至下一阶段
75      assign mulres = ($signed(exe_src1_i) * $signed(exe_src2_i));
76      assign exe_hilo_o = (cpu_rst_n == `RST_ENABLE) ? `ZERO_DWORD :
77                        (exe_aluop_i == `MINIMIPS32_MULT) ? mulres : `ZERO_DWORD;
78
79      assign exe_wa_o = (cpu_rst_n  == `RST_ENABLE ) ? 5'b0 : exe_wa_i;
80      assign exe_wreg_o = (cpu_rst_n  == `RST_ENABLE ) ? 1'b0 : exe_wreg_i;
81
```

图 5-47　exe_stage.v（译码模块）的代码（续）

```
82        // 根据操作类型alutype确定执行阶段最终的运算结果
83        // 运算结果既可能是待写入目的寄存器的数据，也可能是访问数据存储器的地址
84        assign exe_wd_o = (cpu_rst_n  == `RST_ENABLE ) ? `ZERO_WORD :
85                          (exe_alutype_i == `LOGIC  ) ? logicres :
86                          (exe_alutype_i == `SHIFT  ) ? shiftres :
87                          (exe_alutype_i == `MOVE   ) ? moveres  :
88                          (exe_alutype_i == `ARITH  ) ? arithres : `ZERO_WORD;
89
90  endmodule
```

图 5-47　exe_stage.v（译码模块）的代码（续）

表 5-13　执行模块的 I/O 端口

端口名称	端口方向	端口宽度/位	端口描述
cpu_rst_n	输入	1	处理器复位信号
exe_alutype_i	输入	3	处于执行阶段的指令的操作类型
exe_aluop_i	输入	8	处于执行阶段的指令的内部操作码
exe_src1_i	输入	32	处于执行阶段的指令的源操作数 1
exe_src2_i	输入	32	处于执行阶段的指令的源操作数 2
exe_wa_i	输入	5	处于执行阶段的指令的目的寄存器的地址
exe_wreg_i	输入	1	处于执行阶段的指令的目的寄存器写使能信号
exe_mreg_i	输入	1	处于执行阶段的指令的存储器到寄存器使能信号
exe_din_i	输入	32	处于执行阶段的指令的待写入数据存储器中的数据
exe_whilo_i	输入	1	处于执行阶段的指令的 HILO 寄存器写使能信号
hi_i	输入	32	来自 HILO 寄存器的 HI 的值
lo_i	输入	32	来自 HILO 寄存器的 LO 的值
exe_aluop_o	输出	8	处于执行阶段的指令的内部操作码
exe_wa_o	输出	5	处于执行阶段的指令的目的寄存器的地址
exe_wd_o	输出	32	处于执行阶段的指令的待写入目的寄存器的数据（或访存地址）
exe_wreg_o	输出	1	处于执行阶段的指令的目的寄存器写使能信号
exe_mreg_o	输出	1	处于执行阶段的指令的存储器到寄存器使能信号
exe_din_o	输出	32	处于执行阶段的指令的待写入数据存储器中的数据
exe_whilo_o	输出	1	处于执行阶段的指令的 HILO 寄存器写使能信号
exe_hilo_o	输出	64	处于执行阶段的指令的待写入 HILO 寄存器的数据

该模块中的第 32～34 行代码将从译码阶段传递来的信息直接送到下一个阶段。

第 36～43 行代码根据操作类型，如逻辑运算、移位运算、算术运算、乘法运算等，定义了若干用于保存运算结果的中间变量。

第 45～49 行代码根据译码阶段传递来的内部操作码 exe_aluop_i，完成逻辑运算，其结果保存到变量 logicres 中。

第 52、53 行代码根据译码阶段传递来的内部操作码 exe_aluop_i，完成移位运算，其结果保存到变量 shiftres 中。

第 56～60 行代码首先获得 HILO 寄存器中的值，然后，根据译码阶段传递来的内部操作码 exe_aluop_i，完成数据移动操作，其结果保存到变量 moveres 中。

第 63～72 行代码根据译码阶段传递来的内部操作码 exe_aluop_i，完成算术运算，其结果保存到

变量 arithres 中。注意，对访存指令而言，其访存地址的运算本质上就是加法运算，因此，运算结果也保存到变量 arithres 中。补码的加/减法运算规则可参考 4.3.2 节。

第 75～77 行代码完成有符号的乘法运算，其运算结果为 64 位，从而被保存到 exe_hilo_o 中，作为待写入 HILO 寄存器的数据。

第 79、80 行代码将从译码阶段传递来的待写入目的通用寄存器的地址和写使能信号，直接送到流水线的下一级。

第 84～88 行代码根据从译码阶段传递来的操作类型 exe_alutype_i，决定执行阶段的最终运算结果，这个结果将作为最终写入目的通用寄存器的数据。

7. hilo.v（HILO 寄存器模块）

该模块对应 MiniMIPS32 处理器内核中的 HILO 寄存器，其 Verilog HDL 代码如图 5-48 所示。该模块的 I/O 端口如表 5-14 所示。

```
01  module hilo (
02      Input    wire              cpu_clk_50M,
03      Input    wire              cpu_rst_n,
04
05      // 写端口
06      input    wire              we,
07      input    wire [`REG_BUS]   hi_i,
08      input    wire [`REG_BUS]   lo_i,
09
10      // 读端口
11      output   reg [`REG_BUS]    hi_o,
12      output   reg [`REG_BUS]    lo_o
13      );
14
15      always @(posedge cpu_clk_50M) begin
16          if (cpu_rst_n == `RST_ENABLE) begin
17              hi_o <= `ZERO_WORD;
18              lo_o <= `ZERO_WORD;
19          end
20          else if (we == `WRITE_ENABLE)begin
21              hi_o <= hi_i;        // 将乘法结果mulres的前32位给HI寄存器
22              lo_o <= lo_i;        // 将乘法结果mulres的后32位给IO寄存器
23          end
24      end
25
26  endmodule
```

图 5-48　hilo.v（HILO 寄存器模块）的代码

表 5-14　HILO 寄存器模块的输入/输出端口

端 口 名 称	端 口 方 向	端口宽度/位	端 口 描 述
cpu_clk_50M	输入	1	处理器时钟信号
cpu_rst_n	输入	1	处理器复位信号
hi_i	输入	32	待写入 HI 中的数据
lo_i	输入	32	待写入 LO 中的数据
we	输入	1	HILO 寄存器的写使能信号
hi_o	输出	32	从 HI 中读出的数据
lo_o	输出	32	从 LO 中读出的数据

该模块的代码很简单，在非复位状态下，如果写使能信号 we 有效，则在时钟上升沿将输入 hi_i 和 lo_i 写入 HILO 寄存器，并通过 hi_o 和 lo_o 输出。

8. exemem_reg.v（执行/访存寄存器模块）

该模块对应 MiniMIPS32 处理器内核中位于执行阶段和访存阶段之间的一级流水线寄存器，用于将从执行阶段获得的信号，在时钟上升沿到来时传递给访存阶段，其 Verilog HDL 代码如图 5-49 所示。该模块的 I/O 端口如表 5-15 所示。

```
01  module exemem_reg (
02      input     wire                        cpu_clk_50M,
03      input     wire                        cpu_rst_n,
04
05      // 来自执行阶段的信息
06      input     wire [`ALUOP_BUS   ]        exe_aluop,
07      input     wire [`REG_ADDR_BUS]        exe_wa,
08      input     wire                        exe_wreg,
09      input     wire [`REG_BUS      ]        exe_wd,
10      input     wire                        exe_mreg,
11      input     wire [`REG_BUS      ]        exe_din,
12      input     wire                        exe_whilo,
13      input     wire [`DOUBLE_REG_BUS]      exe_hilo,
14
15      // 送到访存阶段的信息
16      output    reg [`ALUOP_BUS   ]         mem_aluop,
17      output    reg [`REG_ADDR_BUS]         mem_wa,
18      output    reg                         mem_wreg,
19      output    reg [`REG_BUS      ]         mem_wd,
20      output    reg                         mem_mreg,
21      output    reg [`REG_BUS      ]         mem_din,
22      output    reg                         mem_whilo,
23      output    reg [`DOUBLE_REG_BUS]       mem_hilo
24      );
25
26      always @(posedge cpu_clk_50M) begin
27        if (cpu_rst_n == `RST_ENABLE) begin
28            mem_aluop   <=        `MINIMIPS32_SLL;
29            mem_wa      <=        `REG_NOP;
30            mem_wreg    <=        `WRITE_DISABLE;
31            mem_wd      <=        `ZERO_WORD;
32            mem_mreg    <=        `WRITE_DISABLE;
33            mem_din     <=        `ZERO_WORD;
34            mem_whilo   <=        `WRITE_DISABLE;
35            mem_hilo    <=        `ZERO_DWORD;
36        end
37        else begin
38            mem_aluop   <=        exe_aluop;
39            mem_wa      <=        exe_wa;
40            mem_wreg    <=        exe_wreg;
41            mem_wd      <=        exe_wd;
42            mem_mreg    <=        exe_mreg;
43            mem_din     <=        exe_din;
44            mem_whilo   <=        exe_whilo;
45            mem_hilo    <=        exe_hilo;
46        end
47      end
48
49  endmodule
```

图 5-49　exemem_reg.v（执行/访存寄存器模块）的代码

表 5-15　执行/访存寄存器模块的 I/O 端口

端口名称	端口方向	端口宽度/位	端口描述
cpu_clk_50M	输入	1	处理器时钟信号
cpu_rst_n	输入	1	处理器复位信号
exe_aluop	输入	8	来自执行阶段的内部操作码
exe_wa	输入	5	来自执行阶段的目的寄存器的地址
exe_wreg	输入	1	来自执行阶段的目的寄存器写使能信号
exe_wd	输入	32	来自执行阶段的待写入目的寄存器的数据（或访存地址）
exe_mreg	输入	1	来自执行阶段的存储器到寄存器使能信号
exe_din	输入	32	来自执行阶段的待写入数据存储器中的数据
exe_whilo	输入	1	来自执行阶段的 HILO 寄存器写使能信号
exe_hilo	输入	64	来自执行阶段的待写入 HILO 寄存器的数据
mem_aluop	输出	8	送至访存阶段的内部操作码
mem_wa	输出	5	送至访存阶段的目的寄存器的地址
mem_wreg	输出	1	送至访存阶段的目的寄存器写使能信号
mem_wd	输出	32	送至访存阶段的待写入目的寄存器的数据（或访存地址）
mem_mreg	输出	1	送至访存阶段的存储器到寄存器使能信号
mem_din	输出	32	送至访存阶段的待写入数据存储器中的数据
mem_whilo	输出	1	送至访存阶段的 HILO 寄存器写使能信号
mem_hilo	输出	64	送至访存阶段的待写入 HILO 寄存器的数据

该部分代码的功能很简单，第 26~47 行对应的 always 块是一个时序电路，在时钟上升沿到来时将从执行阶段获得的信号送至访存阶段。

9. mem_stage.v（访存模块）

该模块对应 MiniMIPS32 处理器内核中的访存阶段。对于访存指令，该阶段完成对数据存储器的加载和存储操作；对于非访存指令，该阶段只需将从执行阶段得到的信息直接传递给下一级即可。其 Verilog HDL 代码如图 5-50 所示。该模块的 I/O 端口如表 5-16 所示。

```
01  module mem_stage (
02      input     wire                        cpu_rst_n,
03
04      // 从执行阶段获得的信息
05      input     wire [`ALUOP_BUS     ]       mem_aluop_i,
06      input     wire [`REG_ADDR_BUS ]       mem_wa_i,
07      input     wire                        mem_wreg_i,
08      input     wire [`REG_BUS        ]       mem_wd_i,
09      input     wire                        mem_mreg_i,
10      input     wire [`REG_BUS     ]       mem_din_i,
11      input     wire                        mem_whilo_i,
12      input     wire [`DOUBLE_REG_BUS]       mem_hilo_i,
13
14      // 送至写回阶段的信息
15      output    wire [`REG_ADDR_BUS ]       mem_wa_o,
16      output    wire                        mem_wreg_o,
17      output    wire [`REG_BUS     ]       mem_dreg_o,
```

图 5-50　mem_stage.v（访存模块）的代码

```
18      output    wire                         mem_mreg_o,
19      output    wire [`BSEL_BUS     ]        dre,
20      output    wire                         mem_whilo_o,
21      output    wire [`DOUBLE_REG_BUS]       mem_hilo_o,
22
23      // 送至数据存储器的信号
24      output    wire                         dce,
25      output    wire [`INST_ADDR_BUS ]       daddr,
26      output    wire [`BSEL_BUS     ]        we,
27      output    wire [`REG_BUS      ]        din
28      );
29
30      // 如果当前不是访存指令，则只需要把从执行阶段获得的信息直接输出
31      assign mem_wa_o   = (cpu_rst_n == `RST_ENABLE) ? 5'b0 : mem_wa_i;
32      assign mem_wreg_o = (cpu_rst_n == `RST_ENABLE) ? 1'b0 : mem_wreg_i;
33      assign mem_dreg_o = (cpu_rst_n == `RST_ENABLE) ? 1'b0 : mem_wd_i;
34      assign mem_whilo_o = (cpu_rst_n == `RST_ENABLE) ? 1'b0 : mem_whilo_i;
35      assign mem_hilo_o  = (cpu_rst_n == `RST_ENABLE) ? 64'b0 : mem_hilo_i;
36      assign mem_mreg_o = (cpu_rst_n == `RST_ENABLE) ? 1'b0 : mem_mreg_i;
37
38      // 确定当前的访存指令
39      wire inst_lb = (mem_aluop_i == 8'h90);
40      wire inst_lw = (mem_aluop_i == 8'h92);
41      wire inst_sb = (mem_aluop_i == 8'h98);
42      wire inst_sw = (mem_aluop_i == 8'h9A);
43
44      // 获得数据存储器的访问地址
45      assign daddr = (cpu_rst_n == `RST_ENABLE) ? `ZERO_WORD : mem_wd_i;
46
47      // 获得数据存储器读字节使能信号
48      assign dre[3] = (cpu_rst_n == `RST_ENABLE) ? 1'b0 :
49                      ((inst_lb & (daddr[1 : 0] == 2'b00)) | inst_lw);
50      assign dre[2] = (cpu_rst_n == `RST_ENABLE) ? 1'b0 :
51                      ((inst_lb & (daddr[1 : 0] == 2'b01)) | inst_lw);
52      assign dre[1] = (cpu_rst_n == `RST_ENABLE) ? 1'b0 :
53                      ((inst_lb & (daddr[1 : 0] == 2'b10)) | inst_lw);
54      assign dre[0] = (cpu_rst_n == `RST_ENABLE) ? 1'b0 :
55                      ((inst_lb & (daddr[1 : 0] == 2'b11)) | inst_lw);
56
57      // 获得数据存储器使能信号
58      assign dce  = (cpu_rst_n == `RST_ENABLE) ? 1'b0 :
59                    (inst_lb | inst_lw | inst_sb | inst_sw);
60
61      // 获得数据存储器写字节使能信号
62      assign we[3] = (cpu_rst_n == `RST_ENABLE) ? 1'b0 :
63                     ((inst_sb & (daddr[1 : 0] == 2'b00)) | inst_sw);
64      assign we[2] = (cpu_rst_n == `RST_ENABLE) ? 1'b0 :
65                     ((inst_sb & (daddr[1 : 0] == 2'b01)) | inst_sw);
66      assign we[1] = (cpu_rst_n == `RST_ENABLE) ? 1'b0 :
67                     ((inst_sb & (daddr[1 : 0] == 2'b10)) | inst_sw);
68      assign we[0] = (cpu_rst_n == `RST_ENABLE) ? 1'b0 :
69                     ((inst_sb & (daddr[1 : 0] == 2'b11)) | inst_sw);
70
71      // 确定待写入数据存储器的数据
72      wire [`WORD_BUS] din_reverse = {mem_din_i[7:0], mem_din_i[15:8], mem_din_i[23:16], mem_din_i[31:24]};
73      wire [`WORD_BUS] din_byte    = {mem_din_i[7:0], mem_din_i[7:0], mem_din_i[7:0], mem_din_i[7:0]};
74      assign din = (cpu_rst_n == `RST_ENABLE) ? `ZERO_WORD :
75                   (we == 4'b1111          ) ? din_reverse :
76                   (we == 4'b1000          ) ? din_byte :
77                   (we == 4'b0100          ) ? din_byte :
78                   (we == 4'b0010          ) ? din_byte :
79                   (we == 4'b0001          ) ? din_byte : `ZERO_WORD;
80
81      endmodule
```

图 5-50 mem_stage.v（访存模块）的代码（续）

表 5-16　访存模块的 I/O 端口

端口名称	端口方向	端口宽度/位	端口描述
cpu_rst_n	输入	1	处理器复位信号
mem_aluop_i	输入	8	处于访存阶段的指令的内部操作码
mem_wa_i	输入	5	处于访存阶段的指令的目的寄存器的地址
mem_wreg_i	输入	1	处于访存阶段的指令的目的寄存器写使能信号
mem_wd_i	输入	32	处于访存阶段的指令的待写入目的寄存器的数据（或访存地址）
mem_mreg_i	输入	1	处于访存阶段的指令的存储器到寄存器使能信号
mem_din_i	输入	32	处于访存阶段的指令的待写入数据存储器中的数据
mem_whilo_i	输入	1	处于访存阶段的指令的 HILO 寄存器写使能信号
mem_hilo_i	输入	64	处于访存阶段的指令的待写入 HILO 寄存器的数据
mem_wa_o	输出	5	处于访存阶段的指令的目的寄存器的地址
mem_wreg_o	输出	1	处于访存阶段的指令的目的寄存器写使能信号
mem_dreg_o	输出	32	处于访存阶段的指令的待写入目的寄存器的数据
mem_mreg_o	输出	1	处于访存阶段的指令的存储器到寄存器使能信号
dre	输出	4	数据存储器 DM 的读字节使能信号
mem_whilo_o	输出	1	处于访存阶段的指令的 HILO 寄存器写使能信号
mem_hilo_o	输出	64	处于访存阶段的指令的待写入 HILO 寄存器的数据
dce	输出	1	数据存储器 DM 的使能信号
daddr	输出	32	数据存储器 DM 的访存地址
we	输出	4	数据存储器 DM 的写字节使能信号
din	输出	32	写入数据存储器 DM 的数据

　　该模块的第 31～36 行代码表示，对于非访存指令，只需将从执行阶段得到的信息沿流水线继续往下一级传递即可。注意，此时 mem_wd_i 表示该指令最终要写入目的寄存器的数据。

　　第 39～42 行代码用于标记当前处于访存阶段的指令是否为访存指令。

　　第 45 行代码用于生成数据存储器 DM 的访存地址 daddr。

　　第 48～55 行代码用于生成加载指令所需的读字节使能信号 dre，其每位信号的逻辑表达式请参照表 5-6 对于访存控制单元 MCU 的设计。

　　第 58、59 行代码用于产生数据存储器的使能信号 dce。

　　第 62～69 行代码用于生成存储指令所需的写字节使能信号 we，其每位信号的逻辑表达式请参照表 5-6 对于访存控制单元 MCU 的设计。

　　第 72、73 行代码用于准备待写入数据存储器 DM 中的数据，其中 din_reverse 用于指令 sw，而 din_byte 用于指令 sb。对 sw 而言，由于 MiniMIPS32 处理器采用小端字节序，故应当把待写入的数据 mem_din_i 的字节序颠倒，以确保其最低有效字节存储在低地址上。对 sb 而言，由于待写入的数据来自 mem_din_i 最低字节，故将该字节复制到待写入数据 din_byte 的其余位置，然后，根据写字节使能信号 we 来决定将该字节写入数据存储器 DM 的哪个地址上。

　　第 74～79 行代码根据写字节使能信号，确定待写入数据存储器 DM 的数据 din。

10. memwb_reg（访存/写回寄存器模块）

该模块对应 MiniMIPS32 处理器内核中位于访存阶段和写回阶段之间的一级流水线寄存器，用于将从访存阶段获得的信号，在时钟上升沿到来时传递给写回阶段，其 Verilog HDL 代码如图 5-51 所示。该模块的 I/O 端口如表 5-17 所示。

```verilog
01  module memwb_reg (
02      input    wire                       cpu_clk_50M,
03      input    wire                       cpu_rst_n,
04
05      // 来自访存阶段的信息
06      input    wire [`REG_ADDR_BUS ]      mem_wa,
07      input    wire                       mem_wreg,
08      input    wire [`REG_BUS     ]       mem_dreg,
09      input    wire                       mem_mreg,
10      input    wire [`BSEL_BUS    ]       mem_dre,
11      input    wire                       mem_whilo,
12      input    wire [`DOUBLE_REG_BUS]     mem_hilo,
13
14      // 送至写回阶段的信息
15      output   reg [`REG_ADDR_BUS ]       wb_wa,
16      output   reg                        wb_wreg,
17      output   reg [`REG_BUS     ]        wb_dreg,
18      output   reg                        wb_mreg,
19      output   reg [`BSEL_BUS    ]        wb_dre,
20      output   reg                        wb_whilo,
21      output   reg [`DOUBLE_REG_BUS]      wb_hilo
22      );
23
24      always @(posedge cpu_clk_50M) begin
25          // 复位的时候将送至写回阶段的信息清0
26          if (cpu_rst_n == `RST_ENABLE) begin
27              wb_wa      <=      `REG_NOP;
28              wb_wreg    <=      `WRITE_DISABLE;
29              wb_dreg    <=      `ZERO_WORD;
30              wb_dre     <=      4'b0;
31              wb_mreg    <=      `WRITE_DISABLE;
32              wb_whilo   <=      `WRITE_DISABLE;
33              wb_hilo    <=      `ZERO_DWORD;
34          end
35          // 将来自访存阶段的信息寄存并送至写回阶段
36          else begin
37              wb_wa      <=      mem_wa;
38              wb_wreg    <=      mem_wreg;
39              wb_dreg    <=      mem_dreg;
40              wb_dre     <=      mem_dre;
41              wb_mreg    <=      mem_mreg;
42              wb_whilo   <=      mem_whilo;
43              wb_hilo    <=      mem_hilo;
44          end
45      end
46
47  endmodule
```

图 5-51　memwb_reg.v（访存/写回寄存器模块）的代码

表 5-17 访存/写回寄存器模块的 I/O 端口

端 口 名 称	端 口 方 向	端口宽度/位	端 口 描 述
cpu_clk_50M	输入	1	处理器时钟信号
cpu_rst_n	输入	1	处理器复位信号
mem_wa	输入	5	来自访存阶段的目的寄存器的地址
mem_wreg	输入	1	来自访存阶段的目的寄存器写使能信号
mem_dreg	输入	32	来自访存阶段的待写入目的寄存器的数据
mem_mreg	输入	1	来自访存阶段的存储器到寄存器使能信号
mem_dre	输入	4	来自访存阶段的数据存储器的读字节使能信号
mem_whilo	输入	1	来自访存阶段的 HILO 寄存器写使能信号
mem_hilo	输入	64	来自访存阶段的待写入 HILO 寄存器的数据
wb_wa	输出	5	送至写回阶段的目的寄存器的地址
wb_wreg	输出	1	送至写回阶段的目的寄存器写使能信号
wb_dreg	输出	32	送至写回阶段的待写入目的寄存器的数据
wb_mreg	输出	1	送至写回阶段的存储器到寄存器使能信号
wb_dre	输出	4	送至写回阶段的数据存储器的读字节使能信号
wb_whilo	输出	1	送至写回阶段的 HILO 寄存器写使能信号
wb_hilo	输出	64	送至写回阶段的待写入 HILO 寄存器的数据

该部分代码的功能很简单,第 24～45 行对应的 always 块是一个时序电路,在时钟上升沿到来时将从访存阶段获得的信号送到写回阶段。此外,需要特别注意一点,和指令存储器 IM 一样,数据存储器 DM 采用 FPGA 内部的块存储器 BRAM 构建,因此,对数据存储器 DM 的读操作也是同步的。也就是说,**数据存储器 DM 在接收到访存地址后,必须等到下一个时钟上升沿才能读出数据,故对加载指令而言,并不能在当前访存周期得到数据。所以,从数据存储器 DM 中读出的数据将绕过访存/写回寄存器,被直接送到写回阶段。**

11. wb_stage.v(写回模块)

该模块对应 MiniMIPS32 处理器内核中的写回阶段,完成向通用寄存器堆和 HILO 寄存器回传相关信号。此外,对于加载指令,该阶段需要从数据存储器 DM 中读出的数据中选择对应的字节。其 Verilog HDL 代码如图 5-52 所示。该模块的 I/O 端口如表 5-18 所示。

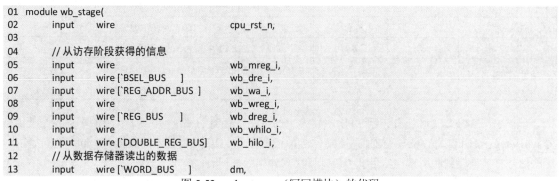

```
01  module wb_stage(
02      input   wire                        cpu_rst_n,
03
04      // 从访存阶段获得的信息
05      input   wire                        wb_mreg_i,
06      input   wire [`BSEL_BUS     ]        wb_dre_i,
07      input   wire [`REG_ADDR_BUS ]        wb_wa_i,
08      input   wire                        wb_wreg_i,
09      input   wire [`REG_BUS      ]        wb_dreg_i,
10      input   wire                        wb_whilo_i,
11      input   wire [`DOUBLE_REG_BUS]       wb_hilo_i,
12      // 从数据存储器读出的数据
13      input   wire [`WORD_BUS     ]        dm,
```

图 5-52 wb_stage.v(写回模块)的代码

```
14
15      // 写回目的寄存器的数据
16      output   wire [`REG_ADDR_BUS ]        wb_wa_o,
17      output   wire                         wb_wreg_o,
18      output   wire [`WORD_BUS     ]        wb_wd_o,
19      output   wire                         wb_whilo_o,
20      output   wire [`DOUBLE_REG_BUS]       wb_hilo_o
21      );
22
23      // 传至通用寄存器堆和HILO寄存器的信号
24      assign wb_wa_o     = (cpu_rst_n == `RST_ENABLE) ? 5'b0 : wb_wa_i;
25      assign wb_wreg_o   = (cpu_rst_n == `RST_ENABLE) ? 1'b0 : wb_wreg_i;
26      assign wb_whilo_o  = (cpu_rst_n == `RST_ENABLE) ? 1'b0 : wb_whilo_i;
27      assign wb_hilo_o   = (cpu_rst_n == `RST_ENABLE) ? 64'b0 : wb_hilo_i;
28
29      // 根据读字节使能信号，从数据存储器读出的数据中选择对应的字节
30      wire [`WORD_BUS] data = (cpu_rst_n == `RST_ENABLE) ? `ZERO_WORD :
31                             (wb_dre_i == 4'b1111   ) ? {dm[7:0], dm[15:8], dm[23:16], dm[31:24]} :
32                             (wb_dre_i == 4'b1000   ) ? {{24{dm[31]}}, dm[31:24]} :
33                             (wb_dre_i == 4'b0100   ) ? {{24{dm[23]}}, dm[23:16]} :
34                             (wb_dre_i == 4'b0010   ) ? {{24{dm[15]}}, dm[15:8] } :
35                             (wb_dre_i == 4'b0001   ) ? {{24{dm[7 ]}}, dm[7 :0] } : `ZERO_WORD;
36
37      // 根据存储器到寄存器使能信号mreg，选择最终待写入通用寄存器的数据
38      assign wb_wd_o = (cpu_rst_n == `RST_ENABLE ) ? `ZERO_WORD :
39                      (wb_mreg_i == `MREG_ENABLE) ? data : wb_dreg_i;
40
41   endmodule
```

图 5-52　wb_stage.v（写回模块）的代码（续）

表 5-18　写回模块的 I/O 端口

端 口 名 称	端 口 方 向	端口宽度/位	端 口 描 述
cpu_rst_n	输入	1	处理器复位信号
wb_wa_i	输入	5	处于写回阶段的指令的目的寄存器的地址
wb_wreg_i	输入	1	处于写回阶段的指令的目的寄存器写使能信号
wb_dreg_i	输入	32	处于写回阶段的指令的待写入目的寄存器的数据
wb_mreg_i	输入	1	处于写回阶段的指令的存储器到寄存器使能信号
wb_dre_i	输入	4	处于写回阶段的指令的读字节使能信号（加载指令）
wb_whilo_i	输入	1	处于写回阶段的指令的 HILO 寄存器写使能信号
wb_hilo_i	输入	64	处于写回阶段的指令的待写入 HILO 寄存器的数据
dm	输入	32	从数据存储器 DM 读出的数据
wb_wa_o	输出	5	处于写回阶段的指令的目的寄存器的地址
wb_wreg_o	输出	1	处于写回阶段的指令的目的寄存器写使能信号
wb_wd_o	输出	32	处于写回阶段的指令的待写入目的寄存器的数据
wb_whilo_o	输出	1	处于写回阶段的指令的 HILO 寄存器写使能信号
wb_hilo_o	输出	64	处于写回阶段的指令的待写入 HILO 寄存器的数据

　　该模块第 24～27 行代码将从访存阶段传递来的目的寄存器的地址 wb_wa_i、目的寄存器写使能信号 wb_wreg_i、HILO 寄存器写使能信号 wb_whilo_i 和待写入 HILO 寄存器的数据 wb_hilo_i 直接输出，这些信号将被连接到通用寄存器堆和 HILO 寄存器的相应端口。

　　第 30～35 行代码只针对加载指令，根据读字节使能信号 wb_dre_i，从数据存储器 DM 中读出的

数据 dm 中选择对应的字节作为加载指令待写入目的寄存器的数据。例如，如果 wb_dre_i = 4'b1111，表示加载字指令 lw，由于 MiniMIPS32 处理器采用小端字节序，故需要将读出的数据 dm 完全颠倒，以获得最终要写入目的寄存器的数据；如果 wb_dre_i = 4'b1000，表示加载字节指令，由于采用小端字节序，故该读字节使能信号的含义表示加载最低有效字节，而最低有效字节对应 dm[31:24]。

第 38、39 行代码根据存储器到寄存器使能信号 wb_mreg_i 决定最终待写入目的寄存器的数据（wb_wd_o）是来自数据存储器 DM，还是来自执行阶段的运行结果 wb_dreg_i。

12. MiniMIPS32.v（MiniMIPS32 处理器内核的顶层模块）

该模块的作用是对上面已实现的 MiniMIPS32 处理器内核中的各个模块进行例化和链接。其 Verilog HDL 代码如图 5-53 所示。该模块的 I/O 端口如表 5-19 所示。

```
01   module MiniMIPS32(
02       input    wire              cpu_clk_50M,
03       input    wire              cpu_rst_n,
04
05       // 与指令存储器IM相连接的端口
06       output   wire [`INST_ADDR_BUS]    iaddr,
07       output   wire              ice,
08       input    wire [`INST_BUS]   inst,
09
10       // 与数据存储器DM相连接的端口
11       output   wire              dce,
12       output   wire [`INST_ADDR_BUS]    daddr,
13       output   wire [`BSEL_BUS   ]       we,
14       output   wire [`INST_BUS   ]       din,
15       input    wire [`INST_BUS   ]       dm
16       );
17
18       // 连接取指阶段与取指/译码寄存器的信号
19       wire [`WORD_BUS   ]         pc;
20
21       // 连接取指/译码寄存器与译码阶段的信号
22       wire [`WORD_BUS   ]         id_pc_i;
23
24       // 连接译码阶段与通用寄存器堆的信号
25       wire                       re1;
26       wire [`REG_ADDR_BUS ]       ra1;
27       wire [`REG_BUS      ]       rd1;
28       wire                       re2;
29       wire [`REG_ADDR_BUS ]       ra2;
30       wire [`REG_BUS      ]       rd2;
31
32       // 连接译码阶段与译码/执行寄存器的信号
33       wire [`ALUOP_BUS    ]       id_aluop_o;
34       wire [`ALUTYPE_BUS  ]       id_alutype_o;
35       wire [`REG_BUS      ]       id_src1_o;
36       wire [`REG_BUS      ]       id_src2_o;
37       wire                       id_wreg_o;
38       wire [`REG_ADDR_BUS ]       id_wa_o;
39       wire                       id_whilo_o;
40       wire                       id_mreg_o;
41       wire [`REG_BUS      ]       id_din_o;
42
43       // 连接译码/执行寄存器与执行阶段的信号
44       wire [`ALUOP_BUS    ]       exe_aluop_i;
45       wire [`ALUTYPE_BUS  ]       exe_alutype_i;
46       wire [`REG_BUS      ]       exe_src1_i;
```

图 5-53   MiniMIPS32.v 的代码

```
47          wire [`REG_BUS       ]        exe_src2_i;
48          wire                          exe_wreg_i;
49          wire [`REG_ADDR_BUS ]         exe_wa_i;
50          wire                          exe_whilo_i;
51          wire                          exe_mreg_i;
52          wire [`REG_BUS       ]        exe_din_i;
53
54          // 连接执行阶段与HILO寄存器的信号
55          wire [`REG_BUS       ]        exe_hi_i;
56          wire [`REG_BUS       ]        exe_lo_i;
57
58          // 连接执行阶段与执行/访存寄存器的信号
59          wire [`ALUOP_BUS     ]        exe_aluop_o;
60          wire                          exe_wreg_o;
61          wire [`REG_ADDR_BUS ]         exe_wa_o;
62          wire [`REG_BUS       ]        exe_wd_o;
63          wire                          exe_mreg_o;
64          wire [`REG_BUS       ]        exe_din_o;
65          wire                          exe_whilo_o;
66          wire [`DOUBLE_REG_BUS]        exe_hilo_o;
67
68          // 连接执行/访存寄存器与访存阶段的信号
69          wire [`ALUOP_BUS     ]        mem_aluop_i;
70          wire                          mem_wreg_i;
71          wire [`REG_ADDR_BUS ]         mem_wa_i;
72          wire [`REG_BUS       ]        mem_wd_i;
73          wire                          mem_mreg_i;
74          wire [`REG_BUS       ]        mem_din_i;
75          wire                          mem_whilo_i;
76          wire [`DOUBLE_REG_BUS]        mem_hilo_i;
77
78          // 连接访存阶段与访存/写回寄存器的信号
79          wire                          mem_wreg_o;
80          wire [`REG_ADDR_BUS ]         mem_wa_o;
81          wire [`REG_BUS       ]        mem_dreg_o;
82          wire                          mem_mreg_o;
83          wire [`BSEL_BUS      ]        mem_dre_o;
84          wire                          mem_whilo_o;
85          wire [`DOUBLE_REG_BUS]        mem_hilo_o;
86
87          // 连接访存/写回寄存器与写回阶段的信号
88          wire                          wb_wreg_i;
89          wire [`REG_ADDR_BUS ]         wb_wa_i;
90          wire [`REG_BUS       ]        wb_dreg_i;
91          wire [`BSEL_BUS      ]        wb_dre_i;
92          wire                          wb_mreg_i;
93          wire                          wb_whilo_i;
94          wire [`DOUBLE_REG_BUS]        wb_hilo_i;
95
96          // 连接写回阶段与通用寄存器堆的信号
97          wire                          wb_wreg_o;
98          wire [`REG_ADDR_BUS ]         wb_wa_o;
99          wire [`REG_BUS       ]        wb_wd_o;
100
101         // 连接写回阶段与HILO寄存器的信号
102         wire                          wb_whilo_o;
103         wire [`DOUBLE_REG_BUS]        wb_hilo_o;
104
105         // 例化取指阶段模块
106         if_stage if_stage0(
107                 .cpu_clk_50M(cpu_clk_50M), .cpu_rst_n(cpu_rst_n),
108                 .pc(pc), .ice(ice), .iaddr(iaddr)
```

图 5-53　MiniMIPS32.v 的代码（续）

```
109          );
110
111          // 例化取指/译码寄存器模块
112          ifid_reg ifid_reg0(
113                      .cpu_clk_50M(cpu_clk_50M), .cpu_rst_n(cpu_rst_n),
114                      .if_pc(pc), .id_pc(id_pc_i)
115          );
116
117          // 例化译码阶段模块
118          id_stage id_stage0(
119                      .cpu_rst_n(cpu_rst_n),
120                      .id_inst_i(inst),
121                      .rd1(rd1), .rd2(rd2),
122                      .rreg1(re1), .rreg2(re2),
123                      .ra1(ra1), .ra2(ra2),
124                      .id_aluop_o(id_aluop_o), .id_alutype_o(id_alutype_o),
125                      .id_src1_o(id_src1_o), .id_src2_o(id_src2_o),
126                      .id_wa_o(id_wa_o), .id_wreg_o(id_wreg_o),
127                      .id_whilo_o(id_whilo_o),
128                      .id_mreg_o(id_mreg_o), .id_din_o(id_din_o)
129          );
130
131          // 例化通用寄存器堆模块
132          regfile regfile0(
133                      .cpu_clk_50M(cpu_clk_50M), .cpu_rst_n(cpu_rst_n),
134                      .we(wb_wreg_o), .wa(wb_wa_o), .wd(wb_wd_o),
135                      .re1(re1), .ra1(ra1), .rd1(rd1),
136                      .re2(re2), .ra2(ra2), .rd2(rd2)
137          );
138
139          // 例化译码/执行寄存器模块
140          idexe_reg idexe_reg0(
141                      .cpu_clk_50M(cpu_clk_50M), .cpu_rst_n(cpu_rst_n),
142                      .id_alutype(id_alutype_o), .id_aluop(id_aluop_o),
143                      .id_src1(id_src1_o), .id_src2(id_src2_o),
144                      .id_wa(id_wa_o), .id_wreg(id_wreg_o), .id_whilo(id_whilo_o),
145                      .id_mreg(id_mreg_o), .id_din(id_din_o),
146                      .exe_alutype(exe_alutype_i), .exe_aluop(exe_aluop_i),
147                      .exe_src1(exe_src1_i), .exe_src2(exe_src2_i),
148                      .exe_wa(exe_wa_i), .exe_wreg(exe_wreg_i), .exe_whilo(exe_whilo_i),
149                      .exe_mreg(exe_mreg_i), .exe_din(exe_din_i)
150          );
151
152          // 例化执行阶段模块
153          exe_stage exe_stage0(
154                      .cpu_rst_n(cpu_rst_n),
155                      .exe_alutype_i(exe_alutype_i), .exe_aluop_i(exe_aluop_i),
156                      .exe_src1_i(exe_src1_i), .exe_src2_i(exe_src2_i),
157                      .exe_wa_i(exe_wa_i), .exe_wreg_i(exe_wreg_i),
158                      .exe_mreg_i(exe_mreg_i), .exe_din_i(exe_din_i),
159                      .hi_i(exe_hi_i), .lo_i(exe_lo_i), .exe_whilo_i(exe_whilo_i),
160                      .exe_aluop_o(exe_aluop_o),
161                      .exe_wa_o(exe_wa_o), .exe_wreg_o(exe_wreg_o), .exe_wd_o(exe_wd_o),
162                      .exe_mreg_o(exe_mreg_o), .exe_din_o(exe_din_o),
163                      .exe_whilo_o(exe_whilo_o), .exe_hilo_o(exe_hilo_o)
164          );
165
```

图 5-53　MiniMIPS32.v 的代码（续）

```
166    // 例化执行/访存寄存器模块
167    exemem_reg exemem_reg0(
168            .cpu_clk_50M(cpu_clk_50M), .cpu_rst_n(cpu_rst_n),
169            .exe_aluop(exe_aluop_o),
170            .exe_wa(exe_wa_o), .exe_wreg(exe_wreg_o), .exe_wd(exe_wd_o),
171            .exe_mreg(exe_mreg_o), .exe_din(exe_din_o),
172            .exe_whilo(exe_whilo_o), .exe_hilo(exe_hilo_o),
173            .mem_aluop(mem_aluop_i),
174            .mem_wa(mem_wa_i), .mem_wreg(mem_wreg_i), .mem_wd(mem_wd_i),
175            .mem_mreg(mem_mreg_i), .mem_din(mem_din_i),
176            .mem_whilo(mem_whilo_i), .mem_hilo(mem_hilo_i)
177    );
178
179    // 例化访存阶段模块
180    mem_stage mem_stage0(
181            .cpu_rst_n(cpu_rst_n), .mem_aluop_i(mem_aluop_i),
182            .mem_wa_i(mem_wa_i), .mem_wreg_i(mem_wreg_i), .mem_wd_i(mem_wd_i),
183            .mem_mreg_i(mem_mreg_i), .mem_din_i(mem_din_i),
184            .mem_whilo_i(mem_whilo_i), .mem_hilo_i(mem_hilo_i),
185            .mem_wa_o(mem_wa_o), .mem_wreg_o(mem_wreg_o), .mem_dreg_o(mem_dreg_o),
186            .mem_mreg_o(mem_mreg_o), .dre(mem_dre_o),
187            .mem_whilo_o(mem_whilo_o), .mem_hilo_o(mem_hilo_o),
188            .dce(dce), .daddr(daddr), .we(we), .din(din)
189    );
190
191    // 例化访存/写回寄存器模块
192    memwb_reg memwb_reg0(
193            .cpu_clk_50M(cpu_clk_50M), .cpu_rst_n(cpu_rst_n),
194            .mem_wa(mem_wa_o), .mem_wreg(mem_wreg_o), .mem_dreg(mem_dreg_o),
195            .mem_mreg(mem_mreg_o), .mem_dre(mem_dre_o),
196            .mem_whilo(mem_whilo_o), .mem_hilo(mem_hilo_o),
197            .wb_wa(wb_wa_i), .wb_wreg(wb_wreg_i), .wb_dreg(wb_dreg_i),
198            .wb_mreg(wb_mreg_i), .wb_dre(wb_dre_i),
199            .wb_whilo(wb_whilo_i), .wb_hilo(wb_hilo_i)
200    );
201
202    // 例化写回阶段模块
203    wb_stage wb_stage0(
204            .cpu_rst_n(cpu_rst_n),
205            .wb_mreg_i(wb_mreg_i), .wb_dre_i(wb_dre_i),
206            .wb_wa_i(wb_wa_i), .wb_wreg_i(wb_wreg_i), .wb_dreg_i(wb_dreg_i),
207            .wb_whilo_i(wb_whilo_i), .wb_hilo_i(wb_hilo_i),
208            .dm(dm),
209            .wb_wa_o(wb_wa_o), .wb_wreg_o(wb_wreg_o), .wb_wd_o(wb_wd_o),
210            .wb_whilo_o(wb_whilo_o), .wb_hilo_o(wb_hilo_o)
211    );
212
213    // 例化HILO寄存器模块
214    hilo hilo0(
215            .cpu_clk_50M(cpu_clk_50M), .cpu_rst_n(cpu_rst_n),
216            .we(wb_whilo_o),
217            .hi_i(wb_hilo_o[63:32]), .lo_i(wb_hilo_o[31:0]),
218            .hi_o(exe_hi_i), .lo_o(exe_lo_i)
219    );
220
221 endmodule
```

图 5-53　MiniMIPS32.v 的代码（续）

表 5-19　MiniMIPS32 处理器内核的顶层模块的 I/O 端口

端口名称	端口方向	端口宽度/位	端口描述
cpu_clk_50M	输入	1	处理器时钟
cpu_rst_n	输入	1	处理器复位信号
inst	输入	32	从指令存储器 IM 读出的指令
dm	输入	32	从数据存储器 DM 读出的数据
iaddr	输出	32	指令存储器 IM 的访存地址
ice	输出	1	指令存储器 IM 的使能信号
daddr	输出	32	数据存储器 DM 的访存地址
dce	输出	1	数据存储器 DM 的使能信号
we	输出	4	数据存储器 DM 的写字节使能信号
din	输出	32	待写入数据存储器 DM 的数据

5.4.2　MiniMIPS32_SYS 原型系统的 Verilog 实现

为了验证所实现 MiniMIPS32 处理器内核是否正确（包括基本流水线是否正确、指令功能是否正确实现），需要将其与指令存储器和数据存储器连接起来，以构成一个简单的原型系统，即 MiniMIPS32_SYS。该原型系统的结构如图 5-54 所示。

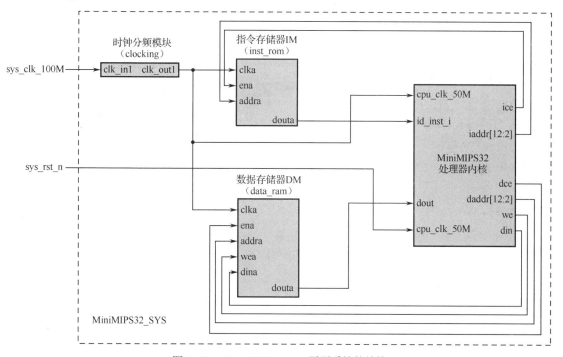

图 5-54　MiniMIPS32_SYS 原型系统的结构

它由 4 个模块构成，包括 MiniMIPS32 处理器内核、指令存储器 IM、数据存储器 DM 和时钟分频模块。指令存储器 IM 是一个单口 ROM（容量为 2K×32 位 = 8KB），而数据存储器是一个单口 RAM（容量为 2K×32 位 = 8KB），两者均基于 Vivado 的 IP 生成工具，采用 FPGA 内部的块存储器 BRAM

构建。基于 **Vivado** 和 **BRAM** 的单口 **ROM** 和单口 **RAM** 的设计流程详见附录 **B**。我们所设计 MiniMIPS32_SYS 原型系统的时钟频率为 50MHz，而最终的目标开发板 Nexys4 DDR FPGA 可以供一个 100MHz 的时钟，因此，时钟分频模块的作用是将开发板提供的 100MHz 的时钟（sys_clk_100M）分频为 50MHz 的时钟（cpu_clk_50M），再输入给 MiniMIPS32_SYS 使用。时钟分频模块是采用 Vivado 提供的 IP（即 clocking wizard）进行设计的。MiniMIPS32_SYS 的 Verilog 代码如图 5-55 所示，I/O 端口如表 5-20 所示。

```verilog
01  module MiniMIPS32_SYS(
02      input    wire            sys_clk_100M,
03      input    wire            sys_rst_n
04      );
05
06      wire                     cpu_clk_50M;
07      wire [`INST_ADDR_BUS]    iaddr;
08      wire                     ice;
09      wire [`INST_BUS    ]     inst;
10      wire                     dce;
11      wire [`INST_ADDR_BUS]    daddr;
12      wire [`BSEL_BUS    ]     we;
13      wire [`INST_BUS    ]     din;
14      wire [`INST_BUS    ]     dout;
15
16      clk_wiz_0 clocking (
17          .clk_out1(cpu_clk_50M),
18          .clk_in1(sys_clk_100M)
19      );
20
21      inst_rom inst_rom0 (
22          .clka(cpu_clk_50M),
23          .ena(ice),
24          .addra(iaddr[12:2]),
25          .douta(inst)
26      );
27
28      MiniMIPS32 minimips32 (
29          .cpu_clk_50M(cpu_clk_50M),
30          .cpu_rst_n(sys_rst_n),
31          .iaddr(iaddr),
32          .ice(ice),
33          .inst(inst),
34          .dce(dce),
35          .daddr(daddr),
36          .we(we),
37          .din(din),
38          .dm(dout)
39      );
40
41      data_ram data_ram0 (
42          .clka(cpu_clk_50M),
43          .ena(dce),
44          .wea(we),
45          .addra(daddr[12:2]),
46          .dina(din),
47          .douta(dout)
48      );
49
50  endmodule
```

图 5-55　MiniMIPS32_SYS 原型系统的 Verilog HDL 代码

表 5-20　MiniMIPS32_SYS 原型系统的 I/O 端口

端 口 名 称	端 口 方 向	端口宽度/位	端 口 描 述
sys_clk_100M	输入	1	系统时钟信号（100MHz）
sys_rst_n	输入	1	系统复位信号

在 MiniMIPS32_SYS 的代码中，需要注意两点。**第一点**，注意第 24 行代码，指令存储器 IM 的访存地址 iaddr，只使用了其 2～12 位。其原因是，虽然 MiniMIPS32 处理器是按字节进行寻址的，但是指令存储器 IM 在设计时，每个存储单元为 32 位（4 字节）。因此，访存地址一定是 4 的倍数，例如，地址 0x8 处的指令实际对应指令存储器中的第 2 个存储单元。此外，由于指令存储器 IM 一共有 2K 个存储单元，故访存地址取 iaddr 的第 2～12 位。**第二点**，注意第 45 行代码，数据存储器 DM 的访存地址 daddr，也只使用了其 2～12 位。其原因是，数据存储器 DM 在设计时，是以字为单位的，一个字为 32 位（4 字节），因此，无论是读数据，还是写数据，一次访问一个完整的字，然后利用读字节使能信号及写字节使能信号选取对应的字节。此外，由于数据存储器 DM 也有 2K 个存储单元，故访存地址取 daddr 的第 2～12 位。

5.4.3　功能测试

我们利用 Vivado 集成开发环境，对 MiniMIPS32 处理器的基本流水线进行行为仿真，以测试其功能的正确性。处理器所运行的测试程序采用汇编语言编写，我们提供了两个测试程序，如图 5-56 所示。其中图 5-56（a）的测试程序 arith_logic.S 用于对本章中实现的 12 条非访存类指令进行测试，而图 5-56（b）的测试程序 mem.S 用于对本章中实现的 4 条访存类指令进行测试。

```
   .set noat
   .set noreorder
   .globl main
   .text
main:
01  ori    $at,    $zero,   0x0064   #$at($1) = 0x64
02  lui    $v0,    0x6500            #$v0($2) = 0x65000000
03  nop
04  nop
05  addiu  $v1,    $at,     0x4      #$v1($3) = 0x68
06  sltiu  $a0,    $at,     0x0068   #$a0($4) = 0x1
07
08  add    $a1,    $at,     $v0      #$a1($5) = $at + $v0 = 0x65000064
09  subu   $a2,    $v0,     $at      #$a2($6) = $v0 - $at = 0x64FFFF9C
10  slt    $a3,    $at,     $v0      #$a3($7) = 0x1
11  and    $t0,    $at,     $v0      #$t0($8) = $at & $v0 = 0x0
12  ori    $t1,    $at,     0x0065   #$t1($9) = $at | 0x65 = 0x65
13  sll    $t2,    $at,     0x4      #$t2($10) = $at << 4 = 0x640
14
15  mult   $at,    $v0               #hi = 0x27
16                                   #lo = 0x74000000
17  nop
18  nop
19  mfhi   $t3                       #$t3($11) = hi = 0x27
20  mflo   $t4                       #$t4($12) = lo = 0x74000000
21  nop
```

（a）arith_logic.S

```
   .set noat
   .set noreorder
   .globl main
   .text
main:
01  ori    $at,    $zero,   0xff    # $at ($1) = 0xff
02  nop
03  nop
04  sb     $at,    0x3($zero)
05  ori    $at,    $zero,   0xee    # $at ($1) = 0xee
06  nop
07  nop
08  sb     $at,    0x2($zero)
09  ori    $at,    $zero,   0xdd    # $at ($1) = 0xdd
10  nop
11  nop
12  sb     $at,    0x1($zero)
13  ori    $at,    $zero,   0xcc    # $at ($1) = 0xcc
14  nop
15  nop
16  sb     $at,    0x0($zero)
17  lb     $v0,    0x3($zero)       # $v0 = 0xffffffff
18  nop
19
20  lui    $at,    0x4455           # $at ($1) = 0x44550000
21  nop
22  nop
23  ori    $at,    $at,     0x6677  # $at ($1) = 0x44556677
24  nop
25  nop
26  sw     $at,    0x8($zero)
27
28  lw     $v0,    0x8($zero)       # $v0 = 0x44556677
29  nop
```

（b）mem.S

图 5-56　待测汇编语言程序

下面以 arith_logc.S 测试程序为例，介绍测试流程，并对结果进行分析。大家可自行完成对 mem.S 的测试。首先，使用 QtSpim 指令集仿真器对待测程序进行仿真，并将仿真后各寄存器（包括通用寄存器和 HILO 寄存器）的值作为正确结果，如表 5-21 所示。

表 5-21　待测程序 arith_logic.S 通过 QtSpim 仿真后各个寄存器的值

寄存器编号	寄存器的值	寄存器编号	寄存器的值
$at ($1)	0x64	$v0 ($2)	0x65000000
$v1 ($3)	0x68	$a0 ($4)	0x1
$a1 ($5)	0x65000064	$a2 ($6)	0x64FFFF9C
$a3 ($7)	0x1	$t0 ($8)	0x0
$t1 ($9)	0x65	$t2 ($10)	0x640
$t3 ($11)	0x27	$t4 ($12)	0x74000000
HI	0x27	LO	0x74000000

然后，采用 Mentor Graphics（明导）公司提供的 MIPS 交叉编译器将待测程序转换为二进制程序，再通过本书资源包中提供的工具将二进制程序转换为可加载到指令存储器 IM 和数据存储器 DM 中的 .coe 文件（交叉编译器的安装与配置详见附录 A）。本例只需要在指令存储器 IM 中加载 .coe 文件，加载方法详见附录 B。

接着，在 Vivado 集成开发环境中添加仿真文件 MiniMIPS32_SYS_tb.v，代码如图 5-57 所示。该文件对 MiniMIPS32_SYS 原型系统进行例化，并给出所需的激励信号。然后，通过观察波形，与表 5-21 的结果进行比较，以验证本章设计的正确性。

```
01  module MiniMIPS32_SYS_tb();
02
03      reg sys_clk_100M;
04      reg sys_rst_n;
05
06      // 例化MiniMIPS32_SYS微系统
07      MiniMIPS32_SYS SoC (
08                  .sys_clk_100M(sys_clk_100M),
09                  .sys_rst_n(sys_rst_n)
10      );
11
12      initial begin
13          // Initialize Inputs
14          sys_clk_100M = 0;
15          sys_rst_n = 0;
16
17          sys_rst_n = 1'b0;
18          #200
19          sys_rst_n = 1'b1;
20
21          #100000 $stop;
22      end
23
24      initial begin
25          sys_clk_100M = 1'b0;
26          // 每隔5ns, sys_clk_100M翻转一次，生成100MHz时钟，与Nexys 4 DDR FPGA开发板的外部时钟一致
27          forever #5 sys_clk_100M = ~sys_clk_100M ;
28      end
29
30  endmodule
```

图 5-57　仿真文件 MiniMIPS32_SYS_tb.v 的代码

对测试程序 arith_logic.S 进行行为仿真，仿真波形如图 5-58 所示（图中数字为十六进制数字）。

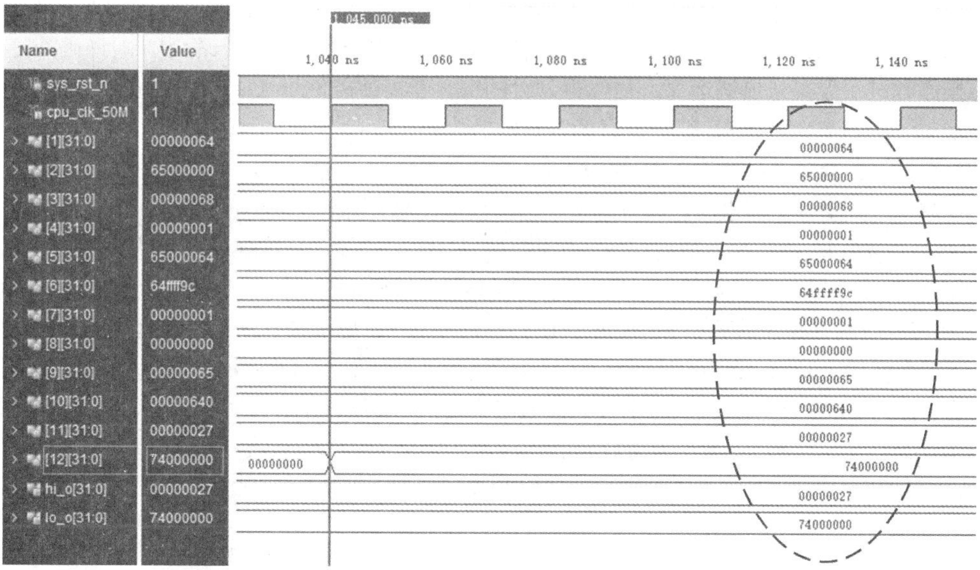

（a）运行结果

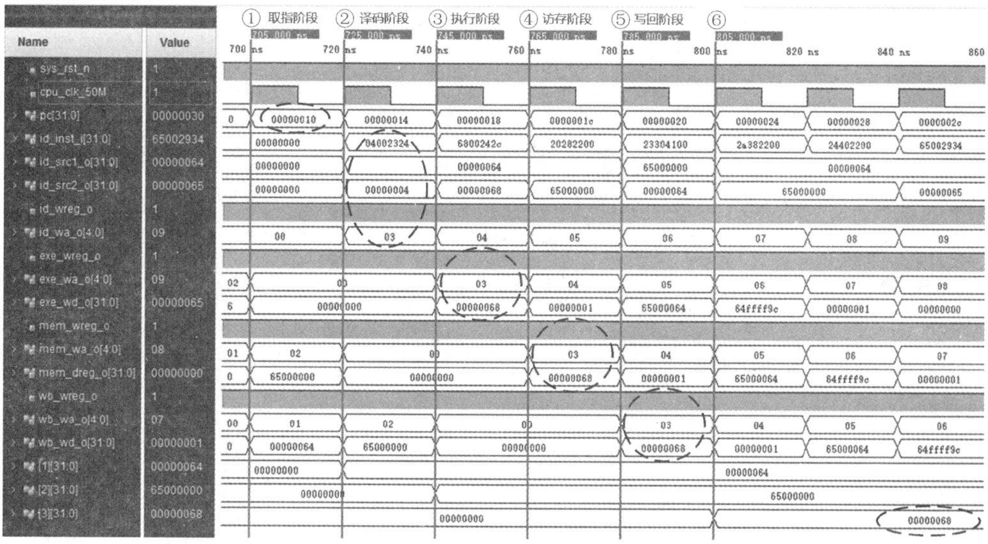

（b）流水线中各阶段的运行情况（以 arith_logic.S 中第 5 行 addiu 指令为例）

图 5-58　测试程序 arith_logic.S 的行为仿真波形图

图 5-58（a）给出的仿真波形是测试程序 arith_logic.S 运行结束后各个寄存器中的结果值。可以看出，图 5-58（a）中虚线框标出的各个寄存器的值与表 5-21 中 QtSpim 给出各个寄存器的值是一致的。**因此，本章已正确地实现了 MiniMIPS32 处理器中的 12 条非访存类指令。**大家可采用同样的方法，通过测试程序 mem.S 验证 4 条访存类指令的正确性。

图 5-58（b）是以测试程序 arith_logic.S 中的第 5 行指令"addiu $v1, $at, 0x4"为例给出的流水线中各阶段的情况。从图 5-58（b）中可以看出，**在标记①处**，该 addiu 指令进入流水线（即处于取指阶段），此时的 PC 值为 0x00000010。一个时钟周期后，**在标记②处**，该指令进入译码阶段，此时读出的

指令字（id_inst_o）为 0x4002324，译码得到的源操作数 1（id_src1_o）为 0x00000064，源操作数 2（id_src2_o）为 0x00000004，目的寄存器写使能信号（id_wreg_o）为 1，目的寄存器的地址（id_wa_o）为 0x3，即寄存器$v1。再经过一个时钟周期，**在标记③处**，该指令进入执行阶段，对译码阶段传递而来的源操作数进行无符号加法运算，最终得到目的寄存器写使能信号（exe_wreg_o）为 1，目的寄存器的地址（exe_wa_o）为 0x3，待写入目的寄存器的数据（exe_wd_o）为 0x00000068。再经过一个时钟周期，**在标记④处**，该指令进入访存阶段，由于该指令不是访存指令，故此阶段只需将从执行阶段获得的信息传递到下一级流水段，即目的寄存器写使能信号（mem_wreg_o）为 1，目的寄存器的地址（mem_wa_o）为 0x3，待写入目的寄存器的数据（mem_dreg_o）为 0x00000068。再经过一个时钟周期，**在标记⑤处**，该指令进入写回阶段，目的寄存器写使能信号 wb_wreg_o = 1，目的寄存器的地址 wb_wa_o = 0x3，待写入目的寄存器的数据 mem_dreg_o = 0x00000068，被传递到通用寄存器堆的相应端口。最终，在下一个时钟上升沿，即标记⑥处，该指令的运算结果（即 0x00000068）被写入通用寄存器$v1。**综上，第 5 行的 addiu 指令从进入流水线到达写回阶段，一共经过了 5 个时钟周期，与设计要求一致。因此，本章正确实现了基于 5 级流水的 MiniMIPS32 处理器的基本流水线。**

第 6 章　MiniMIPS32 处理器的流水线
相关问题和暂停机制

在第 5 章中，我们设计并实现了基于经典 5 级流水线结构的 MiniMIPS32 处理器。该流水线结构是理想化的，只具有流水线最基本的功能，其中运行的指令是彼此独立的、互无联系的。显然，这种流水线结构是无法满足大多数程序运行需要的，因为任何一个程序的各指令之间一定是彼此相关的。

为了使流水线更具有实用性，本章将重点讨论流水线中最为常见的"相关"问题和暂停机制。首先，我们给出流水线相关问题的基本概念；然后，介绍流水线的数据相关及基于定向前推的消除方法，并给出支持定向前推的 MiniMIPS32 处理器流水线的设计方案和 Verilog HDL 实现；接着，介绍由转移类指令引起的流水线的控制相关及基于延迟转移的消除方法，并给出支持转移类指令的 MiniMIPS32 处理器流水线的设计方案和 Verilog HDL 实现；最后，我们研究流水线的暂停机制，并给出相应的流水线设计方案及 Verilog HDL 实现。

6.1　流水线的数据相关和消除方法

之所以称第 5 章所设计的 MiniMIPS32 处理器的流水线为基本流水线，是因为该流水线结构是最简单、理想化的。当基本流水线满负荷工作后，每个时钟周期都会有一条指令进入流水线，同时有一条指令运行完毕，此时流水线的吞吐率达到最大值。但在实际应用中，如此简单的流水线结构是无法满足绝大多数程序运行要求的，会遇到很多问题。其中，最常见的就是"相关（dependence/hazard，也称为冲突、冒险或依赖）"问题。

所谓"相关"是指在一段程序的邻近指令之间存在某种关系，这种关系造成流水线中的某些指令无法在指定的时钟周期被执行，从而影响指令在时间上的重叠执行，造成流水线吞吐率和加速比的下降，是制约流水线性能的重要原因之一。目前，流水线共有 3 种相关：结构相关（structural dependence）、数据相关（data dependence）和控制相关（control dependence）。

结构相关是指流水线中多条指令在同一时钟周期内争用同一个功能部件，从而发生冲突，造成指令无法继续执行。例如，将数据和指令保存在同一存储器中，且该存储器不支持两者同时访问。那么，访存指令在 MEM 阶段访问存储器，而流水线每个时钟周期都要取出一条指令。也就是说，一个时钟周期有两个访存请求，故引发存储器访问冲突，产生结构相关。消除结构相关最常见的方法就是设置多个功能部件，如设置两个存储器以分别保存指令和数据，这样同一个时钟周期访问数据和取指令就可以同时进行。目前，MiniMIPS32 处理器的流水线设计采用的正是这种分离式的指令存储器和数据存储器。

本节将重点讨论数据相关的问题和消除方法，而有关控制相关的问题将在 6.2 节中讨论。

6.1.1　数据相关的概念

数据相关是指在流水线中，如果某一条指令必须等前面指令的运行结果，才能继续执行，那么指令间就存在数据相关。注意，此处的数据相关仅仅考虑通用寄存器中的数据。数据相关又可进一步分为 3 种，假设指令 i 先于指令 j 进入流水线。

● 写后读相关（Read After Write，RAW）：指令 j 需要 i 的计算结果，但在流水线中，j 可能在 i

写入结果前对保存该结果的通用寄存器进行读操作，从而读取错误的数据。

● **读后写相关（Write After Read，WAR）**：指令 j 在指令 i 读取某个通用寄存器之前对该寄存器进行了写操作，导致指令 i 读取了新的已经进行了写操作的数据，从而发生错误。

● **写后写相关（Write After Write，WAW）**：指令 i 和 j 对相同的通用寄存器进行写操作，在流水线中，指令 j 先于指令 i 完成了对寄存器的写操作，从而导致最终寄存器中存放的是指令 i 的结果，而不是指令 j 的结果，发生写入顺序的错误。

由于 MiniMIPS32 处理器为**顺序处理器**，即指令顺序进入流水线，并顺序提交结果，并且只在写回阶段才会进行寄存器写操作，故不存在 WAW 和 WAR 相关。因此，**MiniMIPS32 处理器的流水线只存在 RAW 相关**。MiniMIPS32 处理器中有两种寄存器，一种是通用寄存器，另一种是 HILO 寄存器。这两种寄存器都可能存在数据相关。

对通用寄存器的读取发生在译码阶段，根据相关指令出现位置的不同，其 RAW 相关又可分为 3 种情况：**译码-执行相关、译码-访存相关和译码-写回相关**。针对通用寄存器存在 RAW 数据相关的某指令序列和流水线时空图如图 6-1 所示。

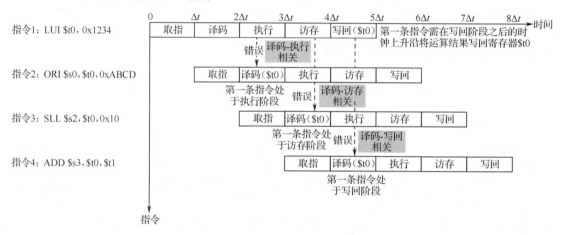

图 6-1   针对通用寄存器存在 RAW 数据相关的某指令序列和流水线时空图

● **译码-执行相关**：相邻两条指令之间针对某一通用寄存器存在 RAW 数据相关，即图 6-1 中的指令 1 和指令 2。指令 2 的计算需要指令 1 将结果存回寄存器$t0。指令 1 只能在写回阶段将结果写入$t0，而指令 2 在译码阶段需要读取寄存器$t0 中的数据，此时指令 1 还处于执行阶段，故指令 2 从$t0 中读取的数据必然不是指令 1 的计算结果，故发生错误。

● **译码-访存相关**：相隔一条指令的两条指令间针对某一通用寄存器存在 RAW 数据相关，即图 6-1 中的指令 1 和指令 3。指令 3 的计算需要指令 1 将结果写回寄存器$t0。当指令 3 在译码阶段读取寄存器$t0 中的数据时，指令 1 还处在流水线的访存阶段，若使用这个数据，则指令 3 的运行结果必然不正确。

● **译码-写回相关**：相隔两条指令的两条指令间针对某一通用寄存器存在 RAW 数据相关，即图 6-1 中的指令 1 和指令 4。指令 4 的计算需要指令 1 将结果写回寄存器$t0。当指令 4 在译码阶段读取寄存器$t0 时，指令 1 还处在流水线的写回阶段，而指令 1 需要在写回阶段最后的时钟上升沿才能将结果写入$t0，所以指令 4 此时得到的寄存器$t0 的值是错误的。

对 **HILO 寄存器**的读取发生在执行阶段，根据相关指令出现位置的不同，其 RAW 相关又可分为两种情况：**执行-访存相关和执行-写回相关**。针对 HILO 寄存器存在 RAW 数据相关的某指令序列和流水线时空图如图 6-2 所示。

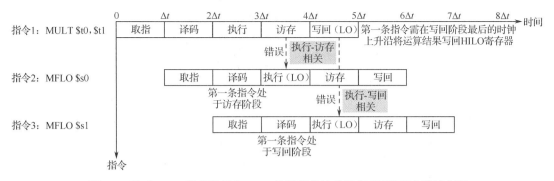

图 6-2　针对 HILO 寄存器存在 RAW 数据相关的某指令序列和流水线时空图

- **执行-访存相关**：相邻两条指令之间针对 HILO 寄存器存在 RAW 数据相关，即图 6-2 中的指令
  1 和指令 2。指令 1 只能在写回阶段将结果写入 HILO 寄存器，而指令 2 需要在执行阶段访问
  LO 寄存器，此时指令 1 还处于访存阶段，故指令 2 从寄存器 LO 中读取的数据必然不是指令
  1 的计算结果，因此发生错误。
- **执行-写回相关**：相隔一条指令的两条指令间针对 HILO 寄存器存在 RAW 相关，即图 6-2 中的
  指令 1 和指令 3。指令 3 的计算需要指令 1 将结果写回寄存器 HILO。当指令 3 在执行阶段读
  取寄存器 LO 时，指令 1 还处在流水线的写回阶段，而指令 1 需要在写回阶段最后的时钟上升
  沿才能将结果写入 LO，所以指令 3 此时得到的寄存器 LO 的值是错误的。

6.1.2　数据相关的消除方法

为了消除由数据相关导致的程序执行不正确的问题，可以采用以下 3 种方法。

1．插入暂停周期

为了保证存在数据相关的指令在流水线中被正确执行，需要设置一个称为"流水线互锁机制
（pipeline interlock）"的功能部件。该部件将检测并发现流水线中存在的数据相关，并推迟当前指令的
执行，直到所需的数据被写回相关的通用寄存器才继续指令的执行。推迟指令的执行通过在流水线中
插入若干暂停周期（也称为"气泡"）实现，相当于在相关指令之间增加若干个空指令（NOP），如
图 6-3 所示。

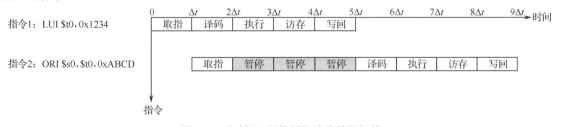

图 6-3　通过插入暂停周期消除数据相关

由图 6-3 可见，指令 2 在流水线中的运行被暂停了 3 个时钟周期，进行译码时取出的寄存器$t0 的
值是指令 1 写回的计算结果，故指令执行的正确性得到了保证。但该方法会造成流水线的停顿，降低
了流水线的运行效率，最终增加了处理器的 CPI，严重制约了处理器的性能。

2．依靠编译器调度

为了减少流水线的停顿，可以依靠编译器在编译时重新组织指令的顺序来消除数据相关，这种技

术称为"指令调度"（instruction scheduling），如图 6-4 所示。

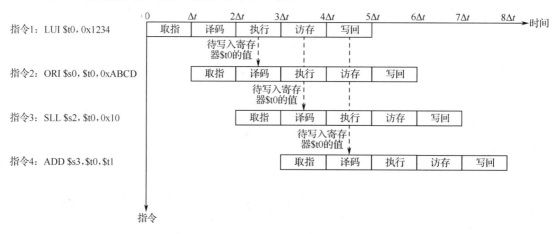

调度前的程序				调度后的程序			
指令1: LW	$s0,	0($t0)		指令1: LW	$s0,	0($t0)	
指令2: ADDIU	$s1,	$s0,	0xFFCD	指令2: LUI	$t2,	0x1234	
指令3: LUI	$t2,	0x1234		指令3: ORI	$t3,	$t1,	0xABCD
指令4: ORI	$t3,	$t1,	0xABCD	指令4: SLL	$t4,	$t4,	8
指令5: SLL	$t4,	$t4,	8	指令5: ADDIU	$s1,	$s0,	0xFFCD

图 6-4　通过编译器调度指令顺序消除数据相关

对于调度前的程序，指令 1（LW）和指令 2（ADDIU）之前对于寄存器 $s0 存在译码-执行相关。经过编译器调度后，将后面的 3 条无关指令调度到 LW 和 ADDIU 两条指令中间，这样不仅消除了原有的数据相关性，而且不会造成流水线的停顿。但该方法仍然存在两个问题：第一，需要对编译器进行特别设计，增加了其设计难度；第二，并不是每次出现数据相关时，都可以找到无关指令进行调度，此时还是需要在相关指令间插入暂停周期。

3. 数据定向前推

为了不造成流水线的停顿，同时也不对编译器进行改动，可采用**定向前推（forwarding）**方法消除数据相关，即在流水线中设置专用的数据通路，将相关数据从其产生处直接送到所有需要它的功能部件，而不必等待数据写回通用寄存器，如图 6-3 所示。

图 6-5　通过数据定向前推消除数据相关

如图 6-5 所示，实际上，指令 1 在执行阶段就已经计算出了结果，即待写入通用寄存器 $t0 的新值，此时，可以将该值从指令 1 的执行阶段直接送到指令 2 的译码阶段，从而使指令 2 在译码阶段可以得到寄存器 $t0 的正确值，而不必等到寄存器 $t0 写回结束，译码-执行相关被消除。同理，在指令 1 的访存阶段，也可将待写入寄存器 $t0 的值直接送到指令 3 的译码阶段，使指令 3 在译码阶段可以得到寄存器 $t0 的正确值，而不必等到寄存器 $t0 写回结束，译码-访存相关被消除。再同理，在指令 1 的写回阶段，也可将待写入寄存器 $t0 的值直接送到指令 4 的译码阶段，使指令 4 在译码阶段可以得到寄存器 $t0 的正确值，而不必等到寄存器 $t0 写回结束，译码-写回相关被消除。由此可见，采用定向前推方法后，流水线不再需要插入暂停周期，也可保证程序执行的正确性，上述 4 条指令需要 $8\Delta t$ 运行完毕；否则，需要在指令 1 和指令 2 之间插入 3 个暂停周期，4 条指令的运行共需要 $11\Delta t$。

6.1.3　支持定向前推的 MiniMIPS32 处理器的设计

MiniMIPS32 处理器的流水线将采用定向前推方法消除数据相关。如果要使流水线支持定向前推，需要完成两个步骤的工作。第一，判断当前指令是否与之前指令存在数据相关；第二，如果存在数据相关，则需要将流水线中尚未写回寄存器的数据定向前推至所需指令处，使得该指令获得正确数据。支持定向前推的 MiniMIPS32 处理器流水线数据通路如图 6-6 所示，新添加的模块和信号用虚线框和数字标出。下面将针对通用寄存器的数据相关和 HILO 寄存器的数据相关分别进行介绍。

1.　利用定向前推消除通用寄存器的数据相关

从图 6-6 中可以看出，处于执行阶段的寄存器写使能信号 exe2id_wreg、目的寄存器的索引 exe2id_wa 及待写入目的寄存器的数据 exe2id_wd（如虚线框②所示）和处于访存阶段的寄存器写使能信号 mem2id_wreg、目的寄存器的索引 mem2id_wa 及待写入目的寄存器的数据 mem2id_wd（如虚线框③所示）被定向前推回译码阶段。其中，exe2id_wreg、exe2id_wa、mem2id_wreg 和 mem2id_wa 被送入译码控制单元 DCU，exe2id_wd 和 mem2id_wd 被分别送到用于确定源操作数 src1 和 src2 来源的多路选择器。译码控制单元 DCU 接收指令字的 rs 字段和 rt 字段（如虚线框①所示），其中，rs 字段对应送入寄存器读地址端口 ra1 的寄存器索引，rt 字段对应送入寄存器读地址端口 ra2 的寄存器索引。根据 rs 字段、rt 字段及信号 exe2id_wreg、exe2id_wa、mem2id_wreg 和 mem2id_wa，通过 DCU 判断当前是否存在数据相关，并设置两个多路选择器的选择信号 fwrd1（如虚线框④所示）和 fwrd2（如虚线框⑤所示）。判断是否存在数据相关的规则如下：

- 如果对于寄存器读端口 1 存在译码-执行相关，则满足条件(exe2id_wreg == TRUE) && (rreg1 == TRUE) && (exe2id_wa == rs)；如果对于寄存器读端口 2 存在译码-执行相关，则满足条件(exe2id_wreg == TRUE) && (rreg2 == TRUE) && (exe2id_wa == rt)。
- 如果对于寄存器读端口 1 存在译码-访存相关，则满足的条件为(mem2id_wreg == TRUE) && (rreg1 == TRUE) && (mem2id_wa == rs)；如果对于寄存器读端口 2 存在译码-访存相关，则满足的条件为(mem2id_wreg == TRUE) && (rreg2 == TRUE) && (mem2id_wa == rt)。
- 对于译码-写回相关，可在通用寄存器堆的内部进行数据相关性判断。根据判断结果，决定是将寄存器中的值通过寄存器读数据端口 rd1 或 rd2 进行输出，还是将从写回阶段写回的数据通过寄存器读数据端口 rd1 或 rd2 进行输出。

引入定向前推之后，译码阶段得到的源操作数 src1 和 src2 都分别有 4 个来源。对于源操作数 src1，其 4 个来源分别是指令字的 sa 字段（移位位数）、寄存器读数据端口 rd1、从执行阶段回传的待写入目的寄存器的数据 exe2id_wd 和从访存阶段回传的待写入目的寄存器的数据 mem2id_wd。对于源操作数 src2，其 4 个来源分别是指令字的立即数 imm.字段、寄存器读数据端口 rd2、从执行阶段回传的待写入目的寄存器的数据 exe2id_wd 和从访存阶段回传的待写入目的寄存器的数据 mem2id_wd。通过两个多路选择器最终确定源操作数 src1 和 src2 的真正来源。源操作数 src1 的来源通过选择信号 shift 和 fwrd1 确定，源操作数 src2 的来源通过选择信号 immsel 和 fwrd2 确定，真值表如表 6-1 和表 6-2 所示。

表 6-1　确定源操作数 src1 来源的选择信号的真值表

源操作数 src1 的来源	选 择 信 号	
	shift	fwrd1[1 : 0]
sa	1	××
exe2id_wd	0	01
mem2id_wd	0	10
rd1	0	11

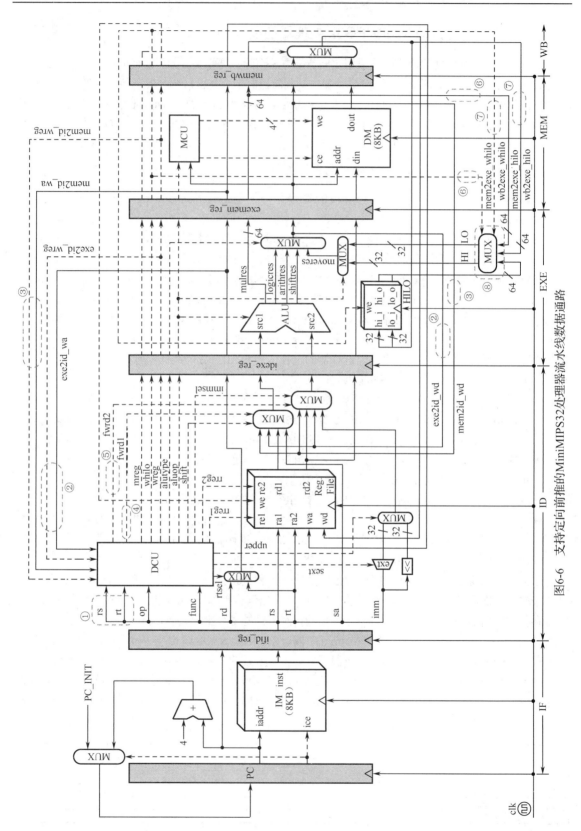

图6-6 支持定向前推的MiniMIPS32处理器流水线数据通路

表 6-2　确定源操作数 src2 来源的选择信号的真值表

源操作数 src2 的来源	选 择 信 号	
	immsel	fwrd2[1 : 0]
imm.	1	××
exe2id_wd	0	01
mem2id_wd	0	10
rd2	0	11

采用上述设计之后，流水线中对于通用寄存器存在的译码-执行相关、译码-访存相关和译码-写回相关都会被消除，从而避免了在流水线插入暂停周期带来的停顿问题，显著提高了流水线的处理性能。但需要注意的是，这种定向前推方法虽然可以消除通用寄存器的数据相关，但必须满足一个前提，即待写入目的寄存器的值必须可以在执行阶段计算出来。而对于加载指令，这个前提就无法满足了，因为加载指令要在写回阶段才能从数据存储器中获得待写入目的寄存器的值，并存入寄存器，这种情况将在 6.3 节进行讨论。

2．利用定向前推消除 HILO 寄存器的数据相关

从图 6-6 可以看出，为了消除 HILO 寄存器的数据相关，处于访存阶段的 HILO 寄存器写使能信号 mem2exe_whilo、待写入 HILO 寄存器的数据 mem2exe_hilo（如虚线框⑥所示）和处于写回阶段的 HILO 寄存器写使能信号 wb2exe_whilo、待写入 HILO 寄存器的数据 wb2exe_hilo（如虚线框⑦所示）被定向前推回执行阶段，并与当前 HILO 寄存器的值一起被连接到新添加的多路选择器上，如虚线框⑧所示。该多路选择器的作用是判断是否对于 HILO 寄存器存在数据相关，并选出 HILO 寄存器的最新值，具体规则如下：

- 如果 mem2exe_whilo == TRUE，即当前处于访存阶段的指令要写 HILO 寄存器，则多路选择器选择从访存阶段定向前推的 mem2exe_hilo 作为 HILO 寄存器的最新值。
- 如果 wb2exe_whilo == TRUE，即当前处于写回阶段的指令要写 HILO 寄存器，则多路选择器选择从写回阶段定向前推的 wb2exe_hilo 作为 HILO 寄存器的最新值。
- 如果(mem2exe_whilo == FLASE) && (wb2exe_whilo == FLASE)，即当前处于访存阶段和写回阶段的指令都不对 HILO 寄存器进行写操作，则多路选择器选择当前 HILO 寄存器的值作为最新值。

接着，如果当前处于执行阶段的指令是 MFLO 或 MFHI，则根据 aluop 和 alutype 从当前 HILO 寄存器的最新值中选择 HI 或 LO 的值传递到流水线的下一级。

6.1.4　基于 Verilog HDL 的实现与测试

1．支持定向前推的 MiniMIPS32 处理器流水线的 Verilog HDL 实现

支持定向前推的 MiniMIPS32 处理器流水线的结构如图 6-7 所示。为了简洁，图 6-7 中只给出新添加的连接线，已有的连接线如无特别需要不再画出。相比之前的设计，引入定向前推技术只需要修改流水线中部分模块的实现。下面仅针对需要修改的模块，给出具体的 Verilog HDL 实现，其他模块保持不变即可。对于需要修改的模块，仅列出需要修改和添加的语句，其他语句用省略号代替。

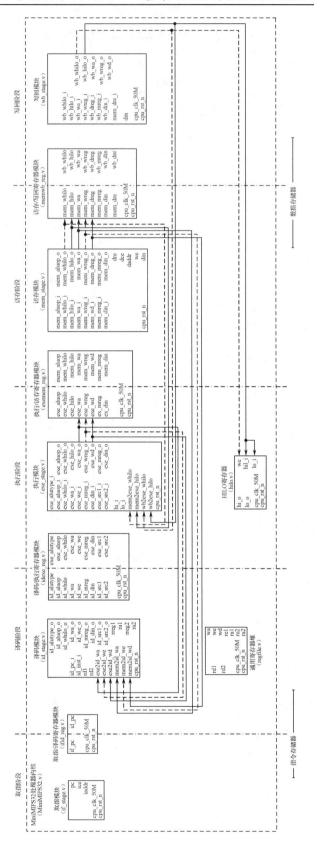

图6-7 支持定向前推的MiniMIPS32处理器流水线的结构（只包含新添加的连接线）

（1）id_stage.v（译码模块）

译码模块需要修改的代码如图 6-8 所示，新添加的 I/O 端口如表 6-3 所示。

```
module id_stage (

    ......

    /*------------------------------------------------------------------------------------*/
    /*------------------------------------修改的第1段代码---------------------------------*/
    /*------------------------------------------------------------------------------------*/
    // 从执行阶段获得的写回信号
    input      wire                        exe2id_wreg,
    input      wire [`REG_ADDR_BUS ]       exe2id_wa,
    input      wire [`INST_BUS    ]        exe2id_wd,

    // 从访存阶段获得的写回信号
    input      wire                        mem2id_wreg,
    input      wire [`REG_ADDR_BUS ]       mem2id_wa,
    input      wire [`INST_BUS    ]        mem2id_wd,

    ......

    );

    ......

    /*------------------------------------------------------------------------------------*/
    /*------------------------------------修改的第2段代码---------------------------------*/
    /*------------------------------------------------------------------------------------*/
    // 产生源操作数选择信号（源操作数也可能来自执行与访存阶段，定向前推）
    wire [1:0] fwrd1 = (cpu_rst_n == `RST_ENABLE) ? 2'b00 :
                       (exe2id_wreg == `WRITE_ENABLE && exe2id_wa == ra1 && rreg1 == `READ_ENABLE) ? 2'b01 :
                       (mem2id_wreg == `WRITE_ENABLE && mem2id_wa == ra1 && rreg1 == `READ_ENABLE) ? 2'b10 :
                       (rreg1 == `READ_ENABLE)? 2'b11 : 2'b00;

    wire [1:0] fwrd2 = (cpu_rst_n == `RST_ENABLE) ? 2'b00 :
                       (exe2id_wreg == `WRITE_ENABLE && exe2id_wa == ra2 && rreg2 == `READ_ENABLE) ? 2'b01 :
                       (mem2id_wreg == `WRITE_ENABLE && mem2id_wa == ra2 && rreg2 == `READ_ENABLE) ? 2'b10 :
                       (rreg2 == `READ_ENABLE)? 2'b11 : 2'b00;

    ......

    /*------------------------------------------------------------------------------------*/
    /*------------------------------------修改的第3段代码---------------------------------*/
    /*------------------------------------------------------------------------------------*/
    // 获得源操作数1。源操作数1可能是移位位数、来自执行阶段前推的数据、来自访存阶段前推的数据，也
    // 可能来自通用寄存器堆的读端口1
    assign id_src1_o = (cpu_rst_n == `RST_ENABLE ) ? `ZERO_WORD :
                       (shift    == `SHIFT_ENABLE   ) ? {27'b0, sa} :
                       (fwrd1    == 2'b01            ) ? exe2id_wd :
                       (fwrd1    == 2'b10            ) ? mem2id_wd :
                       (fwrd1    == 2'b11            ) ? rd1 : `ZERO_WORD;

    // 获得源操作数2。源操作数2可能是立即数、来自执行阶段前推的数据、来自访存阶段前推的数据，也
    // 可能来自通用寄存器堆的读端口2
    assign id_src2_o = (cpu_rst_n == `RST_ENABLE ) ? `ZERO_WORD :
                       (immsel   == `IMM_ENABLE    ) ? imm_ext :
                       (fwrd2    == 2'b01           ) ? exe2id_wd :
                       (fwrd2    == 2'b10           ) ? mem2id_wd :
                       (fwrd2    == 2'b11           ) ? rd2 : `ZERO_WORD;

    ......

    /*------------------------------------------------------------------------------------*/
    /*------------------------------------修改的第4段代码---------------------------------*/
    /*------------------------------------------------------------------------------------*/
    // 获得访存阶段要存入数据存储器的数据（可能来自执行阶段前推的数据、可能来自访存阶段前推的数据、也
    // 可能来自通用寄存器堆的读端口2）
    assign id_din_o = (cpu_rst_n == `RST_ENABLE) ? `ZERO_WORD :
                      (fwrd2    == 2'b01         ) ? exe2id_wd :
                      (fwrd2    == 2'b10         ) ? mem2id_wd :
                      (fwrd2    == 2'b11         ) ? rd2 : `ZERO_WORD;

endmodule
```

图 6-8　译码模块需要修改的代码

表 6-3   译码模块新添加的 I/O 端口

端口名称	端口方向	端口宽度/位	端口描述
exe2id_wreg	输入	1	从执行阶段前推到译码阶段的目的寄存器写使能信号
exe2id_wa	输入	32	从执行阶段前推到译码阶段的目的寄存器的地址
exe2id_wd	输入	32	从执行阶段前推到译码阶段的待写入目的寄存器的数据
mem2id_wreg	输入	1	从访存阶段前推到译码阶段的目的寄存器写使能信号
mem2id_wa	输入	32	从访存阶段前推到译码阶段的目的寄存器的地址
mem2id_wd	输入	32	从访存阶段前推到译码阶段的待写入目的寄存器的数据

在译码模块中，**修改的第 1 段代码**用于添加 6 个输入端口，它们分别用于接收从执行阶段和访存阶段定向前推而来的目的通用寄存器的信息，包括写使能、目的寄存器的地址及待写入目的寄存器的数据。这些前推的信息用于在译码阶段消除面向通用寄存器的译码-执行相关和译码-访存相关。对于译码-写回相关，从写回阶段前推回的信息在之前的设计中已经被连接到了通用寄存器堆，故不需要针对这种相关添加额外的输入端口了。

修改的第 2 段代码分别针对通用寄存器堆的读端口 1 和 2，判断是否存在数据相关，并生成源操作数 1 和源操作数 2 的选择信号 fwrd1 和 fwrd2。判断和生成规则请参照 6.1.3 节有关 fwrd1 和 fwrd2 的叙述。以 fwrd1 为例，首先，代码 "**exe2id_wreg ＝＝ `WRITE_ENABLE && exe2id_wa ＝＝ ra1 && rreg1 ＝＝ `READ_ENABLE**" 用于判断是否针对通用寄存器堆读端口 1 存在译码-执行数据相关（其中 **ra1 = rs**），如果条件满足，则 **fwrd1** 等于 **2'b01**；否则，代码 "**mem2id_wreg ＝＝ `WRITE_ENABLE && mem2id_wa ＝＝ ra1 && rreg1 ＝＝ `READ_ENABLE**" 用于判断是否针对通用寄存器堆读端口 1 存在译码-访存数据相关；如果条件满足，则 **fwrd1** 等于 **2'b10**；否则，代码 "**rreg1 ＝＝ `READ_ENABLE**" 判断当前是否需要从读端口 1 访问通用寄存器，如果条件满足，则 **fwrd1** 等于 **2'b11**；否则，**fwrd1** 等于 **2'b00**。注意，上述判断顺序不能改变，即首先判断是否存在译码-执行数据相关，然后判断是否存在译码-访存数据相关，最后判断是否从通用寄存器堆获取数据，这样才能保证源操作数是最新值。

修改的第 3 段代码根据源操作数选择信号，最终确定源操作数的来源，判断规则请参照表 6-1 和表 6-2。以源操作数 1 为例，如果条件 "**shift ＝＝ `SHIFT_ENABLE**" 满足，则表示源操作数 1 来自指令字的 **sa** 字段，即移位位数；否则，如果条件 "**fwrd1 ＝＝ 2'b01**" 满足，则表示源操作数 1 来自执行阶段前推到译码阶段的待写入目的寄存器的数据 **exe2id_wd**；否则，如果条件 "**fwrd1 ＝＝ 2'b10**" 满足，则表示源操作数 1 来自访存阶段前推到译码阶段的待写入目的寄存器的数据 **mem2id_wd**；否则，如果条件 "**fwrd1 ＝＝ 2'b11**" 满足，则表示源操作数 1 来自通用寄存器堆的读端口 1。

修改的第 4 段代码用于获得访存阶段要写入数据存储器的最新数据。其对数据来源的判断与第 3 段代码中源操作数 2 的来源的判断基本相同。

（2）regfile.v（通用寄存器堆模块）

通用寄存器堆模块需要修改的代码如图 6-9 所示，所需修改的代码已用黑体字标出。**修改的第 1 段代码**用于在通用寄存器堆的读端口 1 判断是否存在译码-写回相关，判断条件为 "(re1 ＝＝ `READ_ENABLE) && (we ＝＝ `WRITE_ENABLE) && (wa ＝＝ ra1)"。如果条件满足，则将写回阶段回传的待写入目的寄存器的数据 wd 直接传递给读端口 1，不用等待写寄存器操作结束。**修改的第 2 段代码**与第 1 段作用相同，用于在通用寄存器堆的读端口 2 判断是否存在译码-写回相关。这两段修改的代码用于确保从读端口获得的数据是通用寄存器的最新值。

```
module regfile(

    ......

    );

    ......

    /*----------------------------------------------------------------------*/
    /*-------------------------- 修改的第1段代码 ----------------------------*/
    /*----------------------------------------------------------------------*/
    // 读端口1的读操作
    always @(*) begin
        if (cpu_rst_n == `RST_ENABLE)
            rd1 <= `ZERO_WORD;
        else if (ra1 == `REG_NOP)
            rd1 <= `ZERO_WORD;

        // 判断对于读端口1是否存在译码-写回相关
        else if ((re1 == `READ_ENABLE) && (we == `WRITE_ENABLE) && (wa == ra1))
            rd1 <= wd;

        else if (re1 == `READ_ENABLE)
            rd1 <= regs[ra1];
        else
            rd1 <= `ZERO_WORD;
    end

    ......

    /*----------------------------------------------------------------------*/
    /*-------------------------- 修改的第2段代码 ----------------------------*/
    /*----------------------------------------------------------------------*/
    // 读端口2的读操作
    always @(*) begin
        if (cpu_rst_n == `RST_ENABLE)
            rd2 <= `ZERO_WORD;
        else if (ra2 == `REG_NOP)
            rd2 <= `ZERO_WORD;

        // 判断对于读端口2是否存在译码-写回相关
        else if ((re2 == `READ_ENABLE) && (we == `WRITE_ENABLE) && (wa == ra2))
            rd2 <= wd;

        else if (re2 == `READ_ENABLE)
            rd2 <= regs[ra2];
        else
            rd2 <= `ZERO_WORD;
    end
    ......

endmodule
```

图 6-9　通用寄存器堆模块需要修改的代码

（3）exe_stage.v（执行模块）

执行模块需要修改的代码如图 6-10 所示，新添加的 I/O 端口如表 6-4 所示。

```
module exe_stage (

    ......

    /*----------------------------------------------------------------------*/
    /*-------------------------- 修改的第1段代码 ----------------------------*/
    /*----------------------------------------------------------------------*/
    // 从访存阶段获得的HI、LO寄存器的值
    input    wire                       mem2exe_whilo,
    input    wire [`DOUBLE_REG_BUS]     mem2exe_hilo,

    // 从写回阶段获得的HI、LO寄存器的值
    input    wire                       wb2exe_whilo,
    input    wire [`DOUBLE_REG_BUS]     wb2exe_hilo,
```

图 6-10　执行模块需要修改的代码

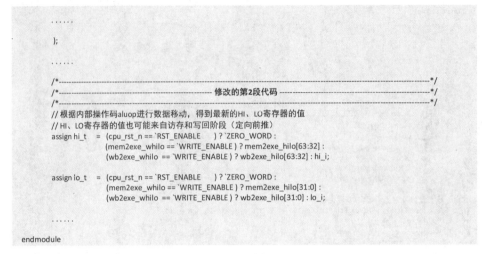

图 6-10　执行模块需要修改的代码（续）

表 6-4　执行模块新添加的输入/输出端口

端口名称	端口方向	端口宽度/位	端口描述
mem2exe_whilo	输入	1	从访存阶段前推到执行阶段的 HILO 寄存器写使能信号
mem2exe_hilo	输入	64	从访存阶段前推到执行阶段的待写入 HILO 寄存器的数据
wb2exe_whilo	输入	1	从写回阶段前推到执行阶段的 HILO 寄存器写使能信号
wb2exe_hilo	输入	64	从写回阶段前推到执行阶段的待写入 HILO 寄存器的数据

　　该模块中**修改的第 1 段代码**用于添加 4 个输入端口，它们分别用于接收从访存阶段和写回阶段定向前推而来的 HILO 寄存器的信息，包括写使能和待写入 HILO 寄存器的数据。这些前推的信息用于在执行阶段消除面向 HILO 寄存器的执行-访存相关和执行-写回相关。

　　修改的第 2 段代码，用于获得 HILO 寄存器的最新值。以 HI 寄存器为例，首先，代码"mem2exe_whilo == `WRITE_ENABLE"判断当前处于访存阶段的指令是否要写 HILO 寄存器，如果是，则 HI 寄存器的最新值为 mem2exe_hilo[63:32]；否则，代码"wb2exe_whilo == `WRITE_ENABLE"判断当前处于写回阶段的指令是否要写 HILO 寄存器，如果是，则 HI 寄存器的最新值为 wb2exe_hilo[63:32]。对 LO 寄存器的判断与 HI 寄存器是一样的。

　　此外，对上述模块修改后，MiniMIPS32 处理器内核的顶层模块，即 MiniMIPS32.v 文件，也需要修改，大家可参考图 6-7 完成，因为篇幅的原因，这里不再给出具体代码。大家也可参考资源包中与本节内容相关的工程代码。

2．功能测试

　　我们利用 Vivado 集成开发环境，对支持定向前推的 MiniMIPS32 处理器的流水线进行行为仿真，以测试其功能的正确性。测试程序 data_dep.S 如图 6-11 所示，采用 QtSPIM 指令集仿真器仿真后，各个寄存器的值如表 6-5 所示。从该测试代码可以看出，第 1 行指令和第 2 行指令对通用寄存器\$at 存在译码-执行相关。第 4 行指令和第 6 行指令对通用寄存器\$v0 存在译码-访存相关。第 2 行指令和第 5 行指令对通用寄存器\$at 存在译码-写回相关。第 6 行指令和第 7、8 行指令对 HILO 寄存器存在执行-访存相关和执行-写回相关。

```
          .set noat
          .set noreorder
          .globl main
          .text
          main:
01        lui     $at,    0x1234              # $at($1) = 0x12340000
02        ori     $at,    $at,    0xabcd      # $at = 0x1234abcd
03        lui     $v0,    0x1230              # $v0($2) = 0x12300000
04        ori     $v0,    $v0,    0xabcd      # $v0 = 0x1230abcd
05        subu    $v1,    $at,    $v0         # $v1($3) = $at - $v0 = 0x40000
06        mult    $v0,    $v1                 # hi = 0x48c2 lo = 0xaf340000
07        mfhi    $a0                         # $a0($4) = hi = 0x48c2
08        mflo    $a1                         # $a1($5) = lo = 0xaf340000
09        nop
```

图 6-11　测试程序 data_dep.S

表 6-5　测试程序 data_dep.S 通过 QtSpim 仿真后各个寄存器的值

寄存器编号	寄存器的值	寄存器编号	寄存器的值
$at ($1)	0x1234ABCD	$v0 ($2)	0x1230ABCD
$v1 ($3)	0x40000	$a0 ($4)	0x48C2
$a1 ($5)	0xAF340000	—	—
HI	0x48C2	LO	0xAF340000

仿真波形如图 6-12 所示。其中，图 6-12（a）给出了测试程序 data_dep.S 的运行结果，可以看出，对测试程序 data_dep.S 进行行为仿真后，最终各寄存器中的值与表 6-5 所给出的值一致，因此，我们实现的支持定向前推的 MiniMIPS32 处理器流水线的功能是正确的。

图 6-12（b）以测试程序 data_dep.S 中第 4 行和第 6 行指令为例，给出了针对通用寄存器堆的定向前推的波形图。在标记①处，第 4 行指令"ori $v0, $v0, 0xabcd"进入流水线，经过 5 个时钟周期后，在标记④处的时钟上升沿，其运算结果"0x1230abcd"被写入寄存器$v0 中。第 6 行指令"mult $v0, $v1"在标记②处进入流水线，并在标记③处进入译码阶段，此时需要读取寄存器$v0 的值。但在标记③处，第 4 行指令还处在访存阶段，其运算结果还没有被写入寄存器$v0，因此，第 4 行和第 6 行两条指令间对于通用寄存器$v0 存在译码-访存数据相关。从图 6-12（b）中可以看出，在标记③处第 4 行指令的运算结果被前推至第 6 行指令的译码阶段，使得其源操作数 1（id_src1_o）得到了所需的值"0x1230abcd"，从而保证了第 6 行指令的正确执行。因此，本节所设计的支持定向前推的 MiniMIPS32 处理器流水线可有效消除通用寄存器的数据相关。

图 6-12（c）以测试程序 data_dep.S 中第 6～8 行指令为例，给出了针对 HILO 寄存器的定向前推的波形图。在标记①处，第 6 行指令"mult $v0, $v1"进入流水线，经过 5 个时钟周期后，在标记⑥处的时钟上升沿，其运算结果"0x000048c2af340000"被写入 HILO 寄存器中。在标记②和③处，第 7、8 行指令"mfhi $a0"和"mflo $a1"进入流水线，并分别在标记④、⑤处进入执行阶段，试图去读取 HILO 寄存器的值。但在这两个时钟周期，第 6 行指令还处于访存阶段和写回阶段，其运算结果还没有写入 HILO 寄存器。因此第 6 行指令和第 7、8 行指令间针对 HILO 寄存器分别存在执行-访存数据相关和执行-写回数据相关。从图 6-12（c）中可以看出，在标记④、⑤处，第 6 行指令将其运算结果前推至第 7、8 行指令的执行阶段，从而使得它们都可以获得 HILO 寄存器的最新值，即"hi_t = 0x000048c2，lo_t = 0xaf340000"，从而保证这两条指令的正确执行，即使此时第 6 行指令的运算结果还未写回 HILO 寄存器。因此，本节所设计的支持定向前推的 MiniMIPS32 处理器流水线可有效消除 HILO 寄存器的数据相关。

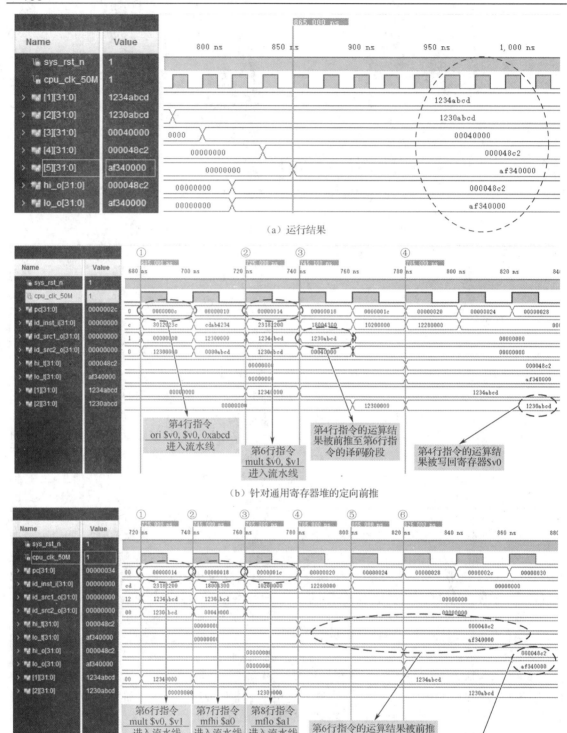

（a）运行结果

（b）针对通用寄存器堆的定向前推

（c）针对HILO寄存器的定向前推

图 6-12　测试程序 data_dep.S 的仿真波形图

6.2　流水线的控制相关和消除方法

到目前为止，MiniMIPS32 处理器的流水线已经支持非转移类指令。如果使流水线支持转移类指令（跳转指令或分支指令），则会引入一种新的相关，即**控制相关**，**也称为分支相关**。

6.2.1　控制相关的概念

控制相关是一种由转移指令引起的相关。当执行转移指令时，依据对转移条件的判断，处理器可能会顺序取下一条指令（即 PC = PC + 4），也可能会转移到新的目标地址取指令（即 PC = target_addr）。由于处理器每个时钟周期都会顺序取出一条指令，故在转移发生之前，转移指令之后的若干条指令已经被取到流水线中。此时，如果发生转移，则将造成转移指令之后进入流水线的那些指令是不应该被执行的，从而使程序运行发生错误，如图 6-13 所示。

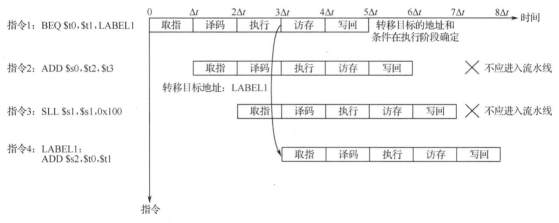

图 6-13　存在控制相关的指令序列和流水线时空图

第 1 条指令为分支指令，如果在流水线的执行阶段进行转移条件的判断，则此时第 2 条指令处于译码阶段，第 3 条指令处于取指阶段。假设转移判断条件成立，那么需要转移到新的目标地址（简称转移地址）LABEL1 去执行，并根据新的转移地址重新取指（即指令 4）。此时，第 2、3 条指令已进入流水线，势必会修改寄存器$s0 和$s1 的值。但由于发生转移，故这两条指令本不应该被执行，因此一旦后续指令需要再使用寄存器$s0 和$s1，则将造成程序错误。

6.2.2　控制相关的消除方法

消除控制相关最简单的方法是"冻结"（freeze）或"排空"（flush）流水线。一旦在流水线的译码阶段检测到转移指令，就暂停执行后续指令，直到转移指令到达执行阶段，确定了转移条件及下一条指令的目标地址后，再恢复后续指令的执行，如图 6-14 所示。

在 $2\Delta t$ 检测到第 1 条指令是转移指令，则向流水线插入暂停周期，终止后续指令的执行。经过 1 个时钟周期的延迟后（$3\Delta t$，第 1 条指令处于执行阶段），转移条件和转移地址都已确定，此时将根据转移地址重新取值，即将第 4 条指令发射到流水线中恢复流水线的运行，而第 2、3 条指令不再进入流水线，从而确保了程序的正确性。但这种方法会带来两个时钟周期的浪费，降低了流水线的性能，特别是流水线深度越深，造成的影响越明显。

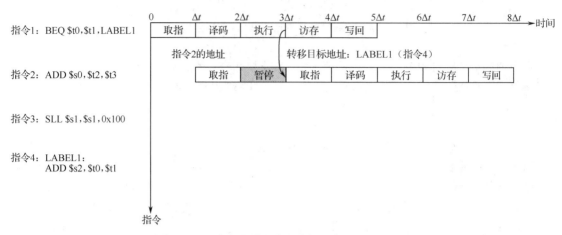

图 6-14　通过冻结/排空流水线的方法消除控制相关

实际上，在转移指令的译码阶段就可以判断出转移条件，并且计算出转移地址了。例如，对于分支指令 BEQ，在译码阶段就可以从寄存器中读取两个源操作数，然后只需在译码阶段增加 1 个加法器就可完成两个源操作数的比较，从而确定下一条指令的目标地址，其流水线时空图如图 6-15 所示。此时，只需在指令 1 译码阶段结束后，根据新的目标地址重新取值即可。这种方法相比冻结流水线减少了 1 个时钟周期的延迟。

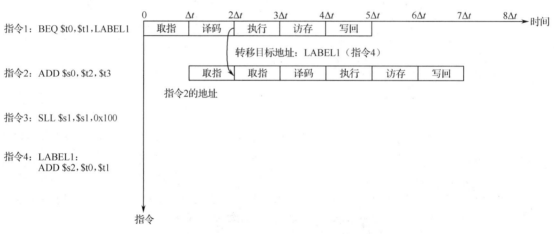

图 6-15　译码阶段进行转移条件判断的流水线时空图

能否进一步减少由于控制相关给流水线性能带来的负面影响呢？MiniMIPS32 处理器采用了一种称为**延迟转移（delayed branch）**的方法来解决处理器流水线的控制相关，这是一种通过编译器辅助的流水线优化技术，如图 6-16 所示。延迟转移规定转移指令（第 i 条）的后续一条指令（第 $i+1$ 条）所在的位置称为**"分支延迟槽"，简称"延迟槽（delay slot）"。**编译器在进行指令调度的时候，选择某条指令位于延迟槽中，使得无论转移成功与否流水线都会执行这条指令，这条位于延迟槽中的指令称为"延迟指令"。

如图 6-16（b）所示，采用延迟转移技术后，当第 i 条指令在译码阶段判断发生转移时，由于第 $i+1$ 条指令是延迟指令，因此它仍然会被执行。此时，不需要插入任何暂停周期，与图 6-16（a）所示的不发生转移时流水线的行为一致，不会造成流水线的停顿，极大降低了由于控制相关给流水线带来的性能损失。本质上，延迟转移技术就是在逻辑上"延长"了转移指令的执行时间。

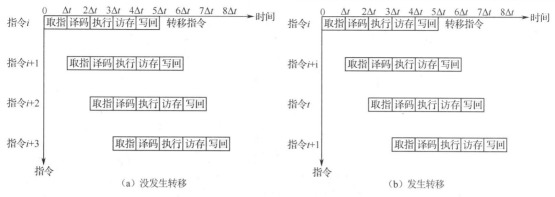

图 6-16　通过延迟转移的方法消除控制相关

此外，由于延迟指令（第 $i+1$ 条）会在转移目标指令（第 t 条）之前完成，因此，为了保证程序执行的正确性，选取的延迟指令不能修改转移目标指令会用到的寄存器。但由于延迟指令的选取是由编译器在指令调度阶段完成的，故本章进行处理器设计时不必关心延迟指令的选取，只需将其正常发射到流水线，正常运行即可。

6.2.3　转移指令流水线数据通路的设计

上述控制相关问题是由转移类指令引起的，如表 5-1 所示，引发转移的指令有 5 条：JR（R-型），J、JAL（J-型），BEQ、BNE（I-型）。其中 JR、J 和 JAL 是跳转指令，属于无条件转移；而 BEQ 和 BNE 是分支指令，属于条件转移。这 5 条转移指令的格式如图 6-17 所示。

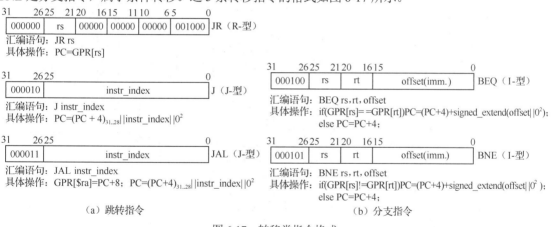

（a）跳转指令　　　　　　　　　　　　　　（b）分支指令

图 6-17　转移类指令格式

对于 3 条跳转指令，在译码阶段即可确定发生转移，并获得转移地址。其中，指令 JR 的转移地址等于 rs 字段确定的寄存器的值；指令 J 和 JAL 的转移目标地址由指令字中 instr_index 字段左移 2 位和下一条指令（即延迟指令）的高 4 位拼接而成。此外，JAL 指令还需要将该指令后面的第 2 条指令的地址（即 PC+8）作为返回地址保存到寄存器$ra 中。原因是采用延迟转移技术后，跳转指令的下一条指令一定被执行，因此返回地址应为跳转指令之后的第 2 条指令。对于 2 条分支指令 BEQ 和 BNE，需要在译码阶段判断转移是否发生，如果发生还需要计算出转移地址。转移地址由指令字中的 offset 字段（即立即数 imm.字段）左移 2 位，并符号扩展至 32 位，再与延迟指令的地址（即 PC+4）相加后得到。

支持转移类指令的 MiniMIPS32 流水线数据通路如图 6-18 所示，相比之前的设计，需要对取指阶段、译码阶段和执行阶段进行扩充，新增加的内容用虚线框和数字进行了标记。

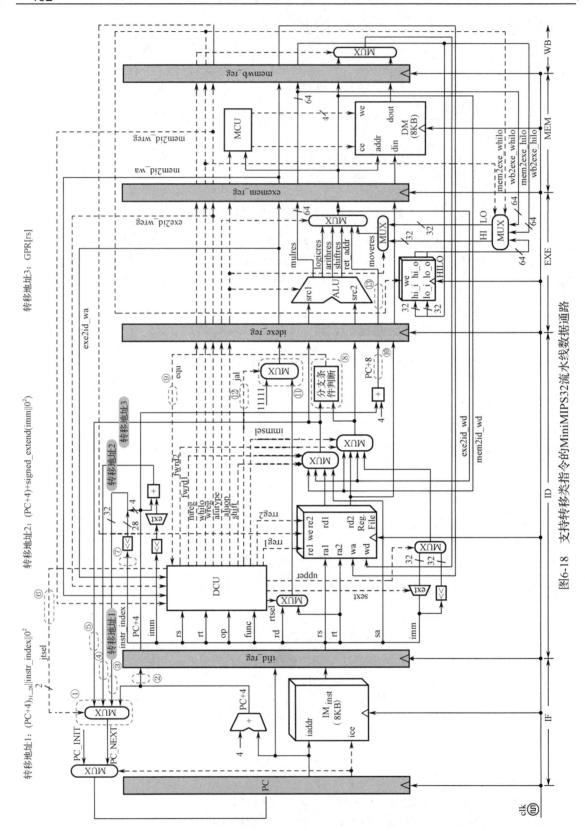

图6-18　支持转移类指令的MiniMIPS32流水线数据通路

第一阶段：取指阶段（IF）的设计

该阶段增加了一个多路选择器 MUX，如虚线框①所示。由于需要对转移类指令进行支持，因此下一条指令的地址 PC_NEXT 可能是"PC +4"，也可能是转移指令的目标地址。对于转移地址，根据不同的指令又有 3 种不同的来源：**指令 J 和 JAL 的转移地址**（即转移地址 1），如虚线框③所示；**指令 BEQ 和 BNE 的转移地址**（即转移地址 2），如虚线框④所示；**指令 JR 的转移地址**（即转移地址 3），如虚线框⑤所示。故用于选取 PC_NEXT 的多路选择器共有 4 个目标地址来源，在**转移地址选择信号 jtsel**（如虚线框⑥所示）的控制下，做出正确的选择。此外，在取指阶段还需要将"PC + 4"传递到流水线的下一阶段用于转移地址的计算。

第二阶段：译码阶段（ID）的设计

该阶段需要确定每条可能引起转移的指令是否发生转移，并计算出转移地址。在可能引发转移的指令中，J、JAL 和 JR 为跳转指令，无须判断转移条件，一定发生转移，故只需产生相应的转移地址选择信号 jtsel，并确定转移地址即可。对于 J 和 JAL 指令，转移目标地址由从取指阶段传递来的"PC +4"的高 4 位和指令字中的 26 位 instr_index 字段（如虚线框⑦）左移两位后拼接得到，也就是图 6-18 中的转移地址 1。对于 JR 指令，转移地址为指令字中 rs 字段确定的寄存器中的值，也就是图 6-18 中的转移地址 3。

BEQ 和 BNE 为分支指令，除了计算转移地址，还需要通过一个**分支条件判断单元**（如虚线框⑧所示）确定分支条件是否成立。该单元根据指令字中 rs 和 rt 字段检索到的寄存器的值是否相等，产生**相等标志信号 equ**（如虚线框⑨所示），并将该信号送入 DCU 中，用于产生转移地址选择信号 jtsel。BEQ 和 BNE 两条指令的转移地址则由流水线取指阶段传递而来的"PC + 4"和指令字中立即数 imm. 字段（也就是 offset 字段）经符号扩展并左移 2 位后的值相加得到，也就是图 6-18 中的转移地址 2。

此外，按照 JAL 的指令格式，还需要将返回地址"PC + 8"（如虚线框⑩所示）保存到寄存器$ra 中。因此，在译码阶段，对于该指令，需要设置寄存器写使能信号 wreg 为有效。由于其待写入目的寄存器的索引为确定值 31（寄存器$ra），而其他指令目的寄存器的索引由指令字中的 rd 或 rt 字段确定，因此需要添加一个多路选择器 MUX（如虚线框⑪所示），在**子程序调用使能信号 jal**（如虚线框⑫所示）的控制下，对目的寄存器的索引做出最终选择。返回地址"PC + 8"也要被送到下一级流水段。

第三阶段：执行阶段（EXE）的设计

该阶段将从译码阶段传递来的**返回地址 ret_add**（如虚线框⑬所示），即"PC + 8"，连接到用于选择执行阶段运行结果的多路选择器之上。如果操作类型 alutype 为转移类型，则选择返回地址作为执行阶段的最终计算结果。

6.2.4　转移指令流水线控制单元的设计

为了支持 J、JAL、JR、BEQ 和 BNE 这 5 条转移指令，需要在译码控制单元 DCU 的第一级逻辑对其进行识别，产生 inst_j、inst_jal、inst_jr、inst_beq 和 inst_bne 5 个信号，如图 6-19 所示。对于这 5 条指令，除 JR 指令需要 op 字段和 func 字段一起确定外，其他指令只需要使用 op 字段就可进行区分。因此，根据表 6-6 给出这 5 个信号的逻辑表达式。

$$\text{inst\_jal} = \overline{\text{op}[5]} \cdot \overline{\text{op}[4]} \cdot \overline{\text{op}[3]} \cdot \overline{\text{op}[2]} \cdot \text{op}[1] \cdot \text{op}[0]$$

$$\text{inst\_j} = \overline{\text{op}[5]} \cdot \overline{\text{op}[4]} \cdot \overline{\text{op}[3]} \cdot \overline{\text{op}[2]} \cdot \text{op}[1] \cdot \overline{\text{op}[0]}$$

$$\text{inst\_jr} = \text{inst\_reg} \cdot \overline{\text{func}[5]} \cdot \overline{\text{func}[4]} \cdot \text{func}[3] \cdot \overline{\text{func}[2]} \cdot \overline{\text{func}[1]} \cdot \overline{\text{func}[0]}$$

$$\text{inst\_beq} = \overline{\text{op}[5]} \cdot \overline{\text{op}[4]} \cdot \overline{\text{op}[3]} \cdot \text{op}[2] \cdot \overline{\text{op}[1]} \cdot \overline{\text{op}[0]}$$

$$\text{inst\_bne} = \overline{\text{op}[5]} \cdot \overline{\text{op}[4]} \cdot \overline{\text{op}[3]} \cdot \text{op}[2] \cdot \overline{\text{op}[1]} \cdot \text{op}[0]$$

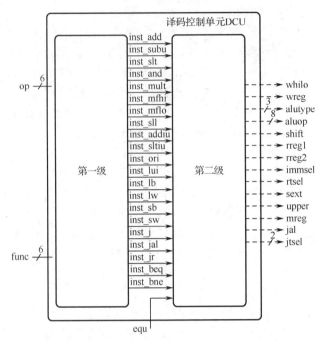

图 6-19　支持转移类指令的译码控制单元 DCU

表 6-6　转移指令的译码

指　　令	op 字段[5：0]	func 字段[5：0]
J	000010	—
JAL	000011	—
JR	000000	001000
BEQ	000100	—
BNE	000101	—

在加入了 5 条转移指令之后，DCU 的第二级逻辑新增了两个输出控制信号和一个输入控制信号，如表 6-7 所示。

表 6-7　加入转移指令后 DCU 新增控制信号的含义

控制信号	方　　向	含义和取值情况
jtsel[1：0]	输出	转移地址选择信号：00 表示下一条指令的地址为 "PC + 4"；01 表示下一条指令的地址为跳转指令 J 和 JAL 的转移地址；10 表示下一条指令的地址为跳转指令 JR 的转移地址；11 表示下一条指令的地址为分支指令 BEQ 和 BNE 的转移地址
jal	输出	子程序调用使能信号：0 表示不是 JAL 指令，目的寄存器的地址由 rd 或 rt 字段确定；1 表示是 JAL 指令，目的寄存器的地址为 31
equ	输入	相等标志信号：0 表示分支指令的两个源操作数不相等；1 表示分支指令的两个源操作数相等

根据各个控制信号的含义，并结合表 5-4，包含转移类指令的真值表如表 6-8 所示，灰色单元格表示新加入的指令和控制信号。其中 equ 为输入信号，对于非转移类指令及指令 J、JAL 和 JR，equ 的值不会对任何输出控制信号产生影响。对于 BEQ 和 BNE 指令，则根据 equ 的不同，产生不同的输出控制信号。

表 6-8　支持转移类指令后 DCU 产生的控制信号的真值表

指　令	equ	控 制 信 号													
		rreg1	rreg2	wreg	whilo	aluop[7:0]	alutype[2:0]	shift	immsel	rtsel	sext	upper	mreg	jal	jtsel[1:0]
ADD	×	1	1	1	0	0001 1000	001	0	0	0	×	×	0	0	00
SUBU	×	1	1	1	0	0001 1011	001	0	0	0	×	×	0	0	00
SLT	×	1	1	1	0	0010 0110	001	0	0	0	×	×	0	0	00
AND	×	1	1	1	0	0001 1100	010	0	0	0	×	×	0	0	00
MULT	×	1	1	0	1	0001 0100	×××	0	0	×	×	×	×	0	00
MFHI	×	0	0	1	0	0000 1100	011	×	×	0	×	×	0	0	00
MFLO	×	0	0	1	0	0000 1101	011	×	×	0	×	×	0	0	00
SLL	×	0	1	1	0	0001 0001	100	1	0	0	×	×	0	0	00
ADDIU	×	1	0	1	0	0001 1001	001	0	1	1	1	0	0	0	00
SLTIU	×	1	0	1	0	0010 0111	001	0	1	1	1	0	0	0	00
ORI	×	1	0	1	0	0001 1101	010	0	1	1	0	0	0	0	00
LUI	×	0	0	1	0	0000 0101	010	×	1	1	×	1	0	0	00
LB	×	1	0	1	0	1001 0000	001	0	1	1	1	0	1	0	00
LW	×	1	0	1	0	1001 0010	001	0	1	1	1	0	1	0	00
SB	×	1	1	0	0	1001 1000	001	0	1	×	1	0	×	0	00
SW	×	1	1	0	0	1001 1010	001	0	1	×	1	0	×	0	00
J	×	0	0	0	0	0010 1100	101	×	×	×	×	×	×	×	01
JAL	×	0	0	1	0	0010 1110	101	×	×	×	×	×	0	1	01
JR	×	1	0	0	0	0010 1101	101	×	×	×	×	×	×	0	10
BEQ	0	1	1	0	0	0011 0000	101	0	0	×	×	×	×	×	00
BEQ	1														11
BNE	0	1	1	0	0	0011 0001	101	0	0	×	×	×	×	×	11
BNE	1														00

根据表 6-8 给出新增输出控制信号的逻辑表达式及需要修改的逻辑表达式，如下所示。

```
rreg1   =   inst_add + inst_subu + inst_slt + inst_and + inst_mult +
            inst_ori + inst_addiu + inst_sltiu + inst_lb + inst_lw + inst_sb
```

		+ inst_sw + inst_jr + inst_beq + inst_bne
rreg2	=	inst_add + inst_subu + inst_slt + inst_and + inst_mult + inst_sll + inst_sb + inst_sw + inst_beq + inst_bne
wreg	=	inst_add + inst_subu + inst_slt + inst_and + inst_mfhi + inst_mflo + inst_sll + inst_ori + inst_lui + inst_addiu + inst_sltiu + inst_lb + inst_lw + inst_jr
aluop[5]	=	inst_slt + inst_sltiu + inst_j + inst_jal + inst_jr + inst_beq + inst_bne
aluop[4]	=	inst_add + inst_subu + inst_and + inst_mult + inst_sll + inst_ori + inst_addiu + inst_lb + inst_lw + inst_sb + inst_sw + inst_beq + inst_bne
aluop[3]	=	inst_add + inst_subu + inst_and + inst_mfhi + inst_mflo + inst_ori + inst_addiu + inst_sb + inst_sw + inst_j + inst_jal + inst_jr
aluop[2]	=	inst_slt + inst_and + inst_mult + inst_mfhi + inst_mflo + inst_ori + inst_lui + inst_sltiu + inst_j + inst_jal + inst_jr
aluop[1]	=	inst_subu + inst_slt + inst_sltiu + inst_lw + inst_sw + inst_jal
aluop[0]	=	inst_subu + inst_mflo + inst_sll + inst_ori + inst_lui + inst_addiu + inst_sltiu + inst_jr + inst_bne
alutype[2]	=	inst_sll + inst_j + inst_jal + inst_jr + inst_beq + inst_bne
alutype[0]	=	inst_add + inst_subu + inst_slt + inst_mfhi + inst_mflo + inst_addiu + inst_sltiu + inst_lb +inst_lw + inst_sb + inst_sw + inst_j + inst_jal + inst_jr + inst_beq + inst_bne
jal	=	inst_jal
jtsel[0]	=	inst_jr + inst_beq.equ + $\overline{\text{inst\_bne.equ}}$
jtsel[1]	=	inst_j + inst_jal + inst_beq.equ + $\overline{\text{inst\_bne.equ}}$

综上，根据获得的译码控制单元 DCU 的逻辑表达式，我们可以很方便地采用 Verilog HDL 的数据流建模方式对其进行描述实现。

6.2.5　基于 Verilog HDL 的实现与测试

1. 支持转移指令的 MiniMIPS32 处理器流水线的 Verilog HDL 实现

支持转移类指令的 MiniMIPS32 处理器流水线的结构如图 6-20 所示。为了简洁，图 6-20 中只给出新添加的连接线，已有的连接线如无特别需要不再画出。相比之前的设计，引入转移指令只需要修改流水线中部分模块的实现。下面仅针对需要修改的模块，给出具体的 Verilog HDL 实现，其他模块保持不变即可。对于需要修改的模块，仅列出需要修改和添加的语句，其他语句用省略号代替。

（1）define.v

由于在 MiniMIPS32 处理器中引入了转移类指令，因此，需要添加一些额外的宏定义，故对 define.v 做出图 6-21 所示的修改。其中，**修改的第 1 段代码**增加了两个全局参数，分别用于表示 J 型指令字中 instr_index 字段的宽度和转移地址选择信号的宽度。**修改的第 2 段代码**分别增加了转移类指令的操作类型宏定义和内部操作码宏定义。

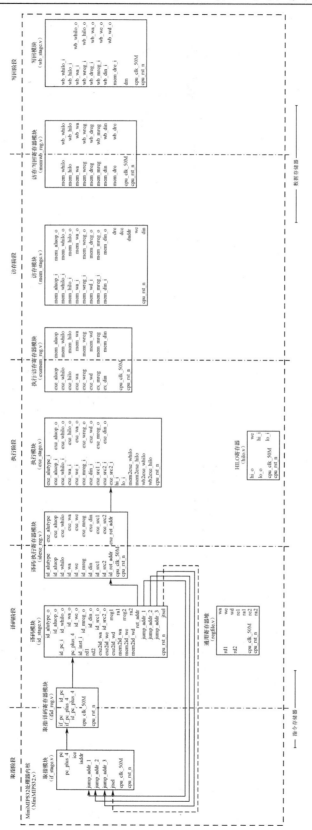

图6-20　支持转移类指令的MiniMIPS32处理器流水线的结构（只包含新添加的连接线）

```
/*-----------------------------------------------------------------------------*/
/*-------------------------------- 修改的第1段代码 --------------------------------*/
/*-------------------------------- 全局参数 --------------------------------*/
`define    JUMP_BUS        25:0        //J型指令字中instr_index字段的宽度
`define    JTSEL_BUS       1:0         // 转移地址选择信号的宽度

......


/*-----------------------------------------------------------------------------*/
/*-------------------------------- 修改的第2段代码 --------------------------------*/
/*-----------------------------------------------------------------------------*/
/*-------------------------------- 指令字参数 --------------------------------*/
......

// 操作类型alutype
`define    JUMP            3'b101

// 内部操作码aluop
`define    MINIMIPS32_J    8'h2C
`define    MINIMIPS32_JR   8'h2D
`define    MINIMIPS32_JAL  8'h2E
`define    MINIMIPS32_BEQ  8'h30
`define    MINIMIPS32_BNE  8'h31

......

endmodule
```

图 6-21　对 define.v 所做的修改

（2）if_stage.v（取指模块）

取指模块需要修改的代码如图 6-22 所示，新添加的 I/O 端口如表 6-9 所示。

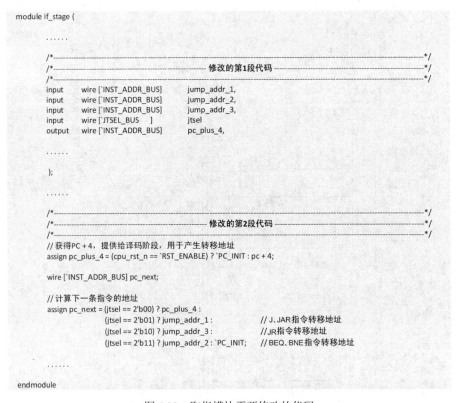

```
module if_stage (
    ......

    /*-----------------------------------------------------------------------------*/
    /*-------------------------------- 修改的第1段代码 --------------------------------*/
    /*-----------------------------------------------------------------------------*/
    input     wire [`INST_ADDR_BUS]    jump_addr_1,
    input     wire [`INST_ADDR_BUS]    jump_addr_2,
    input     wire [`INST_ADDR_BUS]    jump_addr_3,
    input     wire [`JTSEL_BUS    ]    jtsel
    output    wire [`INST_ADDR_BUS]    pc_plus_4,

    ......

    );

    ......


    /*-----------------------------------------------------------------------------*/
    /*-------------------------------- 修改的第2段代码 --------------------------------*/
    /*-----------------------------------------------------------------------------*/
    // 获得PC + 4，提供给译码阶段，用于产生转移地址
    assign pc_plus_4 = (cpu_rst_n == `RST_ENABLE) ? `PC_INIT : pc + 4;

    wire [`INST_ADDR_BUS] pc_next;

    // 计算下一条指令的地址
    assign pc_next = (jtsel == 2'b00) ? pc_plus_4 :
                     (jtsel == 2'b01) ? jump_addr_1 :          // J、JAR指令转移地址
                     (jtsel == 2'b10) ? jump_addr_3 :          //JR指令转移地址
                     (jtsel == 2'b11) ? jump_addr_2 : `PC_INIT;  // BEQ、BNE指令转移地址

    ......

endmodule
```

图 6-22　取指模块需要修改的代码

表 6-9　取指模块新添加的 I/O 端口

端 口 名 称	端 口 方 向	端口宽度/位	端 口 描 述
jump_addr_1	输入	32	J、JAL 指令的转移目标地址
jump_addr_2	输入	32	BEQ、BNE 指令的转移目标地址
jump_addr_3	输入	32	JR 指令的转移目标地址
jtsel	输入	2	转移地址选择信号
pc_plus_4	输出	32	当前 PC 值加 4 后的值（即 PC＋4）

在该模块中，**修改的第 1 段代码**用于添加新的 I/O 端口，其中 jump_addr_1、jump_addr_2 和 jump_addr_3 用于接收来自译码阶段的不同转移指令生成的转移目标地址。jtsel 用于对转移目标地址做出选择，作为 MiniMIPS32 处理器内核下一条指令的地址。pc_plus_4 输出"PC＋4"，用于在译码阶段进行相关转移目标地址的计算。

修改的第 2 段代码根据转移地址选择信号 jtsel，确定下一条进入 MiniMIPS32 处理器流水线的指令的地址，选择规则请参照表 6-7。

（3）ifid_reg.v（取指/译码寄存器模块）

取指/译码寄存器模块需要修改的代码如图 6-23 所示，新添加的 I/O 端口如表 6-10 所示。

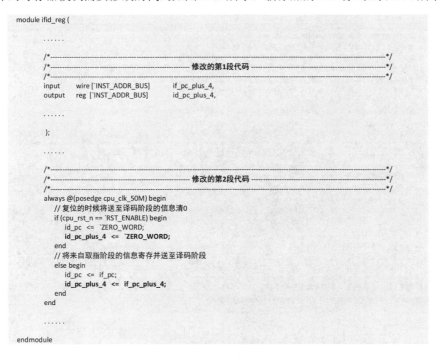

图 6-23　取指/译码寄存器模块需要修改的代码

表 6-10　取指/译码寄存器模块新添加的 I/O 端口

端 口 名 称	端 口 方 向	端口宽度/位	端 口 描 述
if_pc_plus_4	输入	32	来自取指阶段的"PC＋4"的值
id_pc_plus_4	输出	32	送至译码阶段的"PC＋4"的值

在该模块中，**修改的第 1 段代码**用于添加新的 I/O 端口 if_pc_plus_4 和 id_pc_plus_4。

修改的第 2 段代码在时钟上升沿处，将从端口 if_pc_plus_4 接收到的来自取指阶段的"PC+4"的值，通过端口 id_pc_plus_4 送至译码阶段。

（4）id_stage.v（译码模块）

译码模块需要修改的代码如图 6-24 所示，新添加的 I/O 端口如表 6-11 所示。

```
module id_stage (
    ......

    /*----------------------------------------------------------------------------*/
    /*----------------------------------- 修改的第1段代码 --------------------------*/
    /*----------------------------------------------------------------------------*/
    input     wire [`INST_ADDR_BUS]      pc_plus_4,

    output    wire [`INST_ADDR_BUS]      jump_addr_1,
    output    wire [`INST_ADDR_BUS]      jump_addr_2,
    output    wire [`INST_ADDR_BUS]      jump_addr_3,
    output    wire [`BIT_BUS    ]        jtsel,
    output    wire [`INST_ADDR_BUS]      ret_addr

    );

    ......

    /*----------------------------------------------------------------------------*/
    /*----------------------------------- 修改的第2段代码 --------------------------*/
    /*----------------------------------------------------------------------------*/
    // 第一级译码逻辑生成转移指令识别信号
    wire inst_j   = ~op[5] & ~op[4] & ~op[3] & ~op[2] & op[1] & ~op[0];
    wire inst_jal = ~op[5] & ~op[4] & ~op[3] & ~op[2] & op[1] & op[0];
    wire inst_jr  = inst_reg & ~func[5] & ~func[4] & ~func[3] & ~func[2] & ~func[1] & ~func[0];
    wire inst_beq = ~op[5] & ~op[4] & ~op[3] & op[2] & ~op[1] & ~op[0];
    wire inst_bne = ~op[5] & ~op[4] & ~op[3] & op[2] & ~op[1] & op[0];

    ......

    /*----------------------------------------------------------------------------*/
    /*----------------------------------- 修改的第3段代码 --------------------------*/
    /*----------------------------------------------------------------------------*/
    //生成相等使能信号
    wire equ = (cpu_rst_n == `RST_ENABLE) ? 1'b0 :
               (inst_beq) ? (id_src1_o == id_src2_o) :
               (inst_bne) ? (id_src1_o != id_src2_o) : 1'b0;

    ......

    /*----------------------------------------------------------------------------*/
    /*----------------------------------- 修改的第4段代码 --------------------------*/
    /*----------------------------------------------------------------------------*/
    // 第二级译码逻辑产生译码控制信号（只列出需要修改的信号）
    assign id_alutype_o[2] = (cpu_rst_n == `RST_ENABLE) ? 1'b0 :
                      (inst_sll | inst_j | inst_jal | inst_jr | inst_beq | inst_bne);
    ......

    assign id_alutype_o[0] = (cpu_rst_n == `RST_ENABLE) ? 1'b0 :
                      (inst_add | inst_subu | inst_slt | inst_mfhi | inst_mflo |
                       inst_addiu | inst_sltiu | inst_lb | inst_lw | inst_sb | inst_sw |
                       inst_j | inst_jal | inst_jr | inst_beq | inst_bne);

    ......

    assign id_aluop_o[5]  = (cpu_rst_n == `RST_ENABLE) ? 1'b0 :
                      (inst_slt | inst_sltiu | inst_j | inst_jal | inst_jr | inst_beq | inst_bne);
    assign id_aluop_o[4]  = (cpu_rst_n == `RST_ENABLE) ? 1'b0 :
```

图 6-24　译码模块需要修改的代码

```
                         (inst_add | inst_subu | inst_and | inst_mult | inst_sll |
                          inst_ori | inst_addiu | inst_lb | inst_lw | inst_sb | inst_sw |
                          inst_beq | inst_bne);
assign id_aluop_o[3] = (cpu_rst_n == `RST_ENABLE) ? 1'b0 :
                         (inst_add | inst_subu | inst_and | inst_mfhi | inst_mflo |
                          inst_ori | inst_addiu | inst_sb | inst_sw | inst_j | inst_jal | inst_jr);
assign id_aluop_o[2] = (cpu_rst_n == `RST_ENABLE) ? 1'b0 :
                         (inst_slt | inst_and | inst_mult | inst_mfhi | inst_mflo |
                          inst_ori | inst_lui | inst_sltiu | inst_j | inst_jal | inst_jr);
assign id_aluop_o[1] = (cpu_rst_n == `RST_ENABLE) ? 1'b0 :
                         (inst_subu | inst_slt | inst_sltiu | inst_lw | inst_sw | inst_jal);
assign id_aluop_o[0] = (cpu_rst_n == `RST_ENABLE) ? 1'b0 :
                         (inst_subu | inst_mflo | inst_sll |
                          inst_ori | inst_lui | inst_addiu | inst_sltiu | inst_jr | inst_bne);

assign id_wreg_o   = (cpu_rst_n == `RST_ENABLE) ? 1'b0 :
                         (inst_add | inst_subu | inst_slt | inst_and | inst_mfhi | inst_mflo | inst_sll |
                          inst_ori | inst_lui | inst_addiu | inst_sltiu | inst_lb | inst_lw | inst_jal);

......

// 通用寄存器堆读端口1使能信号
assign rreg1 = (cpu_rst_n == `RST_ENABLE) ? 1'b0 :
                 (inst_add | inst_subu | inst_slt | inst_and | inst_mult |
                  inst_ori | inst_addiu | inst_sltiu | inst_lb | inst_lw | inst_sb | inst_sw |
                  inst_jr | inst_beq | inst_bne);
// 通用寄存器堆读端口2使能信号
assign rreg2 = (cpu_rst_n == `RST_ENABLE) ? 1'b0 :
                 (inst_add | inst_subu | inst_slt | inst_and | inst_mult | inst_sll |
                  inst_sb | inst_sw | inst_beq | inst_bne);

......

//生成子程序调用使能信号
wire jal = inst_jal;

//生成转移地址选择信号
assign jtsel[1] = inst_jr | inst_beq & equ | inst_bne & equ;
assign jtsel[0] = inst_j | inst_jal | inst_beq & equ | inst_bne & equ;

......

/*------------------------------------------------------------------------------------*/
/*------------------------------ 修改的第5段代码 ---------------------------------------*/
/*------------------------------------------------------------------------------------*/
// 获得待写入目的寄存器的地址（可能来自rs字段、rt字段，也可能是31号寄存器的地址）
assign id_wa_o = (cpu_rst_n == `RST_ENABLE) ? `ZERO_WORD :
                   (rtsel == `RT_ENABLE   ) ? rt :
                   (jal   == `TRUE_V      ) ? 5'b11111 : rd;

......

/*------------------------------------------------------------------------------------*/
/*------------------------------ 修改的第6段代码 ---------------------------------------*/
/*------------------------------------------------------------------------------------*/
// 生成计算转移地址所需信号
wire [`INST_ADDR_BUS] pc_plus_8 = pc_plus_4 + 4;
wire [`JUMP_BUS  ]    instr_index = id_inst[25:0];
wire [`INST_ADDR_BUS] imm_jump  = {{14{imm[15]}}, imm, 2'b00};

// 获得转移地址
assign jump_addr_1 = {pc_plus_4[31:28], instr_index, 2'b00};
assign jump_addr_2 = pc_plus_4 + imm_jump;
assign jump_addr_3 = id_src1_o;

// 生成子程序调用的返回地址
assign ret_addr  = pc_plus_8;

......

endmodule
```

图 6-24　译码模块需要修改的代码（续）

表 6-11   译码模块新添加的 I/O 端口

端口名称	端口方向	端口宽度/位	端口描述
pc_plus_4	输入	32	处于译码阶段的指令的"PC＋4"的值
jump_addr_1	输出	32	处于译码阶段的是 J 或 JAL 指令时的转移目标地址
jump_addr_2	输出	32	处于译码阶段的是 BEQ 或 BNE 指令时的转移目标地址
jump_addr_3	输出	32	处于译码阶段的是 JR 指令时的转移目标地址
jtsel	输出	2	处于译码阶段的指令的转移地址选择信号
ret_addr	输出	32	处于译码阶段的是 JAL 指令时的返回地址

在该模块中，修改的第 1 段代码用于添加新的 I/O 端口，详见表 6-11。

修改的第 2 段代码用于在第一级译码逻辑中添加 5 条转移指令的识别信号，其逻辑表达式可参考表 6-6。

修改的第 3 段代码生成相等标志信号 equ，该信号用于产生译码控制信号。

修改的第 4 段代码表示第二级译码逻辑产生的译码控制信号，这里只列出引入转移类指令后，需要修改和添加的译码控制信号。其中，新添加的译码控制信号包括子程序调用使能信号 jal 和转移地址选择信号 jtsel。

修改的第 5 段代码在原有的目的寄存器的地址基础上，又添加了 JAL 指令的返回地址。此时，目的寄存器的地址可能来自指令字的 rt 字段（如 I-型指令），可能来自指令字的 rd 字段（如 R-型指令），也可能就是第 31 号寄存器（即 JAL 指令）。

修改的第 6 段代码是专门针对转移类指令添加的，主要完成两个任务。一个任务是根据不同的转移指令，生成转移目标地址 jump_addr_1（J 指令和 JAL 指令）、jump_addr_2（BEQ 指令和 BNE 指令）和 jump_addr_3（JR 指令）。另一个任务是生成 JAL 指令的返回地址 ret_addr，由于 MiniMIPS32 处理器支持延迟转移，故返回地址应该为"PC＋8"的值，即代码中的变量 pc_plus_8。

（5）idexe_reg.v（译码/执行寄存器模块）

译码/执行寄存器模块需要修改的代码如图 6-25 所示，新添加的 I/O 端口如表 6-12 所示。

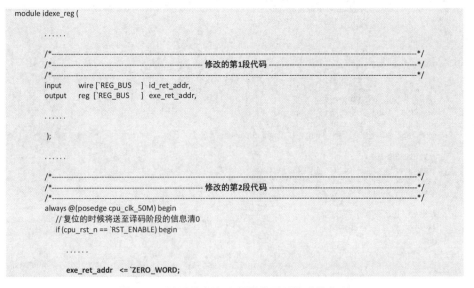

图 6-25   译码/执行寄存器模块需要修改的代码

```
        end
        // 将来自取指阶段的信息寄存并送至译码阶段
        else begin

            ......

            exe_ret_addr  <= id_ret_addr;

        end
    end

    ......

endmodule
```

图 6-25　译码/执行寄存器模块需要修改的代码（续）

表 6-12　译码/执行寄存器模块新添加的 I/O 端口

端 口 名 称	端 口 方 向	端口宽度/位	端 口 描 述
id_ret_addr	输入	32	来自译码阶段的 JAL 指令的返回地址
exe_ret_addr	输出	32	送至执行阶段的 JAL 指令的返回地址

在该模块中，**修改的第 1 段代码**用于添加新的 I/O 端口 id_ret_addr 和 exe_ret_addr。

修改的第 2 段代码在时钟上升沿处，将从端口 id_ret_addr 接收到的来自译码阶段的返回地址，通过端口 exe_ret_addr 送至执行阶段。

（6）exe_stage.v（执行模块）

执行模块需要修改的代码如图 6-26 所示，新添加的 I/O 端口如表 6-13 所示。

```
module exe_stage (

    ......

    /*----------------------------------------------------------------------*/
    /*------------------------------ 修改的第1段代码 ------------------------*/
    /*----------------------------------------------------------------------*/
    input    wire [`INST_ADDR_BUS ]       ret_addr,

    ......

    );

    ......

    /*----------------------------------------------------------------------*/
    /*------------------------------ 修改的第2段代码 ------------------------*/
    /*----------------------------------------------------------------------*/
    // 根据操作类型alutype确定执行阶段最终的运算结果
    assign exe_wd_o = (cpu_rst_n  == `RST_ENABLE ) ? `ZERO_WORD :
                      (exe_alutype_i == `LOGIC  ) ? logicres :
                      (exe_alutype_i == `SHIFT  ) ? shiftres :
                      (exe_alutype_i == `MOVE   ) ? moveres :
                      (exe_alutype_i == `ARITH  ) ? arithres :
                      (exe_alutype_i == `JUMP   ) ? ret_addr : `ZERO_WORD;

    ......

endmodule
```

图 6-26　译码/执行寄存器模块需要修改的代码

表 6-13　执行模块新添加的 I/O 端口

端 口 名 称	端 口 方 向	端口宽度/位	端 口 描 述
ret_addr	输入	32	处于执行阶段的是 JAL 指令的返回地址

在该模块中，**修改的第 1 段代码**用于添加新的输入端口 ret_addr，以接收返回地址。

修改的第 2 段代码，在确定执行阶段的最终运算结果 exe_wd_o 时，新增加了一个选项，即如果操作类型为转移指令，则选择返回地址 ret_addr。也就是说，当遇到 JAL 指令时，返回地址将作为待写入目的寄存器的数据，从执行阶段向后传递。

此外，对上述模块进行修改后，MiniMIPS32 处理器内核的顶层模块，即 MiniMIPS32.v 文件，也需要修改，大家可参考图 6-20 完成。因为篇幅的原因，这里不再给出具体代码。大家也可参考资源包中与本节内容相关的工程代码。

2. 功能测试

我们利用 Vivado 集成开发环境，对支持转移类指令的 MiniMIPS32 处理器的流水线进行行为仿真，以测试其功能的正确性。测试程序 jump.S 如图 6-27 所示，采用 QtSpim 指令集仿真器仿真后，各寄存器的值如表 6-14 所示（**注意，QtSpim 仿真器中 PC 的初始值为 "0x400000"，与 MiniMIPS32 处理器 PC 的初始值不同，故表 6-14 中 \$ra 寄存器的值 "0x14" 是相对本设计的结果，而不是 QtSpim 的仿真结果**）。在该测试程序中，转移目标地址的变化如下：main（PC = 0x00）→L2（PC = 0x14）→L3（PC = 0x0C）→L4（PC = 0x24）→L5（PC = 0x30）→loop（PC = 0x40）。由于第 24 行指令的条件不满足，故不会跳转到 L6 处。寄存器\$at（\$1）的值不断变化，并且第 7、12 和 16 行均是由延迟槽指令修改\$at 的值。最终，\$at 取指为 0x50000。第 6 行 jal 指令的 PC 值为 0x0C，因此返回地址为 "PC+8 = 0x14"，保存在寄存器\$ra（\$31）中。

```
          .set noat
          .set noreorder
          .globl main
          .text
          main:
01        lui      $at,     0x1              # (PC = 0x00)      $at($1) = 0x10000
02        j        L2                        # (PC = 0x04)      跳转到L2（入口地址为0x14）
03        nop                                # (PC = 0x08)      延迟槽指令
04
05        L3:
06        jal      L4                        # (PC = 0x0C)      跳转到L4（入口地址为0x24），$ra($31) = 0x14
07        lui      $at,     0x3              # (PC = 0x10)      延迟槽指令，$at = 0x30000
08
09        L2:
10        la       $v0,     L3               # (PC = 0x14)      $v0($2) = 标记L3的地址，# la指令是一条由两条指令构成的伪指令
11        jr       $v0                       # (PC = 0x1C)      跳转到L3（入口地址为0x0C）
12        lui      $at,     0x2              # (PC = 0x20)      延迟槽指令，$at = 0x20000
13
14        L4:
15        bne      $at,     $v0,     L5      # (PC = 0x24)      条件满足，跳转到L5（入口地址为0x30）
16        lui      $at,     0x4              # (PC = 0x28)      延迟槽指令，$at = 0x40000
17
18        L6:
19        lui      $at,     0xA              # (PC = 0x2C)      $at = 0xA0000 该程序运行不到该指令
20
21        L5:
22        lui      $at,     0x5              # (PC = 0x30)      $at = 0x50000
23        lui      $v0,     0x6              # (PC = 0x34)      $v0 = 0x60000
24        beq      $at,     $v0,     L6      # (PC = 0x38)      条件不满足，顺序执行
25        nop                                # (PC = 0x3C)      延迟槽指令
26
27        loop:
28        j        loop                      # (PC = 0x40)
29        nop                                # (PC = 0x44)      延迟槽指令
```

图 6-27 测试程序 jump.S

表 6-14　测试程序 jump.S 通过 QtSpim 仿真后各寄存器的值

寄存器编号	寄存器的值
$at ($1)	0x50000
$v0 ($2)	0x60000
$ra ($31)	0x14

仿真波形如图 6-28 所示。其中，图 6-28（a）给出了测试程序 jump.S 的运行结果，可以看出，最终各寄存器中的值与表 6-14 所给出的值一致，因此，本节实现的支持转移类指令的 MiniMIPS32 处理器流水线的功能是正确的。

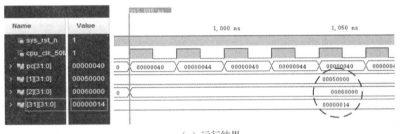

（a）运行结果

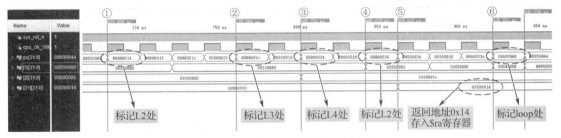

（b）PC 值随测试程序执行的变化情况

图 6-28　测试程序 jump.S 的仿真波形图

图 6-28（b）给出了测试程序 jump.S 执行过程中 PC 值的变化情况。首先，**在标记①处**，第 2 行指令"j L2"使程序转移到标记 L2 处（PC = 0x14）。然后，**在标记②处**，第 11 行指令"jr $v0"使程序转移到标记 L3 处（PC = 0x0C）。接着，**在标记③处**，第 6 行指令"jal L4"使程序转移到标记 L4 处（PC = 0x24）。此指令为子程序调用指令，需要将返回地址 0x14 保存到寄存器$ra 中，**如标记⑤所示**。再接着，**在标记④处**，第 15 行指令"bne $at, $v0, L5"使程序转移到标记 L5 处（PC = 0x30）。最后，**在标记⑥处**，程序执行到标记 loop 处（PC = 0x40），进入死循环，上述 PC 变化情况与之前的分析一致。此外，我们还注意到，寄存器$at（$1）的值从 0x00000000 变化到 0x00050000，可见第 7、12 和 16 这 3 行延迟槽指令都被正确执行。综上，MiniMIPS32 处理器的流水线可正确地支持基于延迟转移技术的转移类指令的处理。

6.3　流水线的暂停机制

前两节分别采用定向前推和延迟转移方法消除了数据相关和控制相关给流水线性能带来的负面影响，在保证程序正确执行的同时，不需要向流水线插入任何暂停周期。但对于一些特殊情况，为了保证程序执行的正确性，必须先暂时终止流水线的运行，等待相关指令执行完成，才可恢复流水线的运行。本节将分析造成 MiniMIPS32 微处理器流水线暂停的原因，并给出支持流水线暂停机制的硬件电路设计方案和 Verilog HDL 代码实现。

6.3.1 引起流水线暂停的原因

对于 MiniMIPS32 处理器，造成其流水线暂停的原因有两个：**多周期指令**和**加载相关**。

1. 多周期指令

所谓多周期指令是指在当前工作频率下，该指令需要花费多个时钟周期才能通过某个流水段。在 MiniMIPS32 处理器中，当流水线满负荷工作后，大多数指令可以在 1 个时钟周期内执行完成，只有除法指令（DIV 和 DIVU）在执行阶段需要花费多个时钟周期。因此，当除法指令到达执行阶段后，需要先暂停流水线，等待其执行完毕，否则后续进入流水线的指令会破坏除法指令的执行状态，导致错误的计算结果。

另外需要特别说明一点，在本册设计中，指令存储器 IM 和数据存储器 DM 都属于片内存储器，因此取指阶段和访存阶段都可在 1 个时钟周期内完成。但在下册中，我们将使用片外存储器，此时对存储器的访问需要花费多个时钟周期，故也会引起流水线的暂停。本书先暂时只考虑由除法指令引起的流水线暂停这一种情况。

2. 加载相关

在 6.1 节中，通过将数据定向前推回译码阶段可消除针对通用寄存器的写后读相关，使得流水线的运行不出现停顿。但使用这种方法必须有一个前提条件，就是待写入目的寄存器的值必须可以在执行阶段计算出来。而对于加载指令，这个前提条件就无法满足了，因为加载指令要在写回阶段才能从数据存储器中获得待写入目的寄存器的值，如图 6-29 所示。

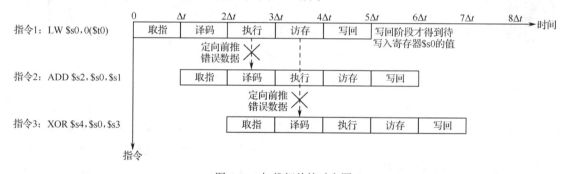

图 6-29　加载相关的时空图

指令 1 为加载指令，要在写回阶段才能得到待写入目的寄存器$s0 的数据。而与其存在数据相关的指令 2 和指令 3，在译码阶段就要读取寄存器$s0 的值，但此时指令 1 还处于执行阶段和访存阶段，故根据之前的设计，如果此时将执行阶段和访存阶段的结果前推回译码阶段，指令 2 和指令 3 得到的将是一个错误的前推数据。这种情况就称为**加载相关**。注意，加载相关会出现在相邻指令间和相隔一条指令的两条指令间，即译码-执行相关和译码-访存相关。这是因为，对于译码-写回相关，前推至译码阶段的数据一定是加载指令写回阶段的结果，因此可以得到正确的数据。

为了解决加载相关，当指令 2 运行到译码阶段时，如果检测到和指令 1 存在加载相关，则将译码阶段暂停 2 个时钟周期，如图 6-30 所示，相当于译码阶段多花费了 2 个时钟周期。之后，指令 1 从写回阶段将正确的数据传送到通用寄存器堆。

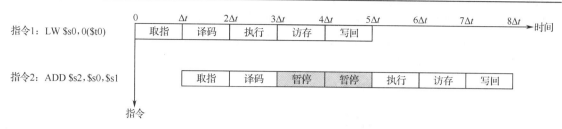

图 6-30　通过暂停机制解决加载相关

6.3.2　多周期除法指令的设计

有符号除法指令 DIV 的格式如图 6-31 所示。由于除法指令的结果也会存入 HILO 寄存器，故除法指令的译码过程和乘法相同，下文不再赘述。

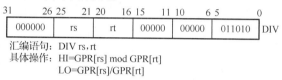

汇编语句：DIV rs,rt
具体操作：HI=GPR[rs] mod GPR[rt]
　　　　　LO=GPR[rs]/GPR[rt]

图 6-31　有符号除法指令 DIV 的格式

为了实现除法运算，最常用的方法就是**试商法**。采用该方法，每个时钟周期选取被除数中的 1 位参与运算。因此，对于 32 位的除法，需要 32 个时钟周期才能得到除法的结果。假设被除数数为 m，除数为 n，商保存到 s 中，二进制被除数的位数为 k，试商法的计算流程如下。

步骤 1： 取出被除数的最高位 $m[k-1]$，使用被除数的最高位减去除数 n，如果结果大于等于 0，则商 $s[k-1]$ 为 1，反之为 0。

步骤 2： 如果上一步的结果为 0，表示当前的被减数（minuend）小于除数，则取出被除数剩下的值的最高位 $m[k-2]$，与当前被减数组合作为下一轮的被减数；如果上一步得出的结果是 1，表示当前的被减数大于除数，则利用上一步中减法的结果与被除数剩下的值的最高位 $m[k-2]$ 组合作为下一轮的被减数。然后 k 减 1。

步骤 3： 新的被减数减去除数，如果结果大于等于 0，则商 $s[k-2]$ 为 1，否则为 0。重复步骤 2 和步骤 3，直到 k 等于 0。最终剩下的被减数就是余数。

为了加快除法运算的速度，MiniMIPS32 处理器使用 **2 位试商法**。每个时钟周期选取被除数中的 **2 位参与运算**，因此只需 16 个时钟周期便可获得除法的结果。其计算流程如下。

步骤 1： 取出被除数的最高 2 位 $m[k-1, k-2]$，使用 $m[k-1, k-2]$ 分别尝试减去除数 n 的 i 倍，i 的取值可能为 3、2 和 1。当 $i=3$ 时，如果减法结果大于等于 0，则商 $s[k-1, k-2]$ 为 11；否则，当 $i=2$ 时，如果减法结果大于等于 0，则商 $s[k-1, k-2]$ 为 10；否则，当 $i=1$ 时，如果减法结果大于等于 0，则商 $s[k-1, k-2]$ 为 01；否则，商 $s[k-1, k-2]$ 为 00。

步骤 2： 如果上一步的结果为 00，表示当前的被减数小于除数，则取出被除数剩下的值的最高 2 位 $m[k-3, k-4]$，与当前被减数组合作为下一轮的被减数；如果上一步得出的结果是 11、10 或 01，表示当前的被减数大于除数，则利用上一步中减法的结果与被除数剩下的值的最高 2 位 $m[k-3, k-4]$ 组合作为下一轮的被减数。然后 k 减 2。

步骤 3： 新的被减数尝试分别减去除数 n 的 i 倍，i 取值可能为 3、2 和 1。当 $i=3$ 时，如果减法结果大于等于 0，则商 $s[k-3, k-4]$ 为 11；否则，当 $i=2$ 时，如果减法结果大于等于 0，则商 $s[k-3, k-4]$ 为 10；否则，当 $i=1$ 时，如果减法结果大于等于 0，则商 $s[k-3, k-4]$ 为 01；否则，商 $s[k-3, k-4]$ 为 00。

重复步骤 2、3，直到 k 等于 0，剩下的被减数就是余数。

以 7'b0101101 除以 7'b0000011 为例，采用 2 位试商法的计算步骤如表 6-15 所示。表中除 i 和 k 外，其他数值均为二进制表示。

表 6-15　使用 2 位试商法计算 7'b0101101/7'b0000011（最高位为符号位）

步　　骤		minuend	I	minuend$-n\times i$	k	s	说　　明
设置初值					6	000000	设置被除数 m 为 101101，除数 n 为 000011，k 为 6，同时 s 清 0
0	开始	10	0	i=3、2、1 时，均小于 0	6	000000	当 i=3、2、1 时，10$-$000011×i 均小于 0，故商 s[5,4]=00
	结束	1011			4		新的 minuend=(minuend, m[3,2])
1	开始	1011	3	i=3 时，大于 0	4	001100	当 i=3 时，1011$-$000011×3=10，大于 0，故商[3,2]=11
	结束	1001			2		新的 minuend=(1011$-$000011×3, m[1,0])
2	开始	1001	3	i=3 时，等于 0	2	001111	当 i=3 时，1001$-$000011×3=0，故商[1,0]=11
全部结束					0	001111	最终商为 001111

6.3.3　支持暂停机制的流水线的设计

实现流水线暂停机制最直接的想法是：不再进行取指，即 PC 值保持不变，同时各级流水线寄存器（ifid_reg、idexe_reg、exemem_reg 和 memwb_reg）的值保持不变。为了提高流水线的工作效率，我们设计一种优化的暂停机制：**当某条指令在某个流水段发出暂停请求时并不需要所有流水段都暂停工作，只需要将发出暂停请求的流水段及其之前的流水段暂停（即保持这些段之间的流水线寄存器不变），而处于该流水段之后的指令可以继续运行完毕。** 例如，当 DIV 指令处于执行阶段的时候请求流水线暂停，那么必须保持 PC 值不变，同时暂停取指、译码和执行 3 个阶段，即保持取指、译码、执行阶段之间的流水线寄存器不变，但是可以允许此时处于访存阶段和写回阶段的指令继续运行，如图 6-32 所示。

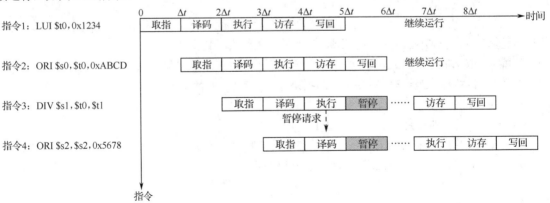

图 6-32　基于优化暂停机制的流水线时空图

支持上述暂停机制的流水线数据通路如图 6-33 所示。相比之前的设计，扩充添加的内容用虚线框和数字进行了标记。

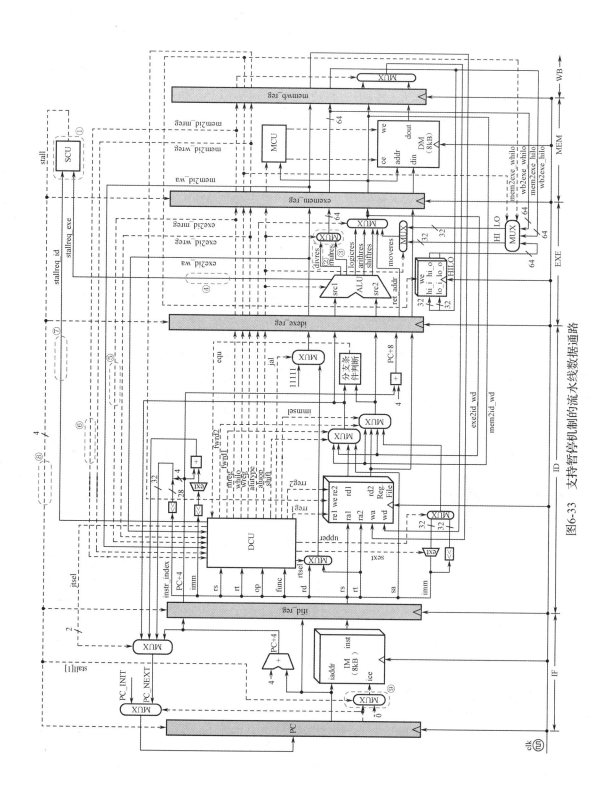

图6-33 支持暂停机制的流水线数据通路

为了支持暂停机制，流水线中添加了一个**暂停控制单元（Stall Control Unit，SCU）**，如图 6-33 中虚线框①所示。**该模块首先接收来自流水线的暂停请求信号。** 如 6.3.1 节所述，MiniMIPS32 处理器流水线的暂停请求信号来自两个阶段：一个来自流水线的执行阶段，由多周期除法指令 DIV 引起；另一个则来自译码阶段，由加载指令产生的加载相关引起。**对于除法指令**，在执行阶段，ALU 根据源操作数 src1 和 src2，在 aluop 的控制下完成除法操作，产生 64 位除法结果 divres，如虚线框②所示。由于除法无法在一个周期执行完成，故当 ALU 判断出需要进行除法操作时，就会生成**暂停请求信号 stallreq_exe**，并送入 SCU 中，如虚线框④所示。另外，此时在执行阶段会有乘法和除法两类操作产生 64 位运算结果，故需要添加一个多路选择器 MUX（如虚线框③所示），对乘法或除法做出选择。对于加载相关，译码阶段的 DCU 接收两个新添加的、分别从执行阶段和访存阶段传递来的前推信号 exe2id_mreg 和 mem2id_mreg，如虚线框⑤和⑥所示。这两个存储器到寄存器使能信号分别用于标识当前处于执行阶段和译码阶段的指令是否是加载指令。进而，DCU 可根据如下规则判断当前处于译码阶段的指令是否和之前的指令存在加载相关。

- 如果当前处于执行阶段的指令是加载指令，并且与处于译码阶段的指令存在数据相关，则这种数据相关属于加载相关。逻辑表达式为"(exe2id_wreg == TRUE) && (rreg1 == TRUE) && (rs == exe2id_wa) && (exe2id_mreg == TRUE)" 或 "(exe2id_wreg == TRUE) && (rreg2 == TRUE) && (rt == exe2id_wa) && (exe2id_mreg == TRUE)"。
- 如果当前处于访存阶段的指令是加载指令，并且与处于译码阶段指令存在数据相关，则这种数据相关也属于加载相关。逻辑表达式为 "(mem2id_wreg == TRUE) && (rreg1 == TRUE) && (rs == mem2id_wa) && (mem2id_mreg == TRUE)" 或 "(mem2id_wreg == TRUE) && (rreg2 == TRUE) && (rt == mem2id_wa) && (mem2id_mreg == TRUE)"。

上述任何一个规则得到满足，就会从 DCU 发出**暂停请求信号 stallreg_id**，并发送到 SCU 中，如虚线框⑦所示。

SCU 接收到暂停请求信号 stallreq_id 或 stallreq_exe 后，就会生成**暂停信号 stall**，并把其发送到各个流水线寄存器中，如虚线框⑧所示。由于目前 MiniMIPS32 处理器流水线只会在译码和执行两个阶段产生暂停请求信号，所以根据改进的暂停机制，只有取指、译码和执行 3 个阶段会被暂停，从而将 stall 信号的宽度设置为 4 位，每位的含义如表 6-16 所示。

表 6-16　stall 暂停信号各位的含义

stall 暂停信号	含　　义
stall[0]	表示 PC 是否保持不变，1 表示保持不变
stall[1]	表示取指阶段是否暂停，1 表示暂停
stall[2]	表示译码阶段是否暂停，1 表示暂停
stall[3]	表示执行阶段是否暂停，1 表示暂停

各个流水线寄存器接收到暂停信号后，根据其前后两个阶段的暂停情况，确定流水线寄存器的值。例如，对于流水线寄存器 idexe_reg，会出现 3 种输出情况：

- 如果译码阶段暂停（stall[2] == 1），执行阶段不暂停（stall[3] == 0），则将空指令通过流水线寄存器 idexe_reg 从译码阶段传递给执行阶段。
- 如果译码阶段不暂停（stall[2] == 0），则将当前处于译码阶段的指令译码信息通过流水线寄存器 idexe_reg 传递给执行阶段。
- 如果译码阶段暂停（stall[2] == 1），执行阶段也暂停（stall[3] == 1），则维持流水线寄存器

idexe_reg 的值不变。

此外，如果取指阶段暂停，即 stall[1] == 1，则需要让指令存储器 IM 也停止工作，以防止有指令进入流水线。利用一个多路选择器（如虚线框⑨所示），根据 stall[1]进行判断，如果 "stall[1] == 1"，则将 "0" 送入 IM 的使能端 ice，停止 IM 的工作。

6.3.4　基于 Verilog HDL 的实现与测试

1. 支持暂停机制的 MiniMIPS32 处理器流水线的 Verilog HDL 实现

支持暂停机制的 MiniMIPS32 处理器流水线的结构如图 6-34 所示。为了简洁，图 6-34 中只给出新添加的连接线，已有的连接线不再画出。相比之前的设计，引入暂停只需要修改流水线中部分模块的实现。下面仅针对需要修改的模块，给出具体的 Verilog HDL 实现。

（1）define.v

由于在 MiniMIPS32 处理器中引入了暂停机制，因此，需要添加一些额外的宏定义，故对 define.v 做出图 6-35 所示的修改。其中，**修改的第 1 段代码**增加了对有符号除法指令 DIV 的操作类型的宏定义。**修改的第 2 段代码**增加了有关流水线暂停参数的宏定义，分别表示暂停流水线和不暂停流水线。**修改的第 3 段代码**增加了用于处理除法指令时所需的宏定义。

（2）scu.v（暂停控制单元模块）

该模块是 MiniMIPS32 处理器内核的新增模块，它接收来自译码和执行两个阶段的暂停请求信号（目前只有这两个阶段会发出暂停请求），然后输出流水线暂停信号，以控制流水线各阶段的暂停。其 Verilog HDL 代码如图 6-36 所示，I/O 端口如表 6-17 所示。

该模块采用纯组合逻辑实现，即接收暂停请求信号和发出暂停控制信号在同一个时钟周期内完成。其中，第 12～14 行代码根据从译码阶段和执行阶段接收到的暂停请求信号 stallreq_id 和 stallreq_exe，生成流水线暂停信号 stall。由于本节所设计的是一种改进型的暂停机制，即位于发出暂停请求的流水段（包括该段）之前的各流水段暂停，之后的各流水段不暂停，因此，stall 信号只需要 4 位即可，对应 PC 寄存器、取指阶段、译码阶段和暂停阶段。stall 信号的生成规则如表 6-16 所示。

（3）if_stage.v（取指模块）

取指阶段模块需要修改的代码如图 6-37 所示，新添加的 I/O 端口如表 6-18 所示。

在该模块中，**修改的第 1 段代码**用于添加新的输入端口 stall，接收来自暂停控制单元 SCU 发出的暂停信号。

修改的第 2 段代码中的粗体部分对应图 6-33 中由虚线框⑨标识的多路选择器。其作用是，根据 stall[1]的取值，如果其为 "1"，则说明取指阶段暂停，此时，将输入指令存储器 IM 的使能信号 ice 置为 "0"，禁止其工作，从而确保在取指阶段暂停时，维持已取出的指令不变；否则，说明取指阶段不暂停，此时，将生成的指令存储器 IM 的使能信号（新添加的中间变量 ce）直接输出即可。

修改的第 3 段代码中，在确定下一个时钟周期 PC 寄存器的取值时，要添加对 stall 信号的判断。如果 stall[0]为 "0"，则表示 PC 寄存器不暂停，此时，将 pc_next 作为新的 PC；否则，表示 PC 寄存器暂停，此时保持 PC 寄存器的值不变。

（4）ifid_reg.v（取指/译码寄存器模块）

取指/译码寄存器模块需要修改的代码如图 6-38 所示，新添加的 I/O 端口如表 6-19 所示。

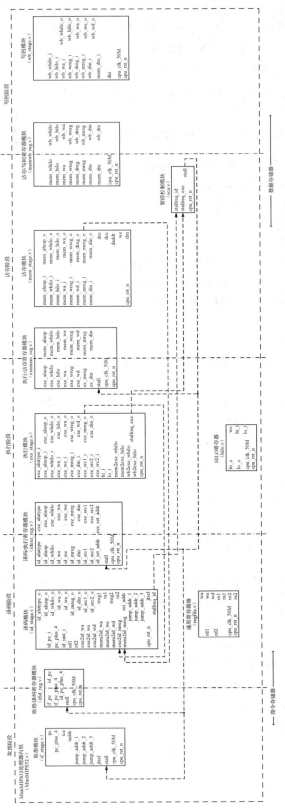

图6-34　支持暂停机制的MiniMIPS32处理器流水线的结构（只包含新添加的连接线）

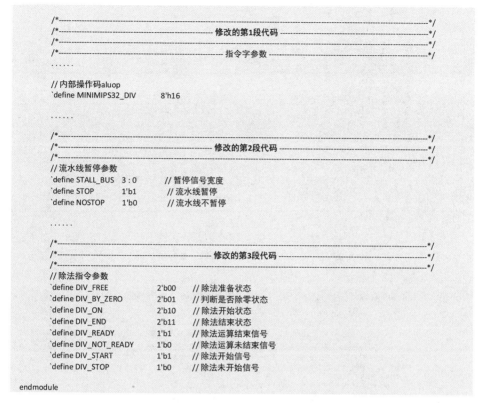

```
/*------------------------------------------------------------------------*/
/*------------------------------ 修改的第1段代码 ----------------------------*/
/*------------------------------------------------------------------------*/
/*------------------------------ 指令字参数 -------------------------------*/
......

// 内部操作码aluop
`define MINIMIPS32_DIV        8'h16

......


/*------------------------------------------------------------------------*/
/*------------------------------ 修改的第2段代码 ----------------------------*/
/*------------------------------------------------------------------------*/
// 流水线暂停参数
`define STALL_BUS     3 : 0       // 暂停信号宽度
`define STOP          1'b1        // 流水线暂停
`define NOSTOP        1'b0        // 流水线不暂停


......


/*------------------------------------------------------------------------*/
/*------------------------------ 修改的第3段代码 ----------------------------*/
/*------------------------------------------------------------------------*/
// 除法指令参数
`define DIV_FREE        2'b00      // 除法准备状态
`define DIV_BY_ZERO     2'b01      // 判断是否除零状态
`define DIV_ON          2'b10      // 除法开始状态
`define DIV_END         2'b11      // 除法结束状态
`define DIV_READY       1'b1       // 除法运算结束信号
`define DIV_NOT_READY   1'b0       // 除法运算未结束信号
`define DIV_START       1'b1       // 除法开始信号
`define DIV_STOP        1'b0       // 除法未开始信号

endmodule
```

图 6-35　对 define.v 所做的修改

```
01  module scu (
02
03      input     wire               cpu_rst_n,
04
05      input     wire               stallreq_id,
06      input     wire               stallreq_exe,
07
08      output    wire [`STALL_BUS]  stall
09      );
10
11      // 根据译码阶段或执行阶段发出的暂停请求信号，产生流水线暂停信号stall
12      assign stall = (cpu_rst_n == `RST_ENABLE) ? 4'b0000 :
13                     (stallreq_exe == `STOP  ) ? 4'b1111 :
14                     (stallreq_id  == `STOP  ) ? 4'b0111 : 4'b0000;
15
16  endmodule
```

图 6-36　scu.v（暂停控制单元模块）的代码

表 6-17　暂停控制单元模块的 I/O 端口

端 口 名 称	端 口 方 向	端口宽度/位	端 口 描 述
cpu_rst_n	输入	1	处理器复位信号
stallreq_id	输入	1	处于译码阶段的指令发出的暂停请求信号
stallreq_exe	输入	1	处于执行阶段的指令发出的暂停请求信号
stall	输出	4	流水线暂停控制信号

```
module if_stage (

    ......

    /*------------------------------------------------------------------------------------------------------*/
    /*------------------------------------------修改的第1段代码------------------------------------------*/
    /*------------------------------------------------------------------------------------------------------*/

    // 接收到的暂停信号
    input  wire [`STALL_BUS    ] stall,

    ......

    );

    ......

    /*------------------------------------------------------------------------------------------------------*/
    /*------------------------------------------修改的第2段代码------------------------------------------*/
    /*------------------------------------------------------------------------------------------------------*/
    reg ce;
    always @(posedge cpu_clk_50M) begin
      if (cpu_rst_n == `RST_ENABLE)
         ce <= `CHIP_DISABLE;                    // 复位的时候指令存储器禁用
      else begin
         ce <= `CHIP_ENABLE;                     // 复位结束后，指令存储器使能
      end
    end

    assign ice = (stall[1] == `TRUE_V) ? 0 : ce;      // 当stall[1]不为0时，才能访问指令存储器

    ......

    /*------------------------------------------------------------------------------------------------------*/
    /*------------------------------------------修改的第3段代码------------------------------------------*/
    /*------------------------------------------------------------------------------------------------------*/
    always @(posedge cpu_clk_50M) begin
      if (ce == `CHIP_DISABLE)
         pc <= `PC_INIT;
      else if (stall[0] == `NOSTOP) begin     // 当stall[0]为NOSTOP时，pc等于pc_next，否则pc保持不变
         pc <= pc_next;
      end
    end

    ......

endmodule
```

图 6-37　取指模块需要修改的代码

表 6-18　取指模块新添加的 I/O 端口

端口名称	端口方向	端口宽度/位	端口描述
stall	输入	4	流水线暂停控制信号

```
module ifid_reg (

    ......

    /*------------------------------------------------------------------------------------------------------*/
    /*------------------------------------------修改的第1段代码------------------------------------------*/
    /*------------------------------------------------------------------------------------------------------*/

    // 接收到的暂停信号
    input  wire [`STALL_BUS    ] stall,

    ......

    );

    ......

    /*------------------------------------------------------------------------------------------------------*/
```

图 6-38　取指/译码寄存器模块需要修改的代码

```
/*------------------------------- 修改的第2段代码 -------------------------------*/
/*---------------------------------------------------------------------------*/
always @(posedge cpu_clk_50M) begin
    // 复位的时候将送至译码阶段的信息清0
    if (cpu_rst_n == `RST_ENABLE) begin

        ......

    end
    else if(stall[1] == `STOP && stall[2] == `NOSTOP) begin
        id_pc           <= `ZERO_WORD;
        id_pc_plus_4    <= `ZERO_WORD;
    end
    // 将来自取指阶段的信息寄存并送至译码阶段
    else if(stall[1] == `NOSTOP) begin
        id_pc           <= if_pc;
        id_pc_plus_4    <= if_pc_plus_4;
    end
end

    ......

endmodule
```

图 6-38　取指/译码寄存器模块需要修改的代码（续）

表 6-19　取指/译码寄存器模块新添加的 I/O 端口

端 口 名 称	端 口 方 向	端口宽度/位	端 口 描 述
stall	输入	4	流水线暂停控制信号

在该模块中，**修改的第 1 段代码**用于添加新的输入端口 stall，接收来自暂停控制单元 SCU 发出的暂停信号。

修改的第 2 段代码用于在每个时钟上升沿将取指阶段的输出信息传递给译码阶段时，增加对流水线暂停信号的判断，如粗体部分所示。判断的方法可参考 6.3.3 节。如果 stall[1] 为 "1"，stall[2] 为 "0"，则表示取指阶段暂停，译码阶段不暂停，此时，相当于将空指令作为下一个周期进入译码阶段的指令。如果 stall[1] 为 "0"，则表示取指阶段不暂停，此时无论译码阶段是否暂停，都将取指阶段的输出信息传递给译码阶段。其余情况下，则维持取指/译码寄存器的值不变。

（5）id_stage.v（译码模块）

译码模块需要修改的代码如图 6-39 所示，新添加的 I/O 端口如表 6-20 所示。

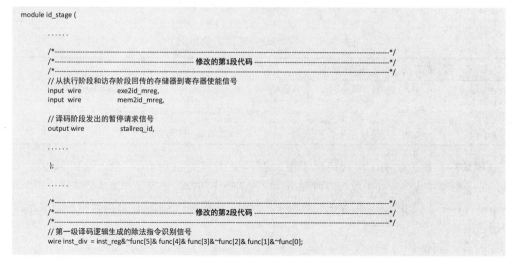

```
module id_stage (

    ......

    /*---------------------------------------------------------------------------*/
    /*------------------------------- 修改的第1段代码 -------------------------------*/
    /*---------------------------------------------------------------------------*/
    // 从执行阶段和访存阶段回传的存储器到寄存器使能信号
    input  wire         exe2id_mreg,
    input  wire         mem2id_mreg,

    // 译码阶段发出的暂停请求信号
    output wire         stallreq_id,

    ......

    );

    ......

    /*---------------------------------------------------------------------------*/
    /*------------------------------- 修改的第2段代码 -------------------------------*/
    /*---------------------------------------------------------------------------*/
    // 第一级译码逻辑生成的除法指令识别信号
    wire inst_div = inst_reg&~func[5]& func[4]& func[3]&~func[2]& func[1]&~func[0];
```

图 6-39　译码模块需要修改的代码

```
......
/*------------------------------------------------------------------------------------------------------*/
/*------------------------------------------- 修改的第3段代码 -------------------------------------------*/
/*------------------------------------------------------------------------------------------------------*/
// 第二级译码逻辑产生译码控制信号（只列出需要修改的信号）
// 内部操作码aluop
assign id_aluop_o[4]  = (cpu_rst_n == `RST_ENABLE) ? 1'b0 :
                        (inst_add | inst_subu | inst_and | inst_mult | inst_sll |
                         inst_ori | inst_addiu | inst_lb | inst_lw | inst_sb | inst_sw |
                         inst_beq | inst_bne | inst_div);

......

assign id_aluop_o[2]  = (cpu_rst_n == `RST_ENABLE) ? 1'b0 :
                        (inst_slt | inst_and | inst_mult | inst_mfhi | inst_mflo |
                         inst_ori | inst_lui | inst_sltiu | inst_j | inst_jal | inst_jr | inst_div);
assign id_aluop_o[1]  = (cpu_rst_n == `RST_ENABLE) ? 1'b0 :
                        (inst_subu | inst_slt | inst_sltiu | inst_lw | inst_sw | inst_jal | inst_div);

......

// HILO寄存器写使能信号
assign id_whilo_o     = (cpu_rst_n == `RST_ENABLE) ? 1'b0 : (inst_mult | inst_div);

......

// 通用寄存器堆读端口1使能信号
assign rreg1 = (cpu_rst_n == `RST_ENABLE) ? 1'b0 :
               (inst_add | inst_subu | inst_slt | inst_and | inst_mult |
                inst_ori | inst_addiu | inst_sltiu | inst_lb | inst_lw | inst_sb | inst_sw |
                inst_jr | inst_beq | inst_bne | inst_div);
// 通用寄存器堆读端口2使能信号
assign rreg2 = (cpu_rst_n == `RST_ENABLE) ? 1'b0 :
               (inst_add | inst_subu | inst_slt | inst_and | inst_mult | inst_sll |
                inst_sb | inst_sw | inst_beq | inst_bne | inst_div);

......

/*------------------------------------------------------------------------------------------------------*/
/*------------------------------------------- 修改的第4段代码 -------------------------------------------*/
/*------------------------------------------------------------------------------------------------------*/
// 生成译码阶段暂停请求信号，以解决加载相关
// 如果当前处于执行阶段的指令是加载指令，并且与处于译码阶段指令存在数据相关，则这种相关属于加载相关
// 如果当前处于访存阶段的指令是加载指令，并且与处于译码阶段指令存在数据相关，则这种相关也属于加载相关
assign stallreq_id = (cpu_rst_n == `RST_ENABLE) ? `NOSTOP :
                     (((exe2id_wreg == `WRITE_ENABLE && exe2id_wa == ra1 && rreg1 == `READ_ENABLE) ||
                       (exe2id_wreg == `WRITE_ENABLE && exe2id_wa == ra2 && rreg2 == `READ_ENABLE)) && (exe2id_mreg == `TRUE_V)) ? `STOP :
                     (((mem2id_wreg == `WRITE_ENABLE && mem2id_wa == ra1 && rreg1 == `READ_ENABLE) ||
                       (mem2id_wreg == `WRITE_ENABLE && mem2id_wa == ra2 && rreg2 == `READ_ENABLE)) && (mem2id_mreg == `TRUE_V)) ?
                     `STOP : `NOSTOP;

......

endmodule
```

图 6-39　译码模块需要修改的代码（续）

表 6-20　译码模块新添加的 I/O 端口

端口名称	端口方向	端口宽度/位	端口描述
exe2id_mreg	输入	1	从执行阶段前推至译码阶段的存储器到寄存器使能信号
mem2id_mreg	输入	1	从访存阶段前推至译码阶段的存储器到寄存器使能信号
stallreq_id	输出	1	处于译码阶段的指令发出的暂停请求信号

　　在该模块中，**修改的第 1 段代码**用于添加表 6-20 所示的 I/O 端口。输入端口 exe2id_mreg 和 mem2id_mreg 分别接收当前处于执行阶段和访存阶段的指令的存储器到寄存器使能信号，用于在译码阶段判断是否存在加载相关。如果存在加载相关，则通过输出端口 stallreq_id 向暂停控制单元 SCU 发出暂停请求信号。

　　修改的第 2 段代码用于添加第一级译码逻辑生成的有符号除法指令 DIV 的识别信号。

　　修改的第 3 段代码用于对引入 DIV 指令后的第二级译码逻辑产生的译码控制信号的修改，涉及内

部操作码、HILO 寄存器写使能信号、通用寄存器堆读端口使能信号。

修改的第 4 段代码用于判断当前处于译码阶段的指令是否和处于执行阶段或访存阶段的指令存在加载相关。如果存在，则从 stallreq_id 输出"1"，请求流水线暂停；否则，从 stallreq_id 输出"0"，即不用请求流水线暂停。有关加载相关的判断方法可参考 6.3.3 节。

（6）idexe_reg.v（译码/执行寄存器模块）

译码/执行寄存器模块需要修改的代码如图 6-40 所示，新添加的 I/O 端口如表 6-21 所示。

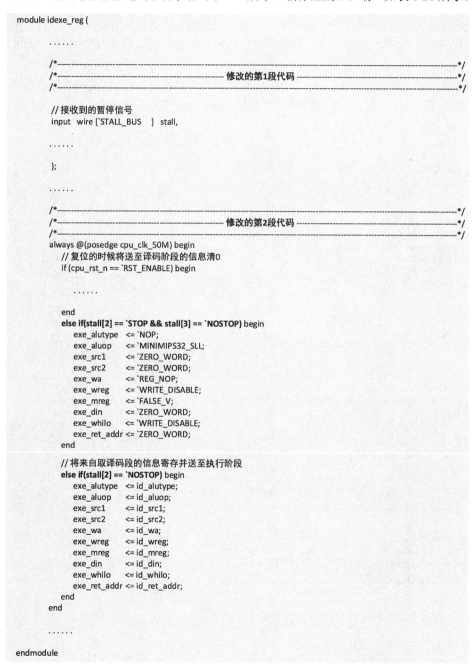

图 6-40　译码/执行寄存器模块需要修改的代码

表 6-21 译码/执行寄存器模块新添加的 I/O 端口

端 口 名 称	端 口 方 向	端口宽度/位	端 口 描 述
stall	输入	4	流水线暂停控制信号

在该模块中，**修改的第 1 段代码**用于添加新的输入端口 stall，接收来自暂停控制单元 SCU 发出的暂停信号。

修改的第 2 段代码用于在每个时钟上升沿将译码阶段的输出信息传递给执行阶段时，增加对流水线暂停信号的判断，如粗体部分所示。判断的方法可参考 6.3.3 节。如果 stall[2] 为"1"，stall[3] 为"0"，则表示译码阶段暂停，执行阶段不暂停，此时，相当于将空指令作为下一个周期进入执行阶段的指令。如果 stall[2] 为"0"，则表示译码阶段不暂停，此时无论执行阶段是否暂停，都将译码阶段的输出信息传递给执行阶段。其余情况下，则维持译码/执行寄存器的值不变。

（7）exe_stage.v（执行模块）

执行模块需要修改的代码如图 6-41 所示，新添加的 I/O 端口如表 6-22 所示。

```verilog
module exe_stage (
    ......
    /*----------------------------------------------------------------------------*/
    /*---------------------------------- 修改的第1段代码 ----------------------------*/
    /*----------------------------------------------------------------------------*/
    // 处理器时钟，用于除法运算
    input   wire            cpu_clk_50M,
    // 执行阶段发出的暂停请求信号
    output  wire    stallreq_exe,

    ......

    );

    ......

    /*----------------------------------------------------------------------------*/
    /*---------------------------------- 修改的第2段代码 ----------------------------*/
    /*----------------------------------------------------------------------------*/
    reg [`DOUBLE_REG_BUS]   divres;     // 保存除法操作的结果

    ......

    /*----------------------------------------------------------------------------*/
    /*---------------------------------- 修改的第3段代码 ----------------------------*/
    /*----------------------------------------------------------------------------*/
    // 除法运算
    wire                    signed_div_i;
    wire [`REG_BUS      ]   div_opdata1;
    wire [`REG_BUS      ]   div_opdata2;
    wire                    div_start;
    reg                     div_ready;

    assign stallreq_exe = (cpu_rst_n == `RST_ENABLE) ? `NOSTOP :
                ((exe_aluop_i == `MINIMIPS32_DIV) && (div_ready == `DIV_NOT_READY)) ? `STOP : `NOSTOP;

    assign div_opdata1 = (cpu_rst_n == `RST_ENABLE) ? `ZERO_WORD :
                (exe_aluop_i == `MINIMIPS32_DIV) ? exe_src1_i : `ZERO_WORD;

    assign div_opdata2 = (cpu_rst_n == `RST_ENABLE) ? `ZERO_WORD :
                (exe_aluop_i == `MINIMIPS32_DIV) ? exe_src2_i : `ZERO_WORD;

    assign div_start   = (cpu_rst_n == `RST_ENABLE) ? `DIV_STOP :
                ((exe_aluop_i == `MINIMIPS32_DIV) && (div_ready == `DIV_NOT_READY)) ? `DIV_START : `DIV_STOP;
```

图 6-41 执行模块需要修改的代码

```
assign signed_div_i = (cpu_rst_n == `RST_ENABLE) ? 1'b0 :
                      (exe_aluop_i == `MINIMIPS32_DIV) ? 1'b1 : 1'b0;

wire  [34:0]      div_temp;
wire  [34:0]      div_temp0;
wire  [34:0]      div_temp1;
wire  [34:0]      div_temp2;
wire  [34:0]      div_temp3;
wire  [1:0]       mul_cnt;

//记录试商法进行了几轮，当等于16时，表示试商法结束
reg   [ 5:0]      cnt;

reg   [65:0]      dividend;
reg   [ 1:0]      state;
reg   [33:0]      divisor;
reg   [31:0]      temp_op1;
reg   [31:0]      temp_op2;

wire  [33:0]      divisor_temp;
wire  [33:0]      divisor2;
wire  [33:0]      divisor3;
```

// dividend的低32位保存的是被除数、中间结果，第k次迭代结束的时候，dividend[k:0]保存的就是当前得到的中间结
// 果，dividend[32:k+1]保存的就是被除数中还没有参与运算的数据，dividend高32位是每次迭代时的被减数

```
assign div_temp0 = {1'b000,dividend[63:32]} - {1'b000,`ZERO_WORD};    //部分余数与被除数的 0 倍相减
assign div_temp1 = {1'b000,dividend[63:32]} - {1'b0,divisor};         //部分余数与被除数的 1 倍相减
assign div_temp2 = {1'b000,dividend[63:32]} - {1'b0,divisor2};        //部分余数与被除数的 2 倍相减
assign div_temp3 = {1'b000,dividend[63:32]} - {1'b0,divisor3};        //部分余数与被除数的 3 倍相减

assign div_temp  = (div_temp3[34] == 1'b0 ) ? div_temp3 :
                   (div_temp2[34] == 1'b0 ) ? div_temp2 : div_temp1;

assign mul_cnt   = (div_temp3[34] == 1'b0 ) ? 2'b11 :
                   (div_temp2[34] == 1'b0 ) ? 2'b10 : 2'b01;

always @ (posedge cpu_clk_50M) begin
   if (cpu_rst_n == `RST_ENABLE) begin
      state        <= `DIV_FREE;
      div_ready    <= `DIV_NOT_READY;
      divres       <= {`ZERO_WORD,`ZERO_WORD};
   end else begin
   case (state)
   //*************************** DIV_FREE状态 *****************************
   //分3种情况：
   //（1）开始除法运算，如果除数为0，那么进入DivByZero状态
   //（2）开始除法运算，且除数不为0，那么进入DivOn状态，初始化cnt为0。如果是有符号
   //     除法，且被除数或者除数为负，那么对被除数或者除数求正数的补码。除数保存到
   //     divisor中，将被除数的最高位保存到dividend的第32位，准备进行第一次迭代
   //（3）没有进行除法运算，保持div_ready为0，divres为0
   //*********************************************************************
      `DIV_FREE: begin                                    //DIV_FREE
         if(div_start == `DIV_START) begin
            if(div_opdata2 == `ZERO_WORD) begin           // 除数为0
               state <= `DIV_BY_ZERO;
            end else begin                                // 除数不为0
               state <= `DIV_ON;
               cnt  <= 6'b000000;
               if(div_opdata1[31] == 1'b1 ) begin
                  temp_op1 = ~div_opdata1 + 1;            // 取正数的补码
               end else begin
                  temp_op1 = div_opdata1;
               end
               if(div_opdata2[31] == 1'b1 ) begin
                  temp_op2 = ~div_opdata2 + 1;            // 取正数的补码
               end else begin
                  temp_op2 = div_opdata2;
               end
               dividend        <= {`ZERO_WORD,`ZERO_WORD};
               dividend[31:0] <= temp_op1;
               divisor        <= temp_op2;
            end
         end else begin                                   // 没有开始除法运算
```

图 6-41　执行模块需要修改的代码（续）

```
            div_ready <= `DIV_NOT_READY;
            divres <= {`ZERO_WORD,`ZERO_WORD};
        end
    end

//************************ DivByZero状态 ***************************
//如果进入DivByZero状态，那么直接进入DivEnd状态，除法结束，且结果为0
//****************************************************************
    `DIV_BY_ZERO: begin                                //DivByZero
        dividend <= {`ZERO_WORD,`ZERO_WORD};
        state   <= `DIV_END;
    end

//*************************** DivOn状态 *****************************
// （1）如果cnt不为16，那么表示试商法还没有结束，此时如果减法结果div_temp为负，那么此
//      次迭代结果是0；如果减法结果div_temp为正，那么此次迭代结果是1。dividend的最低位
//      保存每次的迭代结果。同时保持DivOn状态，cnt加1
// （2）如果cnt为16，那么表示试商法结束，如果是有符号除法，且被除数、除数一正一负，那
//      么将试商法的结果求正数的补码，得到最终的结果，此处的商、余数都要求正数的补
//      码。商保存在dividend的低32位，余数保存在dividend的高32位。同时进入DivEnd状态
//****************************************************************
    `DIV_ON: begin               //DivOn
        if(cnt != 6'b100010) begin       //cnt不为16，表示试商法还没有结束
            if(div_temp[34] == 1'b1) begin
                // 如果div_temp[34]为1，表示（minuend-n）结果小于0，将dividend向左移一位，这样就将被除数还
                // 没有参与运算的最高位加入到下一次迭代的被减数中，同时将0追加到中间结果
                dividend <= {dividend[63:0] , 2'b00};
            end else begin
                // 如果div_temp[34]为0，表示（minuend-n）结果大于等于0，将减法的结果与被除数还没有参运算
                // 的最高位加入到下一次迭代的被减数中，同时将1追加到中间结果
                dividend <= {div_temp[31:0] , dividend[31:0] , mul_cnt};
            end
            cnt <= cnt + 2;
        end else begin          //试商法结束
            if((div_opdata1[31] ^ div_opdata2[31]) == 1'b1) begin
                dividend[31:0] <= (~dividend[31:0] + 1);            // 取正数的补码
            end
            if((div_opdata1[31] ^ dividend[65]) == 1'b1) begin
                dividend[65:34] <= (~dividend[65:34] + 1);          // 取正数的补码
            end
            state <= `DIV_END;                            // 进入DivEnd状态
            cnt  <= 6'b000000;                            //cnt清零
        end
    end


//************************ DivEnd状态 ***************************
//除法运算结束，divres的宽度是64位，其高32位存储余数，低32位存储商
//设置输出信号div_ready为DivResultReady，表示除法结束，然后等待EX模块
//送来DivStop信号，当EX模块送来DivStop信号时，DIV模块回到DIV_FREE状态
//****************************************************************
    `DIV_END: begin              //DivEnd
        divres <= {dividend[65:34], dividend[31:0]};
        div_ready <= `DIV_READY;
        if(div_start == `DIV_STOP) begin
            state                 <= `DIV_FREE;
            div_ready             <= `DIV_NOT_READY;
            divres                <= {`ZERO_WORD,`ZERO_WORD};
        end
    end
    endcase
    end
end
......


/*------------------------------------------------------------------------*/
/*-------------------------- 修改的第4段代码 ------------------------------*/
/*------------------------------------------------------------------------*/
// 确定执行阶段待写入HILO寄存器的值
assign exe_hilo_o = (cpu_rst_n == `RST_ENABLE) ? `ZERO_DWORD :
                    (exe_aluop_i == `MINIMIPS32_MULT) ? mulres :
                    (exe_aluop_i == `MINIMIPS32_DIV ) ? divres : `ZERO_DWORD;
......


endmodule
```

图 6-41　执行模块需要修改的代码（续）

表 6-22　执行模块新添加的 I/O 端口

端 口 名 称	端 口 方 向	端口宽度/位	端 口 描 述
cpu_clk_50M	输入	1	处理器时钟信号
stallreq_exe	输出	.　1	处于执行阶段的指令发出的暂停请求信号

在该模块中，**修改的第 1 段代码**用于添加表 6-22 所示的 I/O 端口。因为执行有符号除法指令 DIV 时需要多个时钟周期完成，故需要将 MiniMIPS32 处理器的时钟信号 cpu_clk_50M 引入执行模块。如果当前执行模块处理的是 DIV 指令，则通过输出端口 stallreq_exe 向暂停控制单元 SCU 发出暂停请求信号。

修改的第 2 段代码声明 1 个 64 位宽的中间变量 divres，用于保存除法的结果。

修改的第 3 段代码根据 6.3.2 节给出的两位试商法，基于状态机（见图 6-42）完成指令 DIV 的计算。整个过程花费 20 个时钟周期，其中 16 个周期用于除法试商，4 个周期用于状态转换。

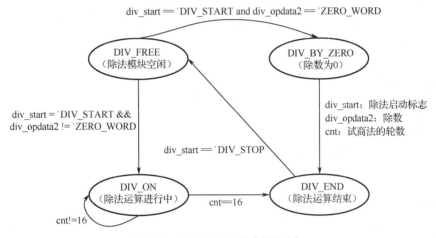

图 6-42　基于两位试商法的状态机

修改的第 4 段代码根据内部操作码 exe_aluop_i，确定待写入 HILO 寄存器的值 exe_hilo_o 是乘法运算的结果还是除法运算的结果。

（8）exemem_reg.v（执行/访存寄存器模块）

执行/访存寄存器模块需要修改的代码如图 6-43 所示，新添加的 I/O 端口如表 6-23 所示。

图 6-43　执行/访存寄存器模块需要修改的代码

```
/*--------------------------------------------------------------------------------------*/
/*------------------------------------- 修改的第2段代码 -------------------------------------*/
/*--------------------------------------------------------------------------------------*/
always @(posedge cpu_clk_50M) begin
    // 复位的时候将送至译码阶段的信息清0
    if(cpu_rst_n == `RST_ENABLE) begin

        ......

    end
    else if(stall[3] == `STOP) begin
        mem_aluop   <= `MINIMIPS32_SLL;
        mem_wa      <= `REG_NOP;
        mem_wreg    <= `WRITE_DISABLE;
        mem_wd      <= `ZERO_WORD;
        mem_mreg    <= `WRITE_DISABLE;
        mem_din     <= `ZERO_WORD;
        mem_whilo   <= `WRITE_DISABLE;
        mem_hilo    <= `ZERO_DWORD;
    end
    else if(stall[3] == `NOSTOP) begin
        mem_aluop   <= exe_aluop;
        mem_wa      <= exe_wa;
        mem_wreg    <= exe_wreg;
        mem_wd      <= exe_wd;
        mem_mreg    <= exe_mreg;
        mem_din     <= exe_din;
        mem_whilo   <= exe_whilo;
        mem_hilo    <= exe_hilo;
    end
end

    ......

endmodule
```

图 6-43   执行/访存寄存器模块需要修改的代码（续）

表 6-23   执行/访存寄存器模块新添加的 I/O 端口

端 口 名 称	端 口 方 向	端口宽度/位	端 口 描 述
stall	输入	4	流水线暂停控制信号

在该模块中，**修改的第 1 段代码**用于添加新的输入端口 stall，接收来自暂停控制单元 SCU 发出的暂停信号。

修改的第 2 段代码用于在每个时钟上升沿将执行阶段的输出信息传递给访存阶段时，增加对流水线暂停信号的判断，如粗体部分所示。如果 stall[3] 为 "1"，则表示执行阶段暂停，由于在当前的设计中，访存阶段不会暂停，故相当于将空指令作为下一个周期进入访存阶段的指令。如果 stall[3] 为 "0"，则表示执行阶段不暂停，此时直接将执行阶段的输出信息传递给访存阶段。

此外，对上述模块修改后，MiniMIPS32 处理器内核的顶层模块，即 MiniMIPS32.v 文件，也需要修改，大家可参考图 6-34 完成，因为篇幅的原因，这里不再给出具体代码。大家也可参考资源包中与本节内容相关的工程代码。

2. 功能测试

我们利用 Vivado 集成开发环境，对支持暂停机制的 MiniMIPS32 处理器流水线进行行为仿真，以测试其功能的正确性。我们提供了两个测试程序，如图 6-44 所示。其中 6-44（a）的测试程序 div.S 用于对有符号除法指令 DIV 引起的流水线暂停进行测试，而 6-44（b）的测试程序 load_dep.S 用于对加载相关引起的流水线暂停进行测试。

```
         .set noreorder                                      .set noat
         .globl main                                         .set noreorder
         .text                                               .globl main
         main:                                               .text
01       ori      $v0,    $zero,   0x100    # $v0($2) = 0x100      main:
02       ori      $v1,    $zero,   0x99     # $v1($3) = 0x99   01   ori    $at,   $zero,   0xabab    # $at($1) = 0x0000abab
03       div      $v0,    $v1               # hi = 0x67        02   sw     $at,   0x0($zero)         # $v0($2) = 0x0000abab
04                                          # lo = 0x1         03   ori    $v0,   $zero,   0xabab    # $v0($2) = 0x0000abab
05       mfhi     $a0                       # $a0($4) hi = 0x67 04  ori    $at,   zero,    0x0000    # $at($1) = 0x00000000
06       mflo     $a1                       # $a1($5) lo = 0x1  05  lw     $v1,   0x0($zero)         # $v1($3) = 0x0000abab
07       nop                                                   06   beq    $v0,   $v1,     BR1
                                                               07   nop
                                                               08   ori    $at,   $zero,   0x1234    # 如果不跳转，则$at($1) = 0x00001234
                                                               09   nop
                                                               10   j _exit
                                                               11   BR1:
                                                               12   ori    $at,   $zero,   0xfefe    # 如果跳转成功，则$at($1) = 0x0000fefe
                                                               13
                                                               14   _exit:
                                                               15   ori    $a0,   $zero,   0xffff    # $a0($4) = 0x0000ffff
                                                               16   loop:
                                                               17   j      loop
                                                               18   nop
```

　　　　　　（a）div.S　　　　　　　　　　　　　　　　　　　　　（b）load_dep.S

图 6-44　测试程序

　　下面以 div.S 测试程序为例，对 MiniMIPS32 处理器流水线的暂停机制进行验证。大家可自行完成对 load_dep.S 的测试。采用 QtSpim 指令集仿真器对 div.S 测试程序仿真后，各寄存器的值如表 6-24 所示。

表 6-24　测试程序 div.S 通过 QtSpim 仿真后各寄存器的值

寄存器编号	寄存器的值
$v0 ($2)	0x100
$v1 ($3)	0x99
$a0 ($4)	0x67
$a1 ($5)	0x1
HI	0x67
LO	0x1

　　仿真波形如图 6-45 所示。其中，图 6-45（a）给出了测试程序 div.S 的运行结果，可以看出，最终各寄存器中的值与表 6-24 所给出的值一致，因此，本节实现的支持暂停机制的 MiniMIPS32 处理器流水线的功能是正确的。

　　图 6-45（b）给出了测试程序 div.S 执行过程中流水线的暂停情况。在标记①处，DIV 指令进入流水线。经过两个时钟周期后，DIV 指令进入执行阶段，如标记②所示。此时，执行阶段识别出正在处理除法指令，故发出暂停请求信号，即 stallreq_exe 为 "1"。暂停控制单元接收到该信号后，设置流水线暂停信号 stall 为 "4'b1111"。从图 6-45 中可以看出，流水线暂停信号发出后，PC 值、取指/译码寄存器中的值及译码/执行寄存器中的值都维持不变。然后，经过 20 个周期的暂停后，在标记③处，执行阶段发出的暂停请求信号 stallreq_exe 被置为 "0"，流水线从暂停状态恢复到工作状态。最终，在标记④处，将 DIV 指令的运算结果写入 HILO 寄存器。

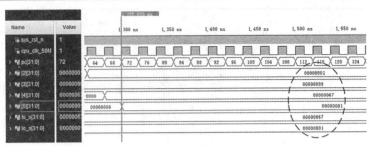

（a）运行结果

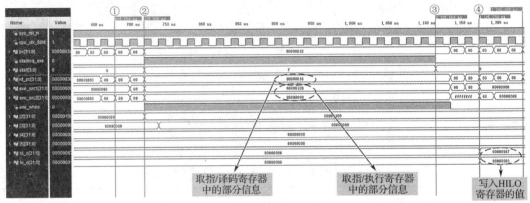

（b）流水线暂停情况

图 6-45　测试程序 div.S 的仿真波形图

第 7 章　MiniMIPS32 处理器异常处理的设计与实现

到目前为止，我们设计并实现的 MiniMIPS32 处理器可以满足绝大多数常见的基本运算和控制功能。但当遇到一些被称为**异常**的突发事件时，如算术运算的结果溢出、外设发出中断请求等，目前的处理器结构还不能解决这些异常，从而在很大程度上限制了 MiniMIPS32 处理器的应用范围。

为了进一步扩充 MiniMIPS32 处理器的功能，使其更具实用性，本章将重点讨论如何使 MiniMIPS32 处理器对程序运行过程中所触发的异常事件进行识别与处理。由于 MiniMIPS32 处理器的异常处理机制依赖于一种被称为 **CP0** 的协处理器，因此，本章首先讲解 CP0 协处理器的基本结构和相关指令；然后，介绍有关异常的一些基本概念；接着，主要针对 MiniMIPS32 处理器中的异常处理展开讨论，包括精确异常的概念、所支持的异常类型及异常处理流程等，并完成支持异常处理的 MiniMIPS32 处理器的流水线设计；最后，给出相应的 MiniMIPS32 处理器流水线的 Verilog HDL 实现。

7.1　CP0 协处理器

7.1.1　概述

对大多数处理器而言，除了完成正常的运算、控制功能外，还需要支持一些其他的必要操作，如管理虚拟存储器、处理异常和中断、配置高速缓存等，而这些功能通常需要特殊的部件给予支持。对于采用 MIPS32 ISA 的处理器，如本书中的 MiniMIPS32 处理器，这些功能需要通过协处理器实现。

MIPS32 ISA 最多可提供 4 个协处理器，分别是 CP0、CP1、CP2 和 CP3。每个协处理器都是对 MIPS32 ISA 的进一步扩展，具有与处理器核独立的寄存器，但与处理器核本身共享同一套取指和执行控制逻辑。其中，CP0 称为系统控制协处理器，也是唯一必选的协处理器，任何基于 MIPS32 ISA 的处理器都必须实现 CP0。CP1 和 CP3 称为浮点处理协处理器，用于支持浮点运算，是可选的，由于 MiniMIPS32 处理器不支持浮点运算，因此本书不实现 CP1 和 CP3。CP2 被保留用于特定实现，也是可选的，本书也不实现 CP2 协处理器。综上，在下面的章节中，我们只需要关注 CP0 协处理器即可。

CP0 协处理器主要用于系统控制，它是处理器用户态和内核态交互的接口，是对支持操作系统所需功能的抽象，用于协助处理器完成除运算、控制之外的其他必要操作，如异常处理、存储管理、关键处理器资源的控制等。具体而言，CP0 协处理器主要负责如下工作。

- **配置 CPU 工作状态**：基于 MIPS32 ISA 的处理器硬件应该是灵活、可配置的，可通过读/写一个或一些 CP0 中的内部寄存器来改变处理器的特性（如改变字节序等）或改变系统接口的工作方式等。
- **异常控制**：异常发生时的检测和处理都由一些 CP0 中的控制寄存器来定义和控制。
- **高速缓存 Cache 控制**：如果基于 MIPS32 ISA 的处理器实现了高速缓存 Cache，可通过 CP0 中的控制寄存器和专门的 CP0 指令来控制、读、写高速缓存。
- **存储管理单元（MMU）控制**：对系统的存储区域进行合理的控制、管理和分配，主要是对 MMU 和 TLB 的配置、管理和访问。
- **其他**：当要把额外的功能集成到处理器中，但又不方便当作外设访问时，通常在 CP0 中增加一些模块以实现这些功能，如时钟、时间计数器、奇偶错误检测等。

7.1.2　协处理器 CP0 中的寄存器

在 MIPS32 ISA 中，协处理器 CP0 中的寄存器是与处理器核中的通用寄存器和特殊寄存器相独立的一组寄存器，称为**系统控制寄存器**。CP0 中的寄存器被划分为 7 个组。对本书所设计 MiniMIPS32 处理器而言，我们只需关注第 0 组。该组共有 32 个 32 位寄存器，其标号、名称及功能如表 7-1 所示。

表 7-1　CP0 中的寄存器

编　　号	寄存器名称	功 能 描 述	备 注 说 明
0	Index	访问 TLB 的索引	与存储管理单元 MMU 和块表 TLB 相关的控制寄存器。如果不实现 MMU 和 TLB，则这些寄存器是可以不实现的
1	Random	产生的访问 TLB 的随机索引	
2	EntryLo0	访问偶数页的 TLB Entry 地址低 32 位	
3	EntryLo1	访问奇数页的 TLB Entry 地址低 32 位	
4	Context	指向内存虚拟页表入口地址的指针	
5	PageMask	控制 TLB Entry 中可变页面的大小	
6	Wired	控制固定的 TLB Entry 的数目	
7	Reserved	保留	
8	**BadVaddr**	**记录最近一次地址相关异常的地址**	
9	Count	处理器周期计数	计数频率是系统主频的 1/2
10	EntryHi	TLB 入口地址的高位部分	与存储管理单元 MMU 和块表 TLB 相关的控制寄存器。如果不实现 MMU 和 TLB，则这些寄存器是可以不实现的
11	Compare	定时中断控制	
12	**Status**	**处理器状态和控制**	
13	**Cause**	**上一次发生异常的原因**	
14	**EPC**	**上一次发生异常时的 PC 值**	
15	PRId	处理器标志和版本	
16	Config	配置寄存器	
17	LLAddr	加载链接的地址	
18	WatchLo	观测点（Watchpoint）地址的低位	用来设定"内存硬件断点"，对指定点的内存进行监测
19	WatchHi	观测点（Watchpoint）地址的高位	
20～22	Reserved	保留	
23	Debug	调试控制和异常状况	与调试相关的控制寄存器
24	DEPC	上一次发生调试异常的 PC 值	
25	Reserved	保留	
26	ErrCtl	奇偶校验/循环冗余校验的错误控制和状态	
27	Reserved	保留	
28	TagLo/DataLo	缓存中 tag 接口/数据接口的低位部分	用于高速缓存 Cache 的管理
29	Reserved	保留	
30	ErrorEPC	上一次发生系统错误时的 PC 值	
31	DESAVE	用于调试处理的暂存寄存器	与调试相关的控制寄存器

由于在 MiniMIP32 中并不需要 Cache、MMU、TLB、调试、硬件断点等功能，因此也就不需要实现 CP0 中的所有寄存器，仅需要实现 BadVaddr、Status、Cause 和 EPC4 个寄存器（表 7-1 中加粗的条目），下面将给出它们的格式及各个字段的含义。

1. BadVaddr 寄存器（8 号控制寄存器）

该寄存器如图 7-1 所示。当处理器捕获到 **TLB 缺失**或**地址错误**这两种异常时，错误的虚拟地址会被储存在该寄存器中。对 MiniMIPS32 处理器而言，由于没有实现 TLB，因此只有地址错误异常（如访存地址不对齐等）会用到该寄存器。此外，由于 MiniMIPS32 处理器没有实现虚拟存储系统，因此产生地址错误的物理地址就等同于虚拟地址。这个寄存器对于定位引发地址错误的异常非常重要。对程序员而言，该寄存器是一个 32 位的只读寄存器。

31   0

BadVaddr

图 7-1　BadVaddr 寄存器

2. Status 寄存器（12 号控制寄存器）

该寄存器用于控制处理器的状态，是一个 32 位、系统程序员可读/可写的寄存器，可划分为若干个字段，如图 7-2 所示。对 MiniMIPS32 处理器而言，不需要实现 Status 寄存器的所有字段，只需关注其中与异常处理相关的 3 个字段，如表 7-2 所示。其他字段均为 0 即可。

Bit	31~28	27	26	25	24、23	22	21	20	19	18~16	15~8	7~5	4	3	2	1	0
标志位	CU3~CU0	RP	R	RE	0	BEV	TS	SR	NMI	0	IM7~IM0	R	UM	R	ERL	EXL	IE

图 7-2　Status 寄存器

表 7-2　MiniMIPS32 处理器实现的 Status 寄存器

字　段	对　应　位	功　能　描　述	读/写	复　位　值
IM7~IM0	15~8	中断屏蔽位，表示是否屏蔽相应中断 0：屏蔽；1：使能 MiniMIPS32 可支持 8 个中断源，其中 6 个是来自处理器外部的硬件中断，2 个是软件中断	R/W	0
EXL	1	异常级位，表示是否处于异常级 0：正常级；1：异常级 当该字段被设置为 1（即处于异常级）时，处理器进入内核态，并且屏蔽所有硬件和软件中断	R/W	0
IE	0	全局中断使能位 0：屏蔽所有硬件和软件中断 1：使能所有硬件和软件中断	R/W	0
其他	31~16/7~2	只读，恒为 "0"	R	0

3．Cause 寄存器（13 号控制寄存器）

该寄存器主要用于记录最近一次异常发生的原因，也是一个 32 位、系统程序员可读/可写的寄存器，可划分为若干个字段，如图 7-3 所示。对 MiniMIPS32 处理器而言，不需要实现 Cause 寄存器的所有字段，只需关注其中与异常处理相关的 3 个字段，如表 7-3 所示。其他字段均为 0 即可。

Bit	31	30	29～28	27	26	25、24	23	22	21～16	15～8	7	6～2	1～0
标志位	BD	R	CE	DC	PCI	0	IV	WP	0	IP7～IP0	0	ExcCode	0

图 7-3　Cause 寄存器

表 7-3　MiniMIPS32 处理器实现的 Cause 寄存器

字　段	对　应　位	功　能　描　述	读/写	复　位　值
BD	31	延迟槽标志位,用于标识最近发生异常的指令是否处于分支延迟槽中 1：在延迟槽中；0：不在延迟槽中	R	0
IP7～IP0	15～8	中断标识位,用于标识是否存在待处理的中断请求 **IP7～IP2**：待处理硬件中断标识，分别对应 6 个硬件中断（5 号硬件中断至 0 号硬件中断） **IP1～IP0**：待处理软件中断标识，对应 2 个软件中断（1 号软件中断和 0 号软件中断） 1：标识发生中断；0：表示没发生中断	IP7～IP2：R IP1～IP0：R/W 可由软件设置和清除	0
ExcCode	6～2	用于记录最近所发生异常的编码	R	0
其他	30～16/7/1～0	只读，恒为 "0"	R	0

ExcCode 字段是一个 5 位编码，用来记录处理器发生了哪种异常，其编码所对应的异常含义如表 7-4 所示。由于 MiniMIPS32 处理器只支持 6 种异常，因此只需要使用表 7-4 中由粗体字标出的 6 个编码，其他编码都不会用到。

表 7-4　ExcCode 的编码及其所对应异常的含义

编　码	助　记　符	含　义　描　述
0x00	**Int**	中断
0x01	Mod	TLB 项修改异常
0x02	TLBL	TLB 项不匹配或无效（取指令或加载数据）
0x03	TLBS	TLB 项不匹配或无效（存储数据）
0x04	**AdEL**	取指或加载数据出现地址错误异常
0x05	**AdES**	存储数据出现地址错误异常
0x06	IBS	总线错（取指令）
0x07	DBE	总线错（加载或存储数据）
0x08	**Sys**	执行系统调用指令
0x09	Bp	执行断点指令

续表

编　码	助 记 符	含 义 描 述
0x0A	**RI**	执行未定义的指令
0x0B	CpU	协处理器不可用
0x0C	**Ov**	算术运算（加法和减法）结果溢出
0x0D	Tr	执行陷阱指令
0x0E～0x16	—	保留
0x17	WATCH	访问 WatchHi/WatchLo 地址
0x18	MCheck	机器检测，CPU 检测到 CPU 控制系统中的灾难性错误
0x19～0x1F	—	保留

4．EPC 寄存器（14 号控制寄存器）

该寄存器称为异常程序计数器，也是一个 32 位可读/写寄存器，用来存储异常返回地址，如图 7-4 所示。对 MiniMIPS32 处理器而言，当 Status 寄存器的 EXL 位为 1 时（表示处理器正处于异常级），再发生异常将不更新 EPC。此外，异常返回地址也会根据发生异常的指令是否处于分支延迟槽中而有所区别。有关 EPC 寄存器的使用，会在后续章节进行详细叙述。

图 7-4　EPC 寄存器

7.1.3　协处理器 CP0 指令及数据相关

在 MiniMIPS32 处理器中，与协处理器 CP0 相关的指令有两条，分别是 MFC0 和 MTC0，其指令格式如图 7-5 所示。这是两条数据移动指令，分别完成将 CP0 中某个控制寄存器的值移动到某个通用寄存器中及将某个通用寄存器的值移动到 CP0 中某个控制寄存器。CP0 中控制寄存器的索引由指令字中的 rd 字段指定，而通用寄存器的索引由指令字中的 rt 字段指定。此外，这两条指令从形式上看是 R-型指令。但与其他 R-型指令的不同之处在于，其指令操作类型需要由指令字中的 op 字段和 rs 字段共同确定。首先，这两条指令的 op 字段的编码都是"010000"（在其他 R-型指令中，op 字段为全 0）。然后，由 rs 字段区分是 MFC0 指令还是 MTC0 指令（在其他 R-型指令中，通过 func 字段对指令进行区分）。

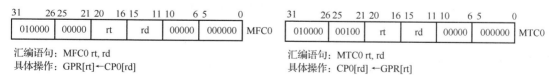

图 7-5　协处理器 CP0 指令

在 **MiniMIPS32 处理器中实现这两条指令时，可参考两条数据移动指令 MFLO 和 MTLO 的设计方法**。对 **MFC0 指令**而言，在**执行阶段从协处理器 CP0 中读出相应控制寄存器（由 rd 字段确定）的**值，将其作为待写入目的寄存器的数据，与目的寄存器的索引（由 rt 字段确定）和通用寄存器堆写使能信号一起沿流水线向后传递，直到写回阶段，根据这些信息将从 CP0 中获取的数据存入由 rt 字段指定的通用寄存器中。对 **MTC0 指令**而言，在译码阶段读出由 rt 字段确定的通用寄存器的值，然后，在**执行阶段**将待写入 CP0 的数据（也就是译码阶段获取的通用寄存器的值）、CP0 中目的控制寄存器的索引（由 rd 字段确定）及控制寄存器写使能信号一起沿流水线向后传递，最终在**写回阶段**将从通用寄存器中获取的数据写入由指令字 rd 字段确定的 CP0 的相应控制寄存器中。

由于这两条指令会涉及对 CP0 协处理器中的控制寄存器进行读/写操作，因此，对于这些控制寄存器自然也存在 RAW 数据相关。**对 CP0 中寄存器的读取发生在执行阶段（即 MFC0 指令）**，根据相关指令出现位置的不同，其 RAW 相关又可分为 2 种情况：**执行-访存相关**和**执行-写回相关**，对应的指令序列和流水线时空图如图 7-6 所示。注意，由于只有 MTC0 指令会修改 CP0 中寄存器的值，因此这类数据相关只会出现在 MFC0 和 MTC0 两条指令之间。

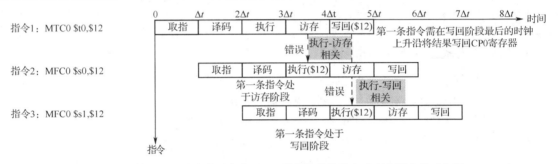

图 7-6　针对 CP0 中寄存器存在 RAW 数据相关的指令序列和流水线时空图

- **执行-访存相关**：MTC0 和 MFC0 两条指令相邻时存在 RAW 数据相关，即图 7-6 中的指令 1 和指令 2。指令 1 只能在写回阶段将结果写入 CP0 中的 12 号控制寄存器，而指令 2 需要在执行阶段访问 CP0 中的 12 号控制寄存器，此时指令 1 还处于访存阶段，故指令 2 从 12 号控制寄存器读取的数据必然不是指令 1 的写回结果，因此发生错误。
- **执行-写回相关**：MTC0 和 MFC0 相隔一条指令出现时存在 RAW 相关，即图 7-6 中的指令 1 和指令 3。指令 3 需要指令 1 将结果写回 CP0 中的 12 号控制寄存器。当指令 3 在执行阶段读取 12 号控制寄存器时，指令 1 还处在流水线的写回阶段，而指令 1 需要在写回阶段之后的时钟上升沿才能将结果写入 12 号控制寄存器，所以指令 3 此时得到的 12 号控制寄存器的值也是错误的。

虽然，对于 CP0 中的控制寄存器存在上述两种数据相关，但根据之前章节的学习，大家应该很容易就想出消除这类数据相关的方法，即**定向前推**，也就是将处于访存阶段、写回阶段的 CP0 中寄存器的写信息前推到执行阶段，然后在执行阶段判断 CP0 中控制寄存器的最新值。

7.2 异常的基本概念

7.2.1 异常和中断

在程序执行过程中，往往会出现一些事件打断程序的正常执行，使得处理器跳转到一个新的地址执行程序，这些事件称为**异常（exception）**或**中断（interrupt）**。通常，异常来自 CPU 的内部，伴随着程序的执行过程而产生，如处理器本身故障、程序故障、请求系统服务等，因此，异常也称为**内部同步异常**。中断往往来自处理器的外部，如 I/O 中断、时钟中断等，因此，中断也称为**外部异步中断**。虽然，不同的计算机体系结构和教科书对异常和中断这两个概念有着不同的解释，但由于两者的处理流程和实现机制大体上相同，所以本书不对两者进行区分，将其统称为异常，只需把中断看成一类异常即可。

根据异常的来源，可将其分为以下 5 类。

● **指令执行中的错误**：如不存在的指令、除法除以 0、计算结果溢出、地址不对齐等。
● **数据完整性问题**：当使用 ECC 等硬件校验方式的存储器发生校验错误时所产生的异常。
● **地址转换异常**：存储管理单元对一个内存页进行地址变换，而硬件转换表没有对应项。
● **系统调用和陷入**：由专用指令产生，用于调用内核模式的相关操作。
● **外部事件（中断）**：键盘中断、打印机中断、时钟中断等。

7.2.2　异常处理的流程

虽然不同的处理器对异常的处理不尽相同，但基本上可以概括为异常的确定与处理、现场的正确维护。因此，通用的异常处理流程包括如下 5 个步骤。

1）异常处理准备。当异常发生时，处理器在执行异常处理前，硬件需要完成一系列的准备工作。例如，对精确异常而言，需要将被异常打断的指令之前的所有指令都执行完，而之后的指令都从流水线中清除，就像没有执行一样（有关精确异常的概念详见 7.3.1 节）。

2）确定异常原因。处理器通常对不同的异常进行编号，以便于对异常处理程序进行区分和跳转。对 x86 而言，由硬件进行异常和中断号的查询，根据编号查询已设置好的中断描述符表 IDT，得到不同异常处理程序的入口地址。MIPS 则将异常原因保存到 CP0 的 Cause 寄存器中，再由异常处理程序进行进一步的查询和区分。

3）保存现场。在进行具体的异常处理前，要先将被异常打断的程序状态进行保存，通常至少需要保存通用寄存器的值、状态字寄存器的值及断点（即返回地址）。同时，根据需要关闭或保留部分中断使能，防止在异常处理过程中产生新的中断而影响程序执行状态。

4）处理异常。跳转到对应异常处理程序进行异常处理。

5）恢复现场并返回。恢复通用寄存器的值、状态字寄存器的值，并执行相应的异常返回指令，返回被异常打断的程序继续执行。x86 采用 IRET 指令完成异常返回，而 MIPS 采用 ERET 指令完成异常返回。

一般情况下，异常处理的流程是由软硬件协同完成的，例如，异常处理的准备通常由硬件完成，而恢复现场和返回由软件完成。哪些工作由硬件完成，哪些工作由软件完成，会因处理器的不同而不同。此外，在异常处理流程中，有两点需要特别注意，即**异常处理程序入口地址的确定**（被打断程序→异常处理程序）和**异常返回**（异常处理程序→被打断程序）。

对于前者，有两种确定方式，一种为**查询方式**，另一种为**向量方式**。在查询方式中，当异常发生时，处理器跳转到一个固定的地址（异常处理程序入口地址），然后开始查询发生异常的原因，再转去执行相应的异常处理程序。引发异常的原因，通常在异常发生时，由硬件保存到一个专门的寄存器中。处理器在异常处理程序入口处读这个寄存器就可确定异常原因。**本书设计的 MiniMIPS32 处理器采用这种查询方式来确定异常处理程序的入口地址**。在向量方式中，异常事件直接告知处理器引发异常的原因（即所谓的向量），并由这个向量直接生成异常处理程序的入口地址，避免了由处理器进行异常原因的查询。x86 处理器、SPARC 处理器都采用这种方式。

为了从异常处理程序返回被打断的程序，处理器通常将返回地址保存到一个安全的地方，此时会有多种选择。有些处理器将返回地址保存到一个通用寄存器中；有些处理器将返回地址保存到一个专门的寄存器中，如 MIPS 处理器中的 EPC 寄存器；有些处理器则将返回地址保存到存储器的堆栈中，如 x86 处理器。

7.3   MiniMIPS32 处理器的异常处理

7.3.1   精确异常

MiniMIPS32 处理器支持的是一种称为**精确异常**的机制。所谓精确异常是指当一个异常发生时，正在运行的程序会被打断，此时，采用流水线技术的处理器将会有若干条指令处于流水线的不同阶段，如果不希望异常处理程序破坏原程序的正常执行，就必须记住此时没有执行完的指令在流水线中所处的阶段，以便异常处理结束后能恢复原程序的执行。在异常发生时，总会有一条指令被其打断，称为异常受害者（exception victim），也可称为发生异常的指令。对精确异常而言，**该指令之前进入流水线的所有指令都必须被正常运行完毕，而该指令及之后进入流水线的指令都必须从流水线中清除**，不影响任何处理器状态，就好像什么都没有发生一样，如图 7-7 所示。指令 3（异常受害者）在执行阶段产生了溢出异常，此时，已经处于访存阶段的指令 1 和处于写回阶段的指令 2 将会继续留在流水线中，直到运行完毕。指令 3 和指令 4 将会取消（即从流水线中清除），不会对处理器状态造成任何影响，就好像没有进入过流水线一样。等到处理完异常后，处理器将返回原程序被中断的位置继续执行，就好像没有发生异常一样。

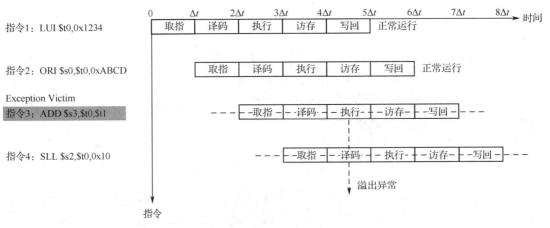

图 7-7   精确异常处理

因此，为了实现精确异常，必须满足一个约定，即**异常产生的顺序与指令的处理顺序相同**。在非流水线的处理器上，这是很显然的。但在采用流水线的处理器上，情况就变得比较复杂了，因为异常可能发生在流水线的不同阶段，这将带来一些潜在问题，如图 7-8 所示。指令 1 是加载字指令，但其访存偏移量为"17"，不是字对齐的，故会在访存阶段触发地址错误异常。指令 2 是一条无效指令，因为指令 REV 在 MiniMIPS32 指令集中没有定义，故在译码阶段会触发保留指令异常。可以注意到，指令 1 的地址错误异常发生在 $3\Delta t \sim 4\Delta t$，而指令 2 的保留指令异常发生在 $2\Delta t \sim 3\Delta t$。因此，指令 2 的异常比指令 1 的异常先发生，从而破坏了"异常产生的顺序与指令处理顺序相同"的约定。

为了处理这个问题，在发现异常后必须确认该指令之前的所有指令都没有产生异常时，才能对该异常进行处理。因此，先发生的异常并不马上处理，而是对其进行标识并沿着流水线继续向后传递到某一阶段（大多数处理器会在某个流水段对异常进行统一处理）。如果在传递的过程中，又发现了该指令之前的指令产生了异常，则忽略该指令的异常。因为该指令之前的指令产生的异常将导致自己及其后的指令都被取消，那么就根本不需要再关心之后指令产生的异常了。**MiniMIPS32 处理器在访存阶**

段进行异常处理，对于上例，指令 2 在译码阶段（$2\Delta t \sim 3\Delta t$）产生了保留指令异常，但并不处理，只是保存一个异常标记，该标记沿流水线向后传递，直到该指令进入访存阶段（$4\Delta t \sim 5\Delta t$）再处理。但指令 1 先于指令 2 进入访存阶段（$3\Delta t \sim 4\Delta t$），并且在该阶段产生地址错误异常，那么指令 2 的异常将被忽略掉，处理器只响应指令 1 的异常。通过这样的方式就可以在采用流水线的处理器中实现"按指令执行顺序处理异常，而不是按异常产生的顺序处理异常"。

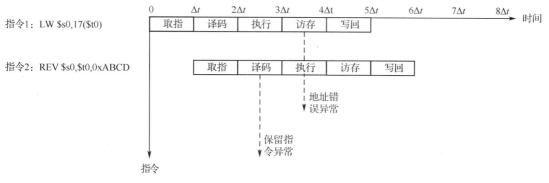

图 7-8　异常产生的顺序与指令处理顺序不一致

7.3.2　支持的异常类型

本书所设计 MiniMIPS32 处理器将支持对 6 种异常进行处理，如表 7-5 所示。

表 7-5　MiniMIPS32 处理器所支持的异常

异　　常	Cause.ExcCode 字段	类　　型
中断	Int（0x00）	异步
地址错误异常——取指	AdEL（0x04）	同步
保留指令异常	RI（0x0A）	同步
整数溢出异常	Ov（0x0C）	同步
系统调用异常	Sys（0x08）	同步
地址错误异常——数据访问	加载：ADEL（0x04） 存储：ADES（0x05）	同步

　　未被屏蔽的中断到来时，将引发中断异常，并将 Cause 寄存器中的 ExcCode 字段设置为"0x00"。MiniMIPS32 处理器共支持 8 个中断源，包括 2 个软中断和 6 个硬中断。其中，软中断对应 **Cause 寄存器中的 IP[1 : 0]字段**，可通过软件对其设置 1 来触发中断，或写 0 来清除中断。硬中断则来自处理器外部，对应处理器接口上的 6 个中断输入引脚，并通过设置 **Cause 寄存器中 IP[7 : 2]字段**中的相应位来标识哪个中断源提出了中断请求。此外，每个中断源还对应一个中断屏蔽位，即 **Status 寄存器中的 IM[7 : 0]字段**。一个中断发出后，能得到处理器响应，必须同时满足如下条件。

● Status 寄存器中的全局中断使能位 IE 为"1"，表示全局中断使能开启。

● Status 寄存器中的异常级位 EXL 为"0"，表示当前没有异常再被处理。

● 某个中断源产生中断且该中断源未被屏蔽，即 Cause 寄存器的 IP[i]位和 Status 寄存器的 IM[i]位同时为"1"。其中，"Cause.IP[i] = 1"表示中断源 i 提出中断请求，"Status.IM[i] = 1"表示中断源 i 发出的中断请求没有被屏蔽。

在 MiniMIPS32 处理器中，如果访存地址不对齐，则会分别针对**取指**和**数据访问**引发 2 种地址错误异常。其中，对于**取指或数据加载过程**中出现的地址错误异常，将设置 Cause 寄存器的 ExcCode 字段为 "0x04"；对于**数据存储过程**中出现的地址错误异常，将设置 Cause 寄存器的 ExcCode 字段为 "0x05"。此外，引发地址错误异常的地址将被保存到 **BadVaddr 寄存器**中。引发地址错误异常的条件如下所示。

- 对于取指，PC 值不是按字边界对齐的（即 PC 值的最低 2 位不是 "00"）。
- 对于字加载/存储指令，其访存地址不是按字边界对齐的（即地址的最低 2 位不是 "00"）。
- 对于半字加载/存储指令，其访存地址不是按半字边界对齐的（即地址的最低位不是 "0"）。

保留指令异常出现在 MiniMIPS32 处理器执行一条**未实现的指令**时，此时，Cause 寄存器的 ExcCode 字段为 "0x0A"。

当执行一条**加法或减法**指令时，其执行结果发生溢出，引发整数溢出异常。此时，Cause 寄存器的 ExcCode 字段为 "0x0C"。

执行系统调用 **SYSCALL** 指令，将触发系统调用异常。此时，Cause 寄存器的 ExcCode 字段被设置为 "0x08"。SYSCALL 指令的格式如图 7-9 所示，其操作码字段 op 为全 0，通过功能码字段 "001100" 来判断是否为该指令，中间的 20 位 code 字段在译码时不起作用，可忽略。SYSCALL 指令引发系统调用异常，使处理器从用户模式切换到内核模式，用于应用程序请求操作系统协助其完成一些没有权限的操作，如控制 I/O 等。

31 26	25 6	5 0	
000000	code	001100	SYSCALL

汇编语句：SYSCALL
具体操作：触发系统调用异常

图 7-9　SYSCALL 指令的格式

除上述异常类型外，硬件复位 Reset 也算是一种异常。它是一种特殊的异常，因为它不用从异常处理程序返回，不用考虑现场保护，也不用保存返回地址。MiniMIPS32 处理器目前已实现对硬件复位的支持，只需要简单地将全部寄存器清零，然后 PC 复位为初始地址（即全 0）。

7.3.3　MiniMIPS32 处理器的异常处理流程

MiniMIPS32 处理器的异常处理流程如图 7-10 所示。之前提到，整个异常处理是由软硬件协同完成的，而图 7-10 中给出的是其中硬件需要完成的工作。

第 1 步：检测 CP0 协处理器中 Status 寄存器的第 1 位，即 EXL 位。

- EXL 为 "0"，表示当前处理器并没有在处理异常。将引发异常的原因保存到 CP0 中 Cause 寄存器的第 2～6 位，即 ExcCode 字段；将引发地址错误异常的地址保存到 CP0 中的 BadVaddr 寄存器，进入第 2 步。
- EXL 为 "1"，表示处理器正在处理异常。此时，判断当前发生的异常是否是中断，如果是，则忽略该异常，不进行处理；否则，将引发异常的原因保存到 CP0 中 Cause 寄存器的 ExcCode 字段，将引发地址错误异常的地址保存到 CP0 的 BadVaddr 寄存器，转到第 4 步。

第 2 步：检测发生异常的指令（即异常受害者）是否在延迟槽中。如果其在延迟槽中，设置 CP0 中 EPC 寄存器的值为该指令的地址减去 4，同时设置 CP0 中 Casue 寄存器的 BD 位（第 31 位）为 "1"；否则，设置 EPC 寄存器的值为该指令的地址，同时设置 Casue 寄存器的 BD 位为 "0"。

第 3 步：设置 CP0 中 Status 寄存器的 EXL 位为 "1"，表示进入异常处理过程，禁止中断。

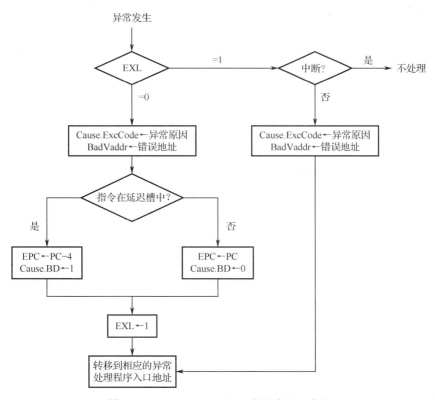

图 7-10　MiniMIPS32 处理器的异常处理流程

第 4 步：处理器转移到事先定义好的中断处理程序入口地址，开始执行异常处理程序。

MiniMIPS32 处理器所支持各类异常所对应的异常处理程序入口地址如表 7-6 所示。所有中断（2 个软中断和 6 个硬中断）都对应一个相同的入口地址（0x040），也就是说，所有中断请求得到响应后，都转向同一个程序入口，然后通过程序查询 Cause 寄存器的 IP 字段和 Status 寄存器的 IM 字段来确定具体中断源，再进行具体处理。当有多个中断源发出请求时，软件可通过查询次序来控制中断处理的优先级。其他异常也都对应一个相同的入口地址（0x100），然后，通过程序查询 Cause 寄存器的 ExcCode 字段来确定具体的异常类型，再进行相应的处理。由于本书设计的 MiniMIPS32 处理器不支持 MMU，所以异常处理程序都放在低地址空间。

表 7-6　MiniMIPS32 处理器定义的异常处理程序入口地址

异常（ExcCode）	处理程序入口地址	引发异常的原因
中断（Int）	0x040	中断
地址错误（ADEL/ADES）		访存地址不对齐
保留指令（RI）		执行 MiniMIPS 处理器中未定义的指令
溢出（Ov）	0x100	算术运算加法或减法结果发生溢出
系统调用（Sys）		执行系统调用指令 SYSCALL

异常处理程序执行结束后，处理器需要返回到异常发生前的状态继续执行，即**异常返回**。在 MiniMIPS32 处理器中，异常返回通过专门的 ERET 指令实现，其指令格式如图 7-11 所示。其操作码字段 op 为 "010000"，通过功能码字段 "011000" 来判断是否为该指令。该指令需要将 CP0 中 Status

寄存器的 EXL 位清"0"，从而退出异常处理，使能中断；同时，清除流水线上除写回阶段外的全部信息，以避免异常处理程序破坏原程序的运行状态；再将 EPC 寄存器保存的地址恢复到 PC 中，从而返回到异常发生处继续处理。可以注意到，虽然 ERET 指令不会引发异常，但其执行过程和异常的处理过程十分相似：也需要清除流水线，转移到新的目标地址（目标地址为异常返回地址，即 EPC 寄存器中的值）。**因此，在 MiniMIPS32 处理器中，也将 ERET 指令作为一种异常进行处理，并在译码阶段进行异常标识。**

汇编语句：ERET
具体操作：CP0(Status).EXL ← 0; PC ← CP0(EPC)

图 7-11　ERET 指令格式

此外，在图 7-10 所示的异常处理流程中，大家会注意到，EPC 中保存的异常返回地址会根据发生异常的指令是否在延迟槽中而不同。如果发生异常的指令不在延迟槽中，EPC 中保存的是发生异常时的 PC 值；否则，EPC 中保存的是 PC-4。这主要是因为 MiniMIPS32 处理器采用延迟槽技术来处理转移指令，这样的话，如果转移指令发生转移，则执行顺序为"**转移指令→延迟槽指令→转移目标指令**"。此时，若处于延迟槽中的指令发生了异常，如果在 EPC 中保存该延迟槽指令的地址，那么从异常处理程序返回后，将重新回到延迟槽指令，则执行顺序变为"**延迟槽指令→延迟槽指令的下一条指令**"，没有发生转移，破坏了异常发生前程序的执行顺序。因此，对于这种情况，需要将延迟槽指令之前的转移指令地址（即 PC-4）保存到 EPC 寄存器中，从而异常返回后，将重新执行转移指令（延迟槽指令的异常可能已经解决，不再触发异常），保证了原来的指令执行顺序。

7.3.4　支持异常处理的 MiniMIPS32 处理器流水线的设计

为了使 MiniMIPS32 处理器的流水线支持上述精确异常处理机制，大体的设计思路如下。首先，在流水线的各个阶段收集异常信息，并传递到流水线访存阶段进行统一处理。然后，在访存阶段，根据 CP0 中相关寄存器（Status 寄存器和 Cause 寄存器）的值判断是否需要进行异常处理，如果需要，则转移到相应的异常处理程序入口，并清除流水线上除写回阶段外的全部信息。同时，完成对 CP0 中相关寄存器的更新。最后，在执行完异常处理程序后，通过 ERET 指令转移到 EPC 寄存器保存的返回地址，从被异常打断处继续执行，同时还需要清除流水线上除写回阶段外的全部信息，以避免异常处理程序破坏原程序的运行状态（由此可见，ERET 也可作为一种异常进行处理）。清除流水线某个阶段的信息，实际就是将该阶段中所有寄存器设置为初始值。流水线各阶段所需要收集的异常信息如下所示。

- 取指阶段判断是否有取指地址错误异常（ExcCode = ADEL）。
- 在译码阶段判断是否有保留指令异常（ExcCode = RI）、系统调用异常（ExcCode = Sys）及异常返回（ExcCode = ERET）。
- 在执行阶段判断是否有溢出异常（ExcCode = Ov）。
- 在访存阶段判断是否有外部中断（ExcCode = Int）、加载地址错误异常（ExcCode = ADEL）或存储地址错误异常（ExcCode = ADES）。

根据上述设计思路，支持异常处理的 MiniMIPS32 处理器的流水线数据通路如图 7-12 所示。注意，图 7-12 所示的流水线数据通路仅仅对表 7-6 所示的**系统调用异常、溢出异常、中断及异常返回进行支持，其他异常请大家参照该设计自行完成。**相比之前的设计，需要对流水线的所有阶段进行修改和扩充，并添加了 CP0 协处理，新增加的内容用虚线框和数字进行了标记。下面我们根据功能将整个设计

分为 **CP0 协处理器及相关指令**和**异常处理**两部分，分别进行描述。

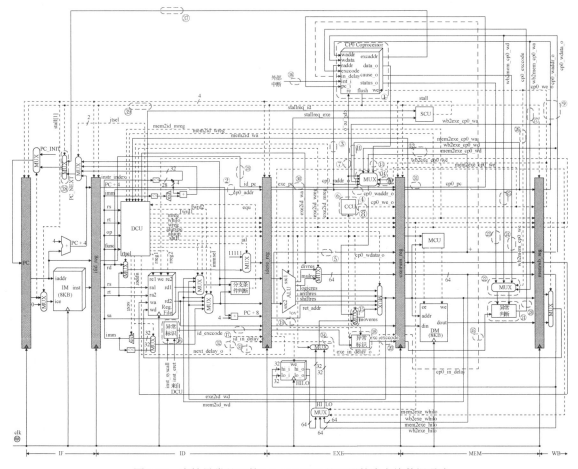

图 7-12　支持异常处理的 MiniMIPS32 处理器的流水线数据通路

1. CP0 协处理器及相关指令

在图 7-12 中，新添加的 CP0 协处理器如虚线框①所示。在 MiniMIPS32 处理器中，CP0 主要由两部分构成：控制寄存器（在 MiniMIPS32 中，需要实现 BadVaddr、Status、Cause 和 EPC 这 4 个控制寄存器）和异常处理逻辑。因此，CP0 的 I/O 端口也可分为两组：一组用于支持 CP0 相关指令，即 MFC0 和 MTC0，实现对控制寄存器的读写操作；另一组用于对异常进行识别和处理。在这里，我们主要关注前者，后者详见"异常处理"部分。其中，**CP0 寄存器读使能端口 re**、**读地址端口 raddr** 和**读数据端口 data_o** 用于支持 MFC0 指令，将数据从某个控制寄存器读出，而 **CP0 寄存器写使能端口 we**、**写地址端口 waddr** 和**写数据端口 wdata** 用于支持 MTC0 指令，将数据写入某个控制寄存器。这些端口的含义和使用方法与通用寄存器堆的相应端口是一样的，故不再赘述。

为了支持 MFC0 和 MTC0 这两条指令，对 MiniMIPS32 处理器的流水线进行了如下改动。首先，如图 7-5 所示，MFC0 和 MTC0 都将指令字中的 **rd** 字段作为访问 CP0 中控制寄存器的地址索引。因此，在译码阶段，增加了一个信号线 **cp0_addr**（如虚线框②所示），用于传输 rd 字段，即控制寄存器的索引，并沿流水线继续向后传递。

然后，在执行阶段，信号 cp0_addr 根据指令的不同，被分别作为 CP0 寄存器读地址信号

cp0_raddr_o（如虚线框③所示）或 CP0 寄存器写地址信号 **cp0_waddr_o**（如虚线框④所示）。由于对 CP0 中寄存器的写操作（即 MTC0 指令）将在写回阶段完成，所以信号 cp0_waddr_o 继续沿流水线传递。此外，由图 7-5 可知，待写入 CP0 中寄存器的数据来自通用寄存器，其地址索引由指令字中的 rt 字段指定，因此，该数据将作为源操作数 2（即 src2）被传递到执行阶段，并沿新添加的信号线 **cp0_wdata_o**（如虚线框⑤所示）继续向后传递。而 CP0 中寄存器的读操作，即 MFC0，将发生在执行阶段。因此，信号 cp0_raddr_o 连同 CP0 寄存器读使能信号 **cp0_re_o**（如虚线框⑦所示）一起被送到 CP0 协处理器中。由于对 CP0 中寄存器的读操作采用组合逻辑实现，故在执行阶段即可通过 CP0 的 **data_o** 端口获得相应控制寄存器中的数据（如虚线框⑬所示）。信号 cp0_re_o 来自执行阶段新添加的 CP0 控制单元 **CCU**（如虚线框⑥所示）。CCU 根据从译码阶段传递而来的内部操作码 aluop，判断当前处于执行阶段的指令是否是 MFC0 或 MTC0，并产生读使能信号 **cp0_re_o** 和写使能信号 **cp0_we_o**（如虚线框⑧所示）。如果是 MFC0 指令，则信号 cp0_re_o 被置为 "1"，信号 cp0_we_o 被置为 "0"；如果是 MTC0 指令，则信号 cp0_re_o 被置为 "0"，信号 cp0_we_o 被置为 "1"；如果两者都不是，则信号 cp0_re_o 和 cp0_we_o 都被置为 "0"。最终，对 MFC0 指令而言，将在执行阶段获得 CP0 中相应寄存器的数据（即待写入目的寄存器的数据），并和通用寄存器写使能信号及目的寄存器的索引一起被送到访存阶段。而对 MTC0 指令而言，写 CP0 寄存器的相关信号 cp0_we_o、cp0_waddr_o 和 cp0_wdata_o 将沿流水线传递到访存阶段。

接着，在访存阶段，只需要将 MFC0 中写通用寄存器的相关信号和 MTC0 中写 CP0 中寄存器的相关信号向后传递到写回阶段即可。

最后，在写回阶段，对于 MFC0 指令，写通用寄存器的相关信号被送到通用寄存器堆，并在下一个时钟上升沿将从 CP0 中某个寄存器读出数据写入到通用寄存器。对 MTC0 指令而言，3 组信号 **cp0_we_o**、**cp0_waddr_o** 和 **cp0_wdata_o**（如虚线框⑨所示）被送到 CP0 协处理器，并在下一个时钟上升沿将数据写入相关控制寄存器。

此外，7.1.3 节提到，如果 MTC0 指令后出现 MFC0 指令，则会出现针对 CP0 中控制寄存器的写后读相关。由于 MFC0 指令在执行阶段访问 CP0 中寄存器，因此，该写后读相关又分为执行-访存相关和执行-写回相关。为了消除这两种相关，确保在执行阶段获得 CP0 中寄存器的最新值，本设计仍采用基于定向前推的方法。如图 7-12 所示，位于访存阶段和写回阶段的写 CP0 中寄存器的相关信号包括写使能信号 **mem2exe_cp0_we** 和 **wb2exe_cp0_we**（如虚线框⑩所示）、写地址信号 **mem2exe_cp0_wa** 和 **wb2exe_cp0_wa**（如虚线框⑪所示）及待写入的数据信号 **mem2exe_cp0_wd** 和 **wb2exe_cp0_wd**（如虚线框⑫所示），都被定向前推到执行阶段，进行数据相关的判断。该判断通过一个在执行阶段新添加的多路选择器（如虚线框⑭所示）完成，它除了接收上述前推信号之外，还接收 CP0 寄存器读使能信号 cp0_re_o、读地址信号 cp0_raddr_o 及从 CP0 中读出的数据 data_o。有关 CP0 中寄存器写后读相关的判断规则如下。

- 规则 1：如果对于 CP0 中的控制寄存器存在执行-访存相关，则满足条件 "(mem2exe_cp0_we == TRUE) && (cp0_re_o == TRUE) && (mem2exe_cp0_wa == cp0_raddr_o)"。
- 规则 2：如果对于 CP0 中的控制寄存器存在执行-写回相关，则满足条件 "(wb2exe_cp0_we == TRUE) && (cp0_re_o == TRUE) && (wb2exe_cp0_wa == cp0_raddr_o)"。

首先，判断规则 1 是否满足，如果满足，则多路选择器选择从访存阶段前推的数据 mem2exe_cp0_wd 作为 CP0 中寄存器的最新值；否则，判断规则 2 是否满足，如果满足，则多路选择器选择从写回阶段前推的数据 wb2exe_cp0_wd 作为 CP0 中寄存器的最新值；否则，多路选择器选择当前 CP0 中寄存器的值 data_o 作为最新值。由于 MFC0 也可看成一种数据移动指令，故得到的 CP0 中寄存器的最新值可通过 moveres 信号向后传递，但由于 MFLO 和 MFHI 指令也需要通过 moveres 传递 HILO 寄存器的最新值，因此，为了进行区分，在执行阶段还需添加一个**多路选择器**（如虚线框⑮所示），在内部操作码 aluop 的控制下完成选择。

2. 异常处理

如前所述，图 7-12 所示的 MiniMIPS32 处理器的流水线数据通路将支持系统调用异常、溢出异常、中断异常及异常返回 4 种异常，并需要对它们进行精确异常处理。因此，需要在流水线中先识别出上述 4 种异常，并进行标识，然后在访存阶段进行统一处理，以满足"按指令执行顺序处理异常"的要求。**首先，在译码阶段**添加一个**异常识别模块**（如虚线框⑯所示），接收来自 DCU 第一级译码逻辑的 inst_syscall 和 inst_eret 信号，对当前指令是否是系统调用或异常返回进行识别。如果当前指令为系统调用 SYSCALL 指令，则表示存在系统调用异常，并对其进行标记，即设置异常编码信号 **id_exccode**（如虚线框⑰所示）为"0x8"；如果当前指令为异常返回 ERET 指令，则表示存在异常返回异常，并对其进行标记，即设置异常编码信号 id_exccode 为"0x11（该编码为表 7-5 中未使用的编码）"。异常编码信号 id_exccode 沿流水线向后传递。**接着，在执行阶段**，也需要新添加一个**异常标识模块**（如虚线框⑱所示）。该模块接收从上一级传递而来的异常编码信号、内部操作码 aluop 及从 ALU 发出的溢出标志信号 **ov**（如虚线框⑲所示），如果当前处于执行阶段的是有符号加法或减法指令，并且溢出标志信号 ov 为"1"，表示出现溢出异常，此时需要将异常编码设置为"0x0C"，并沿信号 **exc_exccode**（如虚线框⑳所示）向后传递；否则，只需将从上一级传递而来的异常编码沿信号 exc_exccode 向后传递即可。**注意，在本设计中，我们不区分异常优先级，也就是说，如果某条指令存在多种异常，则只会对最后出现的异常进行处理**。因此，在设计时，如果某一阶段检测出异常，则该异常将覆盖从上一级传递而来的异常。最后，**在访存阶段**，也需要添加一个**异常判断模块**（如虚线框㉑所示）。该模块包含两个功能：识别当前是否存在中断异常（注意，中断请求来自处理器外部，通过 CP0 输入端口 **int_i** 传入 CP0，如虚线框㊱所示）；根据之前收集的信息确定需要处理的异常。对于中断异常的识别，需要判断是否满足 7.3.2 节中提到的 3 个条件。此时，需要读取 CP0 中 Status 寄存器和 Cause 寄存器的值，这里需要特别强调，由于当前处于写回阶段的指令还可能修改 CP0 中寄存器的值（即 MTC0），则又出现了写后读相关，我们同样采用定向前推的方法进行消除。因此，在访存阶段，添加了一个**多路选择器**（如虚线框㉒所示），它接收从写回阶段前推的 3 组信号，即 CP0 寄存器写使能信号 **wb2mem_cp0_we**（如虚线框㉖所示）、写地址信号 **wb2mem_cp0_wa**（如虚线框㉗所示）、待写入 CP0 中寄存器的数据 **wb2mem_cp0_wd**（如虚线框㉕所示）及从 CP0 输出端口 **status_o** 和 **cause_o** 获得的当前 Status 寄存器和 Cause 寄存器的值，然后判断得到 CP0 寄存器的最新值（如虚线框㉓和㉔所示），判断规则如下。

- 规则 1：如果对于 Status 寄存器存在数据相关，则满足条件 "(wb2mem_cp0_we == TRUE) && (wb2mem_cp0_wa == Status 寄存器的索引)"。
- 规则 2：如果对于 Cause 寄存器存在数据相关，则满足条件 "(wb2mem_cp0_we == TRUE) && (wb2mem_cp0_wa == Cause 寄存器的索引)"。

如果规则 1 成立，则 Status 寄存器的最新值为 "wb2mem_cp0_wd"；否则，如果规则 2 成立，则 Cause 寄存器的最新值为 "wb2mem_cp0_wd"；否则，Status 寄存器和 Cause 的最新值为 "status_o" 和 "cause_o"。如果在访存阶段判断出存在中断请求，则确定最终待处理的异常为中断，设置异常编码为 "0x00"，并通过信号线 **cp0_exccode**（如虚线框㉘所示）传递到 CP0 协处理器的输入端口 **exccode**；否则，最终待处理的异常为从上一级流水段传递而来的异常，也通过信号线 cp0_exccode 传递到 CP0 中。

CP0 根据接收到的异常编码，如果判断需要进行异常处理，则要将断点信息保存到 EPC 寄存器中，以便异常处理之后可以恢复原程序的执行。为了完成保存断点的功能，CP0 还需要两个信息，即发生异常的指令的 PC 值及它是否为延迟槽指令。

对于 PC 值，只需将其沿流水线各段（如译码阶段的信号线 **id_pc**，如虚线框㉙所示；执行阶段的信号线 **exc_pc**，如虚线框㉚所示）传递到访存阶段，并通过信号线 **cp0_pc**（如虚线框㉛所示）从 CP0 协处理器的输入端口 pc_i 传入 CP0。

对于发生异常的指令是否是延迟槽指令判断，首先，在译码阶段，通过 DCU 产生一个新的控制信号 **next_delay_o**（如虚线框㉜所示），当译码阶段识别出任意转移指令时，则将该信号置为"1"，表示下一条进入译码阶段的指令为延迟槽指令。然后，该信号通过译码-执行寄存器，在 1 个时钟周期的延迟后再被送回译码阶段，即信号线 **id_in_delay_o**（如虚线框㉝所示），用于标识此时处于译码阶段的指令就是延迟槽指令。接着，此信号进入执行阶段，沿信号线 **exe_in_delay_o**（如虚线框㉞所示）送到访存阶段。最终，在访存阶段，此信号沿信号线 **cp0_in_delay**（如虚线框㉟所示）从 CP0 协处理器的输入端口 in_delay 送入 CP0 中，从而获得发生异常的指令是否是延迟槽指令的信息。

在保存断点之后，处理器将转移到异常处理程序入口地址进行异常处理。此时，异常程序入口地址将通过 CP0 协处理器的输出端口 **excaddr** 传递到流水线的取指阶段（如虚线框㊲所示）。在取指阶段，添加一个**多路选择器**（如虚线框㊳所示），在**清除信号 flush**（如虚线框㊴所示）的控制下，对异常处理程序入口地址或 PC_NEXT 进行选择。如果 flush 信号为"1"，则表示需要进行异常处理，转入异常处理程序入口地址；否则，将 PC_NEXT 作为下一条指令的地址。

流水线清除信号 flush 用于在异常处理开始前，清除除写回阶段之外的流水线上的全部信息。该信号由 CP0 协处理器产生，并把其发送到各个流水线寄存器及 PC 寄存器中，如虚线框㊴所示。其中，PC 寄存器接收到 flush 信号后，若其为"1"，则将异常处理程序的入口地址在时钟上升沿存入 PC 寄存器中。其他流水线寄存器接收到 flush 信号后，若其为"1"，则将所有的寄存器清"0"，相当于处理器的复位效果。

此外，在上述支持异常处理的 MiniMIPS32 处理器的设计过程中，势必需要实现对 MFC0、MTC0、SYSCALL 和 ERET 这 4 条指令的支持。引入这 4 条指令，将改变译码控制单元 DCU 所产生的各种控制信号的逻辑表达式。**大家可参考第 5 章和第 6 章中有关控制单元设计的章节，重新填写各控制信号的真值表，以得到更新后的逻辑表达式**。这个过程相对比较简单，这里不再赘述。需要注意的是，这 4 条指令实质都是特权指令，但 MFC0 指令可看成一种数据移动指令，有助于简化实现，故其操作类型 alutype 被设置为 MOVE。

7.4　基于 Verilog HDL 的实现与测试

7.4.1　支持异常处理的 MiniMIPS32 处理器流水线的 Verilog HDL 实现

支持异常处理的 MiniMIPS32 处理器流水线的结构如图 7-13 所示。为了简洁，图 7-13 中只给出新添加的连接线，已有的连接线不再画出。下面，我们仅针对需要修改的模块给出具体的 Verilog HDL 实现，其他模块保持不变即可。对于需要修改的模块，我们仅列出需要修改和添加的语句，其他语句用省略号代替。

1．define.v

由于在 MiniMIPS32 处理器中引入了异常处理，因此，需要添加一些额外的宏定义，故对 define.v 做出图 7-14 所示的修改。

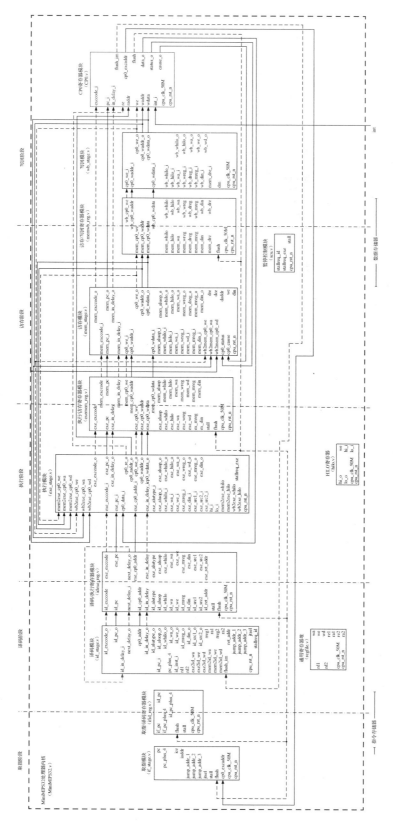

图7-13　支持异常处理的MiniMIPS32处理器流水线的结构（只包含新添加的连接线）

```
/*----------------------------------------------------------------------------------------------*/
/*-------------------------------------------- 修改的第1段代码 --------------------------------------*/
/*----------------------------------------------------------------------------------------------*/
/*-------------------------------------------- 指令字参数 -----------------------------------------*/
......

// 操作类型alutype
`define PRIVILEGE            3'b110


......

// 内部操作码aluop
`define MINIMIPS32_SYSCALL  8'h86
`define MINIMIPS32_ERET     8'h87
`define MINIMIPS32_MFC0     8'h8C
`define MINIMIPS32_MTC0     8'h8D


......

/*----------------------------------------------------------------------------------------------*/
/*-------------------------------------------- 修改的第2段代码 --------------------------------------*/
/*----------------------------------------------------------------------------------------------*/
/*-------------------------------------------- 异常处理参数 ---------------------------------------*/
// CP0协处理器参数
`define CP0_INT_BUS         7:0       // 中断信号的宽度
`define CP0_BADVADDR        8         // BadVAddr寄存器地址（编号）
`define CP0_STATUS          12        // Status寄存器地址（编号）
`define CP0_CAUSE           13        // Cause寄存器地址（编号）
`define CP0_EPC             14        // EPC寄存器索地址（编号）

// 异常处理参数
`define EXC_CODE_BUS        4:0       // 异常类型编码宽度
`define EXC_INT             5'b00     // 中断异常的编码
`define EXC_SYS             5'h08     // 系统调用异常的编码
`define EXC_OV              5'h0c     // 整数溢出异常的编码
`define EXC_NONE            5'h10     // 无异常
`define EXC_ERET            5'h11     // ERET异常的编码
`define EXC_ADDR            32'h100   // 异常处理程序入口地址
`define EXC_INT_ADDR        32'h040   // 中断异常处理程序入口地址

`define NOFLUSH             1'b0      // 不清空流水线
`define FLUSH               1'b1      // 发生异常，清空流水线

......

endmodule
```

图 7-14　difine.v

修改的第 1 段代码分别增加了与异常处理相关的 4 条指令的操作类型宏定义和内部操作码宏定义。注意，SYSCALL、ERET 和 MTC0 第 3 条指令的操作类型为 "PRIVILEGE"，而 MFC0 的操作类型为之前已定义的 "MOVE"。

修改的第 2 段代码添加了与异常处理相关的若干参数的宏定义。其中，异常类型编码 EXC_INT、EXC_SYS 和 EXC_OV 与表 7-5 中 Cause 寄存器 ExcCode 字段的编码是相同的，而 EXC_NONE（无异常）和 EXC_ERET（异常返回）也被分配了编码，采用的是表 7-5 中未使用的编码，便于后续的实现。

2. if_stage.v（取指模块）

取指模块需要修改的代码如图 7-15 所示，新添加的 I/O 端口如表 7-7 所示。

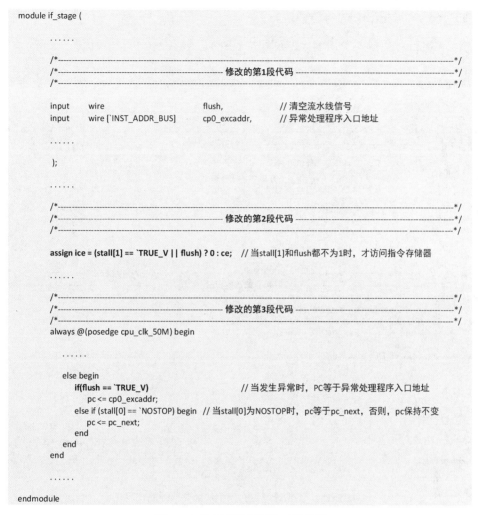

```
module if_stage (

    ......

    /*-----------------------------------------------------------------------*/
    /*-------------------------- 修改的第1段代码 ------------------------------*/
    /*-----------------------------------------------------------------------*/

    input     wire                          flush,          // 清空流水线信号
    input     wire [`INST_ADDR_BUS]         cp0_excaddr,    // 异常处理程序入口地址

    ......

    );

    ......

    /*-----------------------------------------------------------------------*/
    /*-------------------------- 修改的第2段代码 ------------------------------*/
    /*-----------------------------------------------------------------------*/

    assign ice = (stall[1] == `TRUE_V || flush) ? 0 : ce;   // 当stall[1]和flush都不为1时，才访问指令存储器

    ......

    /*-----------------------------------------------------------------------*/
    /*-------------------------- 修改的第3段代码 ------------------------------*/
    /*-----------------------------------------------------------------------*/
    always @(posedge cpu_clk_50M) begin

        ......

        else begin
            if(flush == `TRUE_V)                    // 当发生异常时，PC等于异常处理程序入口地址
                pc <= cp0_excaddr;
            else if (stall[0] == `NOSTOP) begin     // 当stall[0]为NOSTOP时，pc等于pc_next，否则，pc保持不变
                pc <= pc_next;
            end
        end
    end

    ......

endmodule
```

图 7-15　取指模块需要修改的代码

表 7-7　取指模块新添加的 I/O 端口

端 口 名 称	端 口 方 向	端口宽度/位	端 口 描 述
flush	输入	1	清空流水线信号
cp0_excaddr	输入	32	异常处理程序入口地址

在该模块中，**修改的第 1 段代码**根据表 7-7，用于添加新的输入端口，分别为清空流水线信号 flush 和异常程序入口地址 cp0_excaddr。

修改的第 2 段代码产生指令存储器 IM 的使能信号 ice。如果当前流水线处于暂停状态（即 stall[1] == `TRUE_V）或处于清空状态（即 flush == 'FLUSH），则置使能信号 ice 为无效，禁止指令存储器 IM 工作。

修改的第 3 段代码在更新 PC 寄存器值时，判断当前流水线是否处于清空状态，也就是流水线是否出现了异常。如果是，则新的 PC 值为异常处理程序入口地址 cp0_excaddr；否则 PC 值为之前已计算出的 pc_next。

3. ifid_reg.v（取指/译码寄存器模块）

取指/译码寄存器模块需要修改的代码如图 7-16 所示，新添加的 I/O 端口如表 7-8 所示。

```
module ifid_reg (

    ......

    /*------------------------------------------------------------------------*/
    /*----------------------------- 修改的第1段代码 ----------------------------*/
    /*------------------------------------------------------------------------*/

    input    wire    flush,              // 清空流水线信号

    ......

    );

    ......

    /*------------------------------------------------------------------------*/
    /*----------------------------- 修改的第2段代码 ----------------------------*/
    /*------------------------------------------------------------------------*/
    always @(posedge cpu_clk_50M) begin
      // 复位或清空流水线时，将送至译码阶段的信息清0
      if (cpu_rst_n == `RST_ENABLE || flush) begin
        id_pc          <= `PC_INIT;
        id_pc_plus_4 <= `PC_INIT;
      end

      ......

    end

    ......

endmodule
```

图 7-16　取指/译码寄存器模块需要修改的代码

表 7-8　取指/译码寄存器模块新添加的 I/O 端口

端口名称	端口方向	端口宽度/位	端口描述
flush	输入	1	清空流水线信号

在该模块中，**修改的第 1 段代码**根据表 7-8，用于添加新的输入端口 flush，以传输清空流水线信号。

修改的第 2 段代码在取指阶段向译码阶段传递信息时，增加了新的判断条件，即如果当前处于流水线清空状态，则送至译码阶段的信息都清"0"。

4. id_stage.v（译码模块）

译码模块需要修改的代码如图 7-17 所示，新添加的 I/O 端口如表 7-9 所示。

```
module id_stage (

    ......

    /*--------------------------------------------------------------------------------------*/
    /*---------------------------------- 修改的第1段代码 ----------------------------------*/
    /*--------------------------------------------------------------------------------------*/

    ......

    input    wire                      id_in_delay_i,      // 处于译码阶段的指令是延迟槽指令
    input    wire                      flush_im,           // 清空从指令存储器读出的指令
    output   wire [`REG_ADDR_BUS ]     cp0_addr,           // CP0中寄存器的地址
    output   wire [`INST_ADDR_BUS]     id_pc_o,            // 处于译码阶段的指令的PC值
    output   wire                      id_in_delay_o,      // 处于译码阶段的指令是延迟槽指令
    output   wire                      next_delay_o,       // 下一条进入译码阶段的指令是延迟槽指令
    output   wire [`EXC_CODE_BUS ]     id_exccode_o,       // 处于译码阶段的指令的异常类型编码

    ......

    );

    ......

    /*--------------------------------------------------------------------------------------*/
    /*---------------------------------- 修改的第2段代码 ----------------------------------*/
    /*--------------------------------------------------------------------------------------*/
    // 直接送至下一阶段的信号
    assign id_pc_o       = (cpu_rst_n == `RST_ENABLE) ? `PC_INIT : id_pc_i;
    assign id_in_delay_o = (cpu_rst_n == `RST_ENABLE) ? `FALSE_V : id_in_delay_i;

    ......

    /*--------------------------------------------------------------------------------------*/
    /*---------------------------------- 修改的第3段代码 ----------------------------------*/
    /*--------------------------------------------------------------------------------------*/
    // 如果清空信号flush_im为"1"，则取出的指令为空指令
    wire [`INST_BUS] id_inst = (flush_im == `FLUSH) ? `ZERO_WORD : {id_inst_i[7:0], id_inst_i[15:8], id_inst_i[23:16], id_inst_i[31:24]};

    /*--------------------------------------------------------------------------------------*/
    /*---------------------------------- 修改的第4段代码 ----------------------------------*/
    /*--------------------------------------------------------------------------------------*/
    // 第一级译码逻辑产生SYSCALL、ERET、MFC0和MTC0指令的识别信号

    ......

    wire inst_syscall  =  inst_reg&~func[5]&~func[4]& func[3]& func[2]&~func[1]&~func[0];
    wire inst_eret     = ~op[5]& op[4]&~op[3]&~op[2]&~op[1]&~op[0]&~func[5]& func[4]& func[3]&~func[2]&~func[1]& func[0];
    wire inst_mfc0     = ~op[5]& op[4]&~op[3]&~op[2]&~op[1]&~op[0]&~id_inst[23];
    wire inst_mtc0     = ~op[5]& op[4]&~op[3]&~op[2]&~op[1]&~op[0]&id_inst[23];

    /*--------------------------------------------------------------------------------------*/
    /*---------------------------------- 修改的第5段代码 ----------------------------------*/
    /*--------------------------------------------------------------------------------------*/
    // 第二级译码逻辑产生译码控制信号（只列出需要修改的信号）
    // 操作类型alutype
    assign id_alutype_o[2] = (cpu_rst_n == `RST_ENABLE) ? 1'b0 :
                              (inst_sll | inst_j | inst_jal | inst_jr | inst_beq | inst_bne |
                               inst_syscall | inst_eret | inst_mtc0);
    assign id_alutype_o[1] = (cpu_rst_n == `RST_ENABLE) ? 1'b0 :
                              (inst_and | inst_mfhi | inst_mflo | inst_ori | inst_lui |
                               inst_syscall | inst_eret | inst_mfc0 | inst_mtc0);
    assign id_alutype_o[0] = (cpu_rst_n == `RST_ENABLE) ? 1'b0 :
                              (inst_add | inst_subu | inst_slt | inst_mfhi | inst_mflo |
                               inst_addiu | inst_sltiu | inst_lb | inst_lw | inst_sb | inst_sw |
                               inst_j | inst_jal | inst_jr | inst_beq | inst_bne | inst_mfc0);

    // 内部操作码aluop
    assign id_aluop_o[7] = (cpu_rst_n == `RST_ENABLE) ? 1'b0 :
                            (inst_lb | inst_lw | inst_sb | inst_sw |
                             inst_syscall | inst_eret | inst_mfc0 | inst_mtc0);

    ......

    assign id_aluop_o[3] = (cpu_rst_n == `RST_ENABLE) ? 1'b0 :
                            (inst_add | inst_subu | inst_and | inst_mfhi | inst_mflo |
                             inst_ori | inst_addiu | inst_sb | inst_sw | inst_j | inst_jal | inst_jr |
                             inst_mfc0 | inst_mtc0);
    assign id_aluop_o[2] = (cpu_rst_n == `RST_ENABLE) ? 1'b0 :
                            (inst_slt | inst_and | inst_mult | inst_mfhi | inst_mflo |
                             inst_ori | inst_lui | inst_sltiu | inst_j | inst_jal | inst_jr | inst_div |
                             inst_syscall | inst_eret | inst_mfc0 | inst_mtc0);
    assign id_aluop_o[1] = (cpu_rst_n == `RST_ENABLE) ? 1'b0 :
```

图 7-17　译码模块需要修改的代码

```
                           (inst_subu | inst_slt | inst_sltiu | inst_lw | inst_sw | inst_jal | inst_div |
                            inst_syscall | inst_eret);
        assign id_aluop_o[0]  = (cpu_rst_n == `RST_ENABLE) ? 1'b0 :
                            (inst_subu | inst_mflo | inst_sll |
                             inst_ori | inst_lui | inst_addiu | inst_sltiu | inst_jr | inst_bne |
                             inst_eret | inst_mtc0);

        ......

        // 目的寄存器写使能信号
        assign id_wreg_o    = (cpu_rst_n == `RST_ENABLE) ? 1'b0 :
                            (inst_add | inst_subu | inst_slt | inst_and | inst_mfhi | inst_mflo | inst_sll |
                             inst_ori | inst_lui | inst_addiu | inst_sltiu | inst_lb | inst_lw | inst_jal | inst_mfc0);

        ......

        // 通用寄存器堆读端口2使能信号
        assign rreg2 = (cpu_rst_n == `RST_ENABLE) ? 1'b0 :
                       (inst_add | inst_subu | inst_slt | inst_and | inst_mult | inst_sll |
                        inst_sb | inst_sw | inst_beq | inst_bne | inst_div | inst_mtc0);

        ......

        /*-------------------------------------------------------------------------------------*/
        /*----------------------------------- 修改的第6段代码 ---------------------------------*/
        /*-------------------------------------------------------------------------------------*/
        // 目的寄存器的地址
        assign id_wa_o = (cpu_rst_n == `RST_ENABLE) ? `ZERO_WORD :
                         (rtsel == `RT_ENABLE || inst_mfc0) ? rt :
                         (jal  == `TRUE_V       ) ? 5'b11111 : rd;

        ......

        /*-------------------------------------------------------------------------------------*/
        /*----------------------------------- 修改的第7段代码 ---------------------------------*/
        /*-------------------------------------------------------------------------------------*/
        // 判断下一条指令是否为延迟槽指令
        assign next_delay_o = (cpu_rst_n == `RST_ENABLE) ? `FALSE_V :
                              (inst_j | inst_jr | inst_jal | inst_beq | inst_bne);

        // 判断当前处于译码阶段指令是否存在异常，并设置相应的异常类型编码
        assign id_exccode_o = (cpu_rst_n == `RST_ENABLE) ? `EXC_NONE :
                              (inst_syscall == `TRUE_V) ? `EXC_SYS :
                              (inst_eret == `TRUE_V) ? `EXC_ERET : `EXC_NONE;

        assign cp0_addr = (cpu_rst_n == `RST_ENABLE) ? `REG_NOP : rd;    // 获得CP0寄存器的访问地址

        ......

endmodule
```

图 7-17　译码模块需要修改的代码（续）

表 7-9　译码模块新添加的 I/O 端口

端 口 名 称	端 口 方 向	端口宽度/位	端 口 描 述
id_in_delay_i	输入	1	处于译码阶段的指令是延迟槽指令
flush_im	输入	1	取消从指令存储器 IM 读出的指令
cp0_addr	输出	32	CP0 寄存器的访问地址
id_pc_o	输出	32	处于译码阶段的指令的 PC 值
id_in_delay_o	输出	1	处于译码阶段的指令是延迟槽指令
next_delay_o	输出	1	下一条进入译码阶段的指令是延迟槽指令
id_exccode_o	输出	5	处于译码阶段的指令的异常类型编码

在该模块中，**修改的第 1 段代码**根据表 7-9，用于添加新的 I/O 端口。

修改的第 2 段代码用于直接将当前指令的 PC 值（id_pc_i）和标识当前指令是否为延迟槽指令的信号（id_in_delay_i）传递到下一个流水段。

修改的第 3 段代码通过信号 flush_im 判断是否取消从存储器 IM 读出的指令。如果 flush_im 为 "1"，则取消读出的指令，将空指令送入流水线；否则，将从指令存储器 IM 读出的指令送入流水线。之所以添加 flush_im 信号，原因是，我们采用 FPGA 内部的块存储器构建指令存储器 IM，故当流水线发生异常，需要清空流水线时，清空信号 flush 无法送入指令存储器 IM 的内部，因为 IM 没有提供这个端口。这样，当异常发生时，仍会有除异常处理程序之外的指令进入译码阶段，不符合精确异常处理的要求。因此，我们在实现时，新添加了一个 flush_im 信号，用于将这条已取出的不属于异常处理程序的指令取消，保证了精确异常处理的要求。

修改的第 4 段代码用于在第一级译码逻辑中添加 4 条异常相关指令的识别信号。

修改的第 5 段代码表示第二级译码逻辑产生的译码控制信号，这里只列出引入异常相关指令后需要修改和添加的译码控制信号。

修改的第 6 段代码用于生成目的寄存器的地址，其中，当当前指令为 MFC0 时，其目的寄存器的地址来自 rt 字段。

修改的第 7 段代码首先判断下一条指令是否为延迟槽指令。由于 MiniMIPS32 处理器采用延迟转移技术，因此，只要当前处于译码阶段的指令为转移类指令，则下一条指令一定是延迟槽指令。之所以识别延迟槽指令，原因是如果延迟槽指令发生异常，则其异常返回地址和非延迟槽指令发生异常时的异常返回地址不一样。然后，判断当前处于译码阶段的指令是否是系统调用 SYSCALL 指令或异常返回 ERET 指令，如果是，则说明存在异常，并将相应的异常编码通过端口 id_exccode_o 向下一级流水段传递。最后，无论对于 MFC0 还是 MTC0，都需要获取 CP0 寄存器的访问地址 cp0_addr，它来自 rd 字段。

5．idexe_reg.v（译码/执行寄存器模块）

译码/执行寄存器模块需要修改的代码如图 7-18 所示，新添加的 I/O 端口如表 7-10 所示。

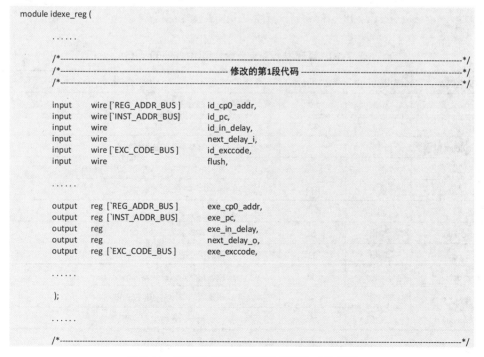

图 7-18　译码/执行寄存器模块需要修改的代码

```
/*----------------------------------------------- 修改的第2段代码 -----------------------------------------------*/
/*----------------------------------------------------------------------------------------------------------------*/
always @(posedge cpu_clk_50M) begin
    // 复位或清空流水线时，将送至执行阶段的信息清0
    if (cpu_rst_n == `RST_ENABLE || flush) begin

        ......

        exe_cp0_addr<= `REG_NOP;
        exe_pc       <= `PC_INIT;
        exe_in_delay <= `FALSE_V;
        next_delay_o <= `FALSE_V;
        exe_exccode <= `EXC_NONE;
    end
    end if(stall[2] == `STOP && stall[3] == `NOSTOP) begin

        ......

        exe_cp0_addr<= `REG_NOP;
        exe_pc       <= `PC_INIT;
        exe_in_delay <= `FALSE_V;
        next_delay_o <= `FALSE_V;
        exe_exccode <= `EXC_NONE;
    end
    else if(stall[2] == `NOSTOP) begin

        ......

        exe_cp0_addr<= id_cp0_addr;
        exe_pc       <= id_pc;
        exe_in_delay <= id_in_delay;
        next_delay_o <= next_delay_i;
        exe_exccode <= id_exccode;
    end
end

    ......

endmodule
```

图 7-18　译码/执行寄存器模块需要修改的代码（续）

表 7-10　译码/执行寄存器模块新添加的 I/O 端口

端 口 名 称	端 口 方 向	端口宽度/位	端 口 描 述
id_cp0_addr	输入	5	来自译码阶段的 CP0 寄存器的访问地址
id_pc	输入	32	来自译码阶段的指令的 PC 值
id_in_delay	输入	1	来自译码阶段的指令是否是延迟槽指令
next_delay_i	输入	1	下一条进入译码阶段的指令是否是延迟槽指令
id_exccode	输入	5	来自译码阶段的指令的异常类型编码
flush	输入	1	清空流水线信号
exe_cp0_addr	输出	5	送至执行阶段的 CP0 寄存器的访问地址
exe_pc	输出	32	送至执行阶段的指令的 PC 值
exe_in_delay	输出	1	送至执行阶段的指令是否是延迟槽指令
next_delay_o	输出	1	当前处于译码阶段的指令是否是延迟槽指令
exe_exccode	输出	5	送至执行阶段的指令的异常类型编码

在该模块中，**修改的第 1 段代码**根据表 7-10，用于添加新的 I/O 端口。

修改的第 2 段代码在译码阶段向执行阶段传递信息时，增加了新的判断条件，即如果当前处于流水线清空状态，则送至执行阶段的信息都清 "0"。此外，为本模块新添加的输出端口产生对应的输出信息。

6．exe_stage.v（执行模块）

执行模块需要修改的代码如图 7-19 所示，新添加的 I/O 端口如表 7-11 所示。

```verilog
module exe_stage (

    ......

    /*------------------------------------------------------------------------*/
    /*-------------------------- 修改的第1段代码 ----------------------------*/
    /*------------------------------------------------------------------------*/
    input     wire [`REG_ADDR_BUS ]      cp0_addr_i,
    input     wire [`REG_BUS      ]      cp0_data_i,

    input     wire                       mem2exe_cp0_we,
    input     wire [`REG_ADDR_BUS ]      mem2exe_cp0_wa,
    input     wire [`REG_BUS      ]      mem2exe_cp0_wd,
    input     wire                       wb2exe_cp0_we,
    input     wire [`REG_ADDR_BUS ]      wb2exe_cp0_wa,
    input     wire [`REG_BUS      ]      wb2exe_cp0_wd,

    input     wire [`INST_ADDR_BUS ]     exe_pc_i,
    input     wire                       exe_in_delay_i,
    input     wire [`EXC_CODE_BUS ]      exe_exccode_i,

    output    wire                       cp0_re_o,
    output    wire [`REG_ADDR_BUS ]      cp0_raddr_o,
    output    wire                       cp0_we_o,
    output    wire [`REG_ADDR_BUS ]      cp0_waddr_o,
    output    wire [`REG_BUS      ]      cp0_wdata_o,

    output    wire [`INST_ADDR_BUS ]     exe_pc_o,
    output    wire                       exe_in_delay_o,
    output    wire [`EXC_CODE_BUS ]      exe_exccode_o,

    ......

    );

    ......

    /*------------------------------------------------------------------------*/
    /*-------------------------- 修改的第2段代码 ----------------------------*/
    /*------------------------------------------------------------------------*/
    //直接输出的信号
    assign exe_pc_o       = (cpu_rst_n == `RST_ENABLE) ? `PC_INIT : exe_pc_i;
    assign exe_in_delay_o = (cpu_rst_n == `RST_ENABLE) ? 1'b0 : exe_in_delay_i;
    ......

    /*------------------------------------------------------------------------*/
    /*-------------------------- 修改的第3段代码 ----------------------------*/
    /*------------------------------------------------------------------------*/
    // 保存CP0中寄存器的最新值
    wire [`REG_BUS     ]   cp0_t;
    ......

    /*------------------------------------------------------------------------*/
    /*-------------------------- 修改的第4段代码 ----------------------------*/
    /*------------------------------------------------------------------------*/
    // 根据内部操作码alu_op_i，确定CP0寄存器的读/写访问信号
    assign cp0_we_o   = (cpu_rst_n == `RST_ENABLE) ? 1'b0 :
                        (exe_aluop_i == `MINIMIPS32_MTC0) ? 1'b1 : 1'b0;

    assign cp0_wdata_o = (cpu_rst_n == `RST_ENABLE) ? `ZERO_WORD :
                        (exe_aluop_i == `MINIMIPS32_MTC0) ? exe_src2_i : `ZERO_WORD;
```

图 7-19　执行模块需要修改的代码

```
assign cp0_waddr_o = (cpu_rst_n == `RST_ENABLE) ? `REG_NOP : cp0_addr_i;

assign cp0_raddr_o = (cpu_rst_n == `RST_ENABLE) ? `REG_NOP : cp0_addr_i;

assign cp0_re_o    = (cpu_rst_n == `RST_ENABLE) ? 1'b0 :
                     (exe_aluop_i == `MINIMIPS32_MFC0) ? 1'b1 : 1'b0;

// 判断是否存在针对CP0中寄存器的数据相关，并获得CP0中寄存器的最新值
assign cp0_t = (cp0_re_o != `READ_ENABLE) ? `ZERO_WORD :
               (mem2exe_cp0_we == `WRITE_ENABLE && mem2exe_cp0_wa == cp0_raddr_o) ? mem2exe_cp0_wd :
               (wb2exe_cp0_we == `WRITE_ENABLE && wb2exe_cp0_wa == cp0_raddr_o) ? wb2exe_cp0_wd : cp0_data_i;

......

/*------------------------------------------------------------------------*/
/*------------------------ 修改的第5段代码 ------------------------*/
/*------------------------------------------------------------------------*/
// 获得数据移动类指令的结果
assign moveres = (cpu_rst_n == `RST_ENABLE     ) ? `ZERO_WORD :
               (exe_aluop_i == `MINIMIPS32_MFHI) ? hi_t :
               (exe_aluop_i == `MINIMIPS32_MFLO) ? lo_t :
               (exe_aluop_i == `MINIMIPS32_MFC0) ? cp0_t : `ZERO_WORD;

......

/*------------------------------------------------------------------------*/
/*------------------------ 修改的第6段代码 ------------------------*/
/*------------------------------------------------------------------------*/
// 判断是否存在整数溢出异常
wire [31: 0] exe_src2_t = (exe_aluop_i == `MINIMIPS32_SUBU) ? (~exe_src2_i) + 1 : exe_src2_i;
wire [31: 0] arith_tmp = exe_src1_i + exe_src2_t;
wire ov = ((!exe_src1_i[31] && !exe_src2_t[31] && arith_tmp[31]) || (exe_src1_i[31] && exe_src2_t[31] && !arith_tmp[31]));

......

assign exe_exccode_o = (cpu_rst_n == `RST_ENABLE ) ? `EXC_NONE :
                       ((exe_aluop_i == `MINIMIPS32_ADD) && (ov == `TRUE_V)) ? `EXC_OV : exe_exccode_i;

......

endmodule
```

图 7-19 执行模块需要修改的代码（续）

表 7-11 执行模块新添加的 I/O 端口

端口名称	端口方向	端口宽度/位	端口描述
cp0_addr_i	输入	5	处于执行阶段的指令的 CP0 寄存器的访问地址
cp0_data_i	输入	32	处于执行阶段的指令从 CP0 寄存器中读出的数据
mem2exe_cp0_we	输入	1	从访存阶段前推到执行阶段的 CP0 寄存器写使能信号
mem2exe_cp0_wa	输入	5	从访存阶段前推到执行阶段的 CP0 寄存器的写地址
mem2exe_cp0_wd	输入	32	从访存阶段前推到执行阶段的待写入 CP0 寄存器的数据
wb2exe_cp0_we	输入	1	从写回阶段前推到执行阶段的 CP0 寄存器写使能信号
wb2exe_cp0_wa	输入	5	从写回阶段前推到执行阶段的 CP0 寄存器的写地址
wb2exe_cp0_wd	输入	32	从写回阶段前推到执行阶段的待写入 CP0 寄存器的数据
exe_pc_i	输入	32	处于执行阶段的指令的 PC 值
exe_in_delay_i	输入	1	处于执行阶段的指令是否是延迟槽指令
exe_exccode_i	输入	5	处于执行阶段的指令的异常类型编码
cp0_re_o	输出	1	CP0 寄存器的读使能信号
cp_raddr_o	输出	5	CP0 寄存器的读地址

端 口 名 称	端 口 方 向	端口宽度/位	端 口 描 述
cp0_we_o	输出	1	CP0 寄存器的写使能信号
cp0_waddr_o	输出	5	CP0 寄存器的写地址
cp0_wdata_o	输出	32	待写入 CP0 寄存器的数据
exe_pc_o	输出	32	处于执行阶段的指令的 PC 值
exe_in_delay_o	输出	1	处于执行阶段的指令是否是延迟槽指令
exe_exccode_o	输出	5	处于执行阶段的指令的异常类型编码

在该模块中，**修改的第 1 段代码**根据表 7-11，用于添加新的 I/O 端口。

修改的第 2 段代码直接将从译码阶段传递来的 PC 值（exe_pc_i）和延迟槽指令标识信号（exe_in_delay_i）进行输出。其中，PC 值继续沿流水线传递，而延迟槽指令标识信号传递给 CP0 协处理器。

修改的第 3 段代码声明一个中间变量 cp0_t，用于保存 CP0 中寄存器的最新值。

修改的第 4 段代码首先产生访问 CP0 中寄存器的各种信号，包括读/写使能信号、CP0 中寄存器的访问地址及待写入 CP0 寄存器的数据。接着，判断当前处于执行阶段的指令（MFC0）是否与处于访存或写回阶段的指令对于 CP0 寄存器存在数据相关，并得到 CP0 寄存器的最新值。数据相关的判断规则请参考 7.3.4 节。

修改的第 5 段代码表示对于指令 MFC0，把当前 CP0 寄存器的最新值 cp0_t 作为最终的运算结果 moveres。

修改的第 6 段代码用于判断当前处于执行阶段的指令是否存在整数溢出异常。整数溢出仅可能出现在有符号的加法或减法中。对于有符号的补码加/减法运算，如图 4-9 所示，其都可以转化为加法运算。因此，如果两个加数同号，但结果与之异号，则触发整数溢出异常。如果存在整数溢出异常，则将异常编码 exe_exccode_o 设置为 `EXC_OV；否则，异常编码维持不变（即 exe_exccode_o = exe_exccode_i）。

7. exemem_reg.v（执行/访存寄存器模块）

执行/访存寄存器模块需要修改的代码如图 7-20 所示，新添加的 I/O 端口如表 7-12 所示。

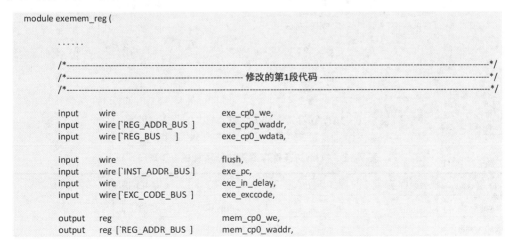

```
module exemem_reg (

    ......

    /*----------------------------------------------------------------------*/
    /*------------------------------ 修改的第1段代码 ------------------------*/
    /*----------------------------------------------------------------------*/

    input    wire                        exe_cp0_we,
    input    wire [`REG_ADDR_BUS ]       exe_cp0_waddr,
    input    wire [`REG_BUS      ]       exe_cp0_wdata,

    input    wire                        flush,
    input    wire [`INST_ADDR_BUS ]      exe_pc,
    input    wire                        exe_in_delay,
    input    wire [`EXC_CODE_BUS ]       exe_exccode,

    output   reg                         mem_cp0_we,
    output   reg  [`REG_ADDR_BUS ]       mem_cp0_waddr,
```

图 7-20　执行/访存寄存器模块需要修改的代码

```verilog
output    reg [`REG_BUS    ]            mem_cp0_wdata,

output    reg [`INST_ADDR_BUS ]         mem_pc,
output    reg                           mem_in_delay,
output    reg [`EXC_CODE_BUS ]          mem_exccode,

......

);

......

/*----------------------------------------------------------------------------*/
/*------------------------------ 修改的第2段代码 ------------------------------*/
/*----------------------------------------------------------------------------*/
always @(posedge cpu_clk_50M) begin
    // 复位或清空流水线时，将送至译码阶段的信息清0
    if (cpu_rst_n == `RST_ENABLE || flush) begin

        ......

        mem_cp0_we      <= `FALSE_V;
        mem_cp0_waddr   <= `ZERO_WORD;
        mem_cp0_wdata   <= `ZERO_WORD;
        mem_pc          <= `PC_INIT;
        mem_in_delay    <= `FALSE_V;
        mem_exccode     <= `EXC_NONE;
    end
    else if(stall[3] == `STOP) begin

        ......

        mem_cp0_we      <= `FALSE_V;
        mem_cp0_waddr   <= `ZERO_WORD;
        mem_cp0_wdata   <= `ZERO_WORD;
        mem_pc          <= `PC_INIT;
        mem_in_delay    <= `FALSE_V;
        mem_exccode     <= `EXC_NONE;
    end

    else if(stall[3] == `NOSTOP) begin

        ......

        mem_cp0_we      <= exe_cp0_we;
        mem_cp0_waddr   <= exe_cp0_waddr;
        mem_cp0_wdata   <= exe_cp0_wdata;
        mem_pc          <= exe_pc;
        mem_in_delay    <= exe_in_delay;
        mem_exccode     <= exe_exccode;
    end
end

......

endmodule
```

图 7-20　执行/访存寄存器模块需要修改的代码（续）

表 7-12　执行/访存寄存器模块新添加的 I/O 端口

端 口 名 称	端 口 方 向	端口宽度/位	端 口 描 述
exe_cp0_we	输入	1	来自执行阶段的 CP0 寄存器写使能信号
exe_cp0_waddr	输入	5	来自执行阶段的 CP0 寄存器的写地址
exe_cp0_wdata	输入	32	来自执行阶段的 CP0 寄存器的待写入 CP0 寄存器的数据

续表

端 口 名 称	端 口 方 向	端口宽度/位	端 口 描 述
flush	输入	1	清空流水线信号
exc_pc	输入	32	来自执行阶段的指令的 PC 值
exe_in_delay	输入	1	来自执行阶段的指令是否是延迟槽指令
exe_exccode	输入	5	来自执行阶段的指令的异常类型编码
mem_cp0_we	输出	1	送至访存阶段的 CP0 寄存器写使能信号
mem_cp0_waddr	输出	5	送至访存阶段的 CP0 寄存器的写地址
mem_cp0_wdata	输出	32	送至访存阶段的待写入 CP0 寄存器的数据
mem_pc	输出	32	来自访存阶段的指令的 PC 值
mem_in_delay	输出	1	来自访存阶段的指令是否是延迟槽指令
mem_exccode	输出	5	送至访存阶段的指令的异常类型编码

在该模块中，**修改的第 1 段代码**根据表 7-12，用于添加新的 I/O 端口。

修改的第 2 段代码在执行阶段向访存阶段传递信息时，增加了新的判断条件，即如果当前处于流水线清空状态，则送至访存阶段的信息都清 "0"。此外，为本模块新添加的输出端口产生对应的输出信息。

8．mem_stage.v（访存模块）

访存模块需要修改的代码如图 7-21 所示，新添加的 I/O 端口如表 7-13 所示。

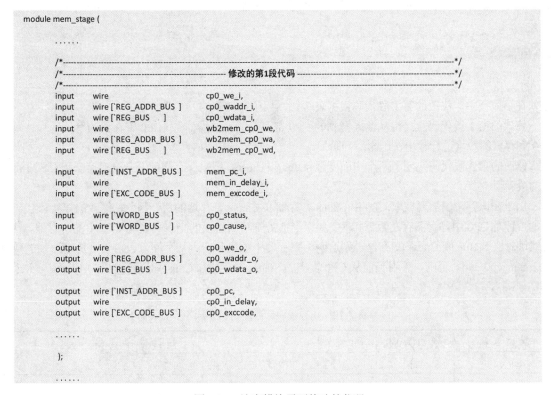

```
module mem_stage (

    ......

/*-----------------------------------------------------------------------------*/
/*------------------------------ 修改的第1段代码 --------------------------------*/
/*-----------------------------------------------------------------------------*/
    input    wire                      cp0_we_i,
    input    wire [`REG_ADDR_BUS ]     cp0_waddr_i,
    input    wire [`REG_BUS      ]     cp0_wdata_i,
    input    wire                      wb2mem_cp0_we,
    input    wire [`REG_ADDR_BUS ]     wb2mem_cp0_wa,
    input    wire [`REG_BUS      ]     wb2mem_cp0_wd,

    input    wire [`INST_ADDR_BUS ]    mem_pc_i,
    input    wire                      mem_in_delay_i,
    input    wire [`EXC_CODE_BUS ]     mem_exccode_i,

    input    wire [`WORD_BUS      ]    cp0_status,
    input    wire [`WORD_BUS      ]    cp0_cause,

    output   wire                      cp0_we_o,
    output   wire [`REG_ADDR_BUS ]     cp0_waddr_o,
    output   wire [`REG_BUS      ]     cp0_wdata_o,

    output   wire [`INST_ADDR_BUS ]    cp0_pc,
    output   wire                      cp0_in_delay,
    output   wire [`EXC_CODE_BUS ]     cp0_exccode,

    ......

    );

    ......
```

图 7-21　访存模块需要修改的代码

```
/*-----------------------------------------------------------------------------*/
/*------------------------------ 修改的第2段代码 ------------------------------*/
/*-----------------------------------------------------------------------------*/
//直接送至写回阶段的信号
assign cp0_we_o    = (cpu_rst_n == `RST_ENABLE) ? 1'b0  : cp0_we_i;
assign cp0_waddr_o = (cpu_rst_n == `RST_ENABLE) ? `ZERO_WORD : cp0_waddr_i;
assign cp0_wdata_o = (cpu_rst_n == `RST_ENABLE) ? `ZERO_WORD : cp0_wdata_i;
......


/*-----------------------------------------------------------------------------*/
/*------------------------------ 修改的第3段代码 ------------------------------*/
/*-----------------------------------------------------------------------------*/
// CP0中Status寄存器和Cause寄存器的最新值
wire [`WORD_BUS]   status;
wire [`WORD_BUS]   cause;
......


/*-----------------------------------------------------------------------------*/
/*------------------------------ 修改的第4段代码 ------------------------------*/
/*-----------------------------------------------------------------------------*/
// 判断是否存在针对CP0中寄存器的数据相关，并获得CP0中寄存器的最新值
assign status = (wb2mem_cp0_we == `WRITE_ENABLE && wb2mem_cp0_wa == `CP0_STATUS) ? wb2mem_cp0_wd : cp0_status;
assign cause  = (wb2mem_cp0_we == `WRITE_ENABLE && wb2mem_cp0_wa == `CP0_CAUSE) ? wb2mem_cp0_wd : cp0_cause;

......


/*-----------------------------------------------------------------------------*/
/*------------------------------ 修改的第5段代码 ------------------------------*/
/*-----------------------------------------------------------------------------*/
// 生成输入到CP0协处理器的信号
assign cp0_in_delay = (cpu_rst_n == `RST_ENABLE) ? 1'b0 : mem_in_delay_i;
assign cp0_exccode  = (cpu_rst_n == `RST_ENABLE) ? `EXC_NONE:
                      ((status[15:10] & cause[15:10]) != 8'h00 && status[1] == 1'b0 && status[0] == 1'b1) ? `EXC_INT :
                       mem_exccode_i;
assign cp0_pc       = (cpu_rst_n == `RST_ENABLE) ? `PC_INIT : mem_pc_i;

......

endmodule
```

图 7-21　访存模块需要修改的代码（续）

在该模块中，**修改的第 1 段代码**根据表 7-13，用于添加新的 I/O 端口。

修改的第 2 段代码直接将从输入得到的 CP0 寄存器的写使能信号、CP0 寄存器的写地址和待写入 CP0 寄存器的数据进行输出，送至写回阶段。

修改的第 3 段代码声明了两个中间变量 status 和 cause，用来保存当前 Status 寄存器和 Cause 寄存器的最新值。

由于在访存阶段需要获取 CP0 中 Status 寄存器和 Cause 寄存器的值，因此，**修改的第 4 段代码**判断是否针对 CP0 中寄存器存在数据相关。如果当前处于写回阶段的指令需要写 CP0 中的寄存器，并且写地址对应 Status 或 Cause 寄存器，则这两个寄存器中的最新值为从写回阶段前推至访存阶段的数据 wb2mem_cp0_wd；否则，采用当前从 CP0 输出的 Status 寄存器和 Cause 寄存器的值（即 cp0_status 和 cp0_cause）。

表 7-13　访存模块新添加的 I/O 端口

端 口 名 称	端 口 方 向	端口宽度/位	端 口 描 述
cp0_we_i	输入	1	CP0 寄存器的写使能信号
cp0_waddr_i	输入	5	CP0 寄存器的写地址
cp0_wdata_i	输入	32	待写入 CP0 寄存器的数据

续表

端 口 名 称	端 口 方 向	端口宽度/位	端 口 描 述
wb2mem_cp0_we	输入	1	从写回阶段前推到访存阶段的 CP0 寄存器写使能信号
wb2mem_cp0_wa	输入	5	从写回阶段前推到访存阶段的 CP0 寄存器的写地址
wb2mem_cp0_wd	输入	32	从写回阶段前推到访存阶段的待写入 CP0 寄存器的数据
mem_pc_i	输入	32	处于访存阶段的指令的 PC 值
mem_in_delay_i	输入	1	处于访存阶段的指令是否是延迟槽指令
mem_exccode_i	输入	5	处于访存阶段的指令的异常类型编码
cp0_status	输入	32	CP0 中 Status 寄存器的值
cp0_cause	输入	32	CP0 中 Cause 寄存器的值
cp0_we_o	输出	1	CP0 寄存器的写使能信号
cp0_waddr_o	输出	5	CP0 寄存器的写地址
cp0_wdata_o	输出	32	待写入 CP0 寄存器的数据
cp0_pc	输出	32	处于访存阶段的指令的 PC 值（送入 CP0）
cp0_in_delay	输出	1	处于访存阶段的指令是否是延迟槽指令（送入 CP0）
cp0_exccode	输出	5	处于访存阶段的指令的异常类型编码（送入 CP0）

修改的第 5 段代码用于生成输入到 CP0 协处理器的信号。其中，处于访存阶段的指令是否是延迟槽指令的标识信号 mem_in_delay_i 和处于访存阶段的指令 PC 值 mem_pc_i 被直接送到 CP0 协处理器。对于最终的异常类型编码 cp0_exccode，判断当前是否存在中断，并且处理器是否可响应中断（响应条件请参考 7.3.2 节相关内容），如果是，则异常类型编码 cp0_exccode 被设置为`EXC_INT；否则，异常类型编码 cp0_exccode 采用从之前流水段送入的值。

9. cp0_reg.v（CP0 协处理器模块）

该模块是 MiniMIPS32 处理器核中的新增模块，它包含了 CP0 协处理器中的 4 个寄存器，分别是 BadVaddr、Status、Cause 和 EPC，并实现了对这些寄存器的读/写操作。此外，该模块根据异常类型编码修改部分寄存器的值，并生成异常处理程序入口地址和清空流水线信号。其 Verilog HDL 代码如图 7-22 所示，I/O 端口如表 7-14 所示。

```
01  module cp0_reg (
02
03      input    wire                      cpu_clk_50M,
04      input    wire                      cpu_rst_n,
05
06      input    wire                      we,
07      input    wire                      re,
08      input    wire [`REG_ADDR_BUS ]     raddr,
09      input    wire [`REG_ADDR_BUS ]     waddr,
10      input    wire [`REG_BUS     ]      wdata,
11      input    wire [`CP0_INT_BUS ]      int_i,
12
13      input    wire [`INST_ADDR_BUS]     pc_i,
14      input    wire                      in_delay_i,
15      input    wire [`EXC_CODE_BUS ]     exccode_i,
16
17      output   wire                      flush,
18      output   reg                       flush_im,
19      output   wire [`REG_BUS]           cp0_excaddr,
20
21      output   wire [`REG_BUS]           data_o,
```

图 7-22　cp0_reg.v（CP0 协处理器模块）的代码

```verilog
22      output    wire [`REG_BUS]              status_o,
23      output    wire [`REG_BUS]              cause_o
24   );
25
26   reg [`REG_BUS] badvaddr;                              // CP0的BadVaddr寄存器
27   reg [`REG_BUS] status;                               // CP0的Status寄存器
28   reg [`REG_BUS] cause;                                // CP0的Cause寄存器
29   reg [`REG_BUS] epc;                                  // CP0的EPC寄存器
30
31   assign status_o = status;
32   assign cause_o = cause;
33
34   // 根据异常信息生成清空流水线信号flush
35   assign flush = (cpu_rst_n == `RST_ENABLE) ? `NOFLUSH :
36                  (exccode_i != `EXC_NONE ) ? `FLUSH : `NOFLUSH;
37
38   // 生成清空从指令存储器IM中取出的指令的信号flush_im
39   always @(posedge cpu_clk_50M) begin
40      if (cpu_rst_n == `RST_ENABLE) begin
41         flush_im <= `NOFLUSH;
42      end
43      else begin
44         flush_im <= flush;
45      end
46   end
47
48   // 处理异常
49   task do_exc; begin
50      if (status[1] == 0) begin
51         if(in_delay_i) begin                          // 判断异常发生指令是否为延迟槽指令
52            cause[31] <= 1;                             // 若为延迟槽指令，则cause[31]置1
53            epc       <= pc_i - 4;
54         end else begin
55            cause[31] <= 0;
56            epc       <= pc_i;
57         end
58      end
59      status[1]  <= 1'b1;
60      cause[6:2] <= exccode_i;
61   end
62   endtask
63
64   // 处理ERET指令
65   task do_eret; begin
66      status[1]  <= 0;
67   end
68   endtask
69
70   // 产生异常处理程序入口地址
71   assign cp0_excaddr = (cpu_rst_n == `RST_ENABLE) ? `PC_INIT:
72                        (exccode_i == `EXC_INT  ) ? `EXC_INT_ADDR :
73                        (exccode_i == `EXC_ERET && waddr == `CP0_EPC && we == `WRITE_ENABLE) ? wdata :
74                        (exccode_i == `EXC_ERET ) ? epc :
75                        (exccode_i != `EXC_NONE ) ? `EXC_ADDR : `ZERO_WORD;
76
77   // 更新CP0寄存器数据
78   always @ (posedge cpu_clk_50M) begin
79      if(cpu_rst_n == `RST_ENABLE) begin
80         badvaddr   <= `ZERO_WORD;
81         status     <= 32'h10000000;                    // status[28]为1，表示使能CP0协处理器
82         cause      <= {25'b0, `EXC_NONE, 2'b0}
83         epc        <= `ZERO_WORD;
84      end
85      else begin
86         cause[15:10] <= int_i;
87         case (exccode_i)
88            `EXC_NONE:                                  // 无异常发生时，判断是否为写寄存器指令，写入数据
89               if (we == `WRITE_ENABLE) begin
90                  case(waddr)
91                     `CP0_BADVADDR: badvaddr <= wdata;
92                     `CP0_STATUS: status <= begin status[15:8] <= wdata[15:8]; status[1:0] <= wdata[1:0]; end
93                     `CP0_CAUSE: cause   <= case[9:8] <= wdata[9:8];
94                     `CP0_EPC: epc       <= wdata;
95                  endcase
96               end
97            `EXC_ERET:                                  // ERET指令
98               do_eret();
```

图 7-22　cp0_reg.v（CP0 协处理器模块）的代码（续）

```
99                default:                                    // 异常发生时，处理对应异常
100                    do_exc();
101                endcase
102          end
103      end
104
105      // 读CP0中的寄存器
106      assign data_o = (cpu_rst_n == `RST_ENABLE) ? `ZERO_WORD :
107                      (re != `READ_ENABLE   ) ? `ZERO_WORD :
108                      (raddr == `CP0_BADVADDR ) ? badvaddr :
109                      (raddr == `CP0_STATUS ) ? status :
110                      (raddr == `CP0_CAUSE  ) ? cause :
111                      (raddr == `CP0_EPC    ) ? epc : `ZERO_WORD;
112
113  endmodule
```

图 7-22　cp0_reg.v（CP0 协处理器模块）的代码（续）

在该模块中，**第 3～23 行代码**定义了表 7-14 所示的 I/O 出端口。**第 26～29 行代码**定义了 CP0 中的 4 个寄存器。**第 31、32 行代码**得到 Status 寄存器和 Cause 寄存器的值。

第 35、36 行代码用于生成清空流水线信号 flush。如果当前发生异常，即异常类型编码 exccode_i 不是 `EXC_NONE，则 flush 信号被置为 "1"，表示需要清空流水线。

第 39～46 行代码用于生成取消从指令存储器 IM 中读出的指令的信号 flush_im。该信号相对 flush 信号延迟一个周期，以确保在清空流水线状态时不会有指令进入译码阶段。

第 71～75 行代码根据异常类型编码 exccode_i 生成异常处理程序入口地址。其中，中断处理程序入口地址为 `EXC_INT_ADDR（0x40）；返回异常（ERET 指令）的入口地址，即异常返回地址，由 EPC 寄存器给出；其他异常处理程序入口地址为 `EXC_ADDR（0x100）。

表 7-14　CP0 协处理器模块的 I/O 端口

端口名称	端口方向	端口宽度/位	端口描述
cpu_clk_50M	输入	1	处理器时钟信号
cpu_rst_n	输入	1	处理器复位信号
we	输入	1	CP0 寄存器的写使能信号
re	输入	1	CP0 寄存器的读使能信号
raddr	输入	5	CP0 寄存器的读地址
waddr	输入	5	CP0 寄存器的写地址
wdata	输入	32	待写入 CP0 寄存器的数据
int_i	输入	6	硬中断信号
pc_i	输入	32	发生异常的指令的 PC 值
in_delay_i	输入	1	发生异常的指令是否是延迟槽指令
exccode_i	输入	5	发生异常的指令的最终异常类型编码
flush	输出	1	清空流水线信号
flush_im	输出	1	取消从指令存储器 IM 读出的指令的信号
cp0_excaddr	输出	32	异常处理程序入口地址
data_o	输出	32	从 CP0 中读出的寄存器的值
status_o	输出	32	CP0 中 Status 寄存器的值
cause_o	输出	32	CP0 中 Cause 寄存器的值

第 **78～103** 行代码用于更新 CP0 寄存器的数据，即写 CP0 寄存器。其中，第 **79～84** 行代码是在复位信号的作用下对 4 个寄存器进行初始化，需要注意，Status 寄存器被初始化为 0x10000000，status[28]被置为 "1"，表示使能 CP0 协处理器。第 **87～103** 行代码根据异常类型编码 exccode_i，对 CP0 中的寄存器值进行更新。如果 exccode_i 为`EXC_NONE，则表示当前没有发生异常，此时如果 CP0 寄存器写使能信号 we 为 "1"，则将数据 wdata 写入相应的寄存器中；否则，如果 exccode_i 为`EXC_ERET，则表示当前需要进行异常返回，此时执行任务 do_eret()，完成对异常返回的处理，如第 **65～68** 行代码所示，它将 Status 寄存器的 EXL 位置为 "0"，表示从异常级恢复到正常级，并允许中断；否则，如果 exccode_i 为其他值，则表示出现异常，需要执行任务 do_exc()，如第 **49～62** 行代码所示。该段代码根据图 7-10 的异常处理流程，修改相应寄存器的值。如果 **Status 寄存器的 EXL 字段（即 status[1]）为 "0"**，那么根据发生异常的指令是否为延迟槽指令，设置 EPC 寄存器的值及 Cause 寄存器的 BD 字段（即 cause[31]）。如果发生异常的指令位于延迟槽，设置 EPC 寄存器的值为发生异常的指令的上一条指令的地址，即 pc_i–4，Cause 寄存器的 BD 字段置为 "1"；否则，设置 EPC 寄存器的值为发生异常的指令的地址，即 pc_i，Cause 寄存器的 BD 字段置为 "0"。然后，设置 Status 寄存器的 EXL 字段为 "1"，则表示处于异常级，并禁止中断。最后，设置 Cause 寄存器的 ExcCode 字段（即 cause[6:2]）为接收到的异常类型编码 exccode_i。如果 **Status 寄存器的 EXL 字段（即 status[1]）为 "1"**，则表示当前已经处于异常级，那么此时只需要将异常类型编码保存到 Cause 寄存器的 ExcCode 字段即可。

第 **106～111** 行代码用于读取 CP0 中寄存器的值，通过端口 data_o 输出。

10. memwb_reg.v（访存/写回寄存器模块）

访存/写回寄存器模块需要修改的代码如图 7-23 所示，新添加的 I/O 端口如表 7-15 所示。

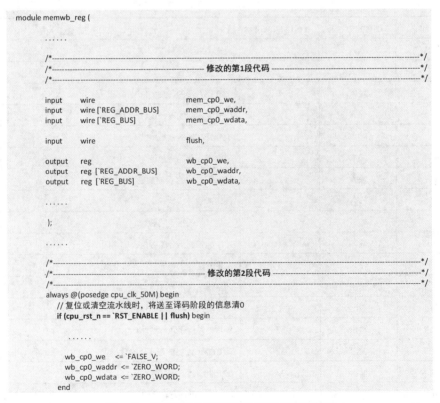

图 7-23　访存/写回寄存器模块需要修改的代码

```
        else begin

           ......

           wb_cp0_we    <= mem_cp0_we;
           wb_cp0_waddr <= mem_cp0_waddr;
           wb_cp0_wdata <= mem_cp0_wdata;
        end
    end

    ......

endmodule
```

图 7-23　访存/写回寄存器模块需要修改的代码（续）

在该模块中，**修改的第 1 段代码**根据表 7-15，用于添加新的 I/O 端口。

修改的第 2 段代码在访存阶段向写回阶段传递信息时，增加了新的判断条件，即如果当前处于流水线清空状态，则送至写回阶段的信息都清"0"。此外，为本模块新添加的输出端口产生对应的输出信息。

表 7-15　访存/写回寄存器模块新添加的 I/O 端口

端口名称	端口方向	端口宽度/位	端口描述
mem_cp0_we	输入	1	来自访存阶段的 CP0 寄存器的写使能信号
mem_cp0_waddr	输入	5	来自访存阶段的 CP0 寄存器的写地址
mem_cp0_wdata	输入	32	来自访存阶段的待写入 CP0 寄存器的数据
flush	输入	1	清空流水线信号
wb_cp0_we	输出	1	送至写回阶段的 CP0 寄存器的写使能信号
wb_cp0_waddr	输出	5	送至写回阶段的 CP0 寄存器的写地址
mem_cp0_wdata	输出	32	送至写回阶段的待写入 CP0 寄存器的数据

11．wb_stage.v（写回模块）

写回模块需要修改的代码如图 7-24 所示，新添加的 I/O 端口如表 7-16 所示。

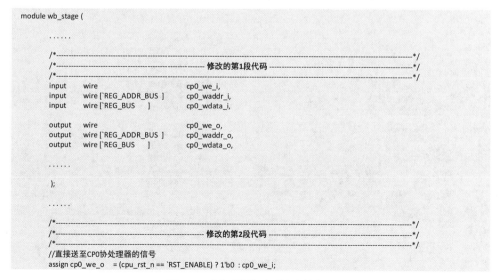

```
module wb_stage (
    ......

    /*--------------------------------------------------------------------*/
    /*---------------------------- 修改的第1段代码 ------------------------*/
    /*--------------------------------------------------------------------*/
    input    wire                       cp0_we_i,
    input    wire [`REG_ADDR_BUS ]      cp0_waddr_i,
    input    wire [`REG_BUS      ]      cp0_wdata_i,

    output   wire                       cp0_we_o,
    output   wire [`REG_ADDR_BUS ]      cp0_waddr_o,
    output   wire [`REG_BUS      ]      cp0_wdata_o,

    ......

    );

    ......

    /*--------------------------------------------------------------------*/
    /*---------------------------- 修改的第2段代码 ------------------------*/
    /*--------------------------------------------------------------------*/
    //直接送至CP0协处理器的信号
    assign cp0_we_o    = (cpu_rst_n == `RST_ENABLE) ? 1'b0 : cp0_we_i;
```

图 7-24　写回模块需要修改的代码

```
assign cp0_waddr_o = (cpu_rst_n == `RST_ENABLE) ? `ZERO_WORD : cp0_waddr_i;
assign cp0_wdata_o = (cpu_rst_n == `RST_ENABLE) ? `ZERO_WORD : cp0_wdata_i;
......

endmodule
```

图 7-24   写回模块需要修改的代码（续）

表 7-16   写回模块新添加的 I/O 端口

端 口 名 称	端 口 方 向	端口宽度/位	端 口 描 述
cp0_we_i	输入	1	处于写回阶段的指令的 CP0 寄存器的写使能信号
cp0_waddr_i	输入	5	处于写回阶段的指令的 CP0 寄存器的写地址
cp0_wdata_i	输入	32	处于写回阶段的指令的待写入 CP0 寄存器的数据
cp0_we_o	输出	1	送至 CP0 的寄存器的写使能信号
cp0_waddr_o	输出	5	送至 CP0 的寄存器的写地址
cp0_wdata_o	输出	32	送至 CP0 的待写入 CP0 寄存器的数据

在该模块中，**修改的第 1 段代码**根据表 7-16，用于添加新的 I/O 端口。

修改的第 2 段代码直接将写 CP0 寄存器的信息，包括写使能、写地址和待写入的数据送至输出端口。

此外，对上述模块修改后，MiniMIPS32 处理器内核的顶层模块（即 MiniMIPS32.v 文件）也需要修改，大家可参考图 7-13 完成，因为篇幅的原因，这里不再给出具体代码。大家也可参考资源包中与本节内容相关的工程代码。

7.4.2   功能测试

我们利用 Vivado 集成开发环境，对支持异常处理的 MiniMIPS32 处理器的流水线进行行为仿真，以测试其功能的正确性。测试程序 exception.S 如图 7-25 所示。由于测试程序使用了伪指令.org 来定义异常处理程序入口地址，而 QtSpim 不支持.org，所以该测试程序无法使用 QtSpim 仿真。

```
        .set noat
        .set noreorder
        .globl main
        .text
        main:
01      ori     $at,    $zero,  0x100       # $at ($1) = 0x100
02      sw      $at,    0x0($zero)
03      ori     $at,    $zero,  0x200       # $at ($1) = 0x200
04      syscall                             # syscall，转移至异常处理程序入口地址0x100
05      lw      $at,    0x0($zero)          # $at ($1) = 0x100
06
07      lui     $v0,    0xffff              # $v0 ($2) = 0xffff0000
08      lui     $v1,    0x8000              # $v1 ($3) = 0x80000000
09      add     $a0,    $v0,    $v1         # $a0 ($4) = $v0 ($2) + $v1 ($3)  发生溢出
10
11      j success
12      nop
13
14      .org 0x100
15      mfc0    $a1,    $13                 # $a1 ($5) = cause, cause[6:2] = 0x08
16      ori     $a2,    $zero,  0x20        # $a2 ($6) = 0x00000020
17      beq     $a1,    $a2,    exc_eret
18      nop
19      mfc0    $a1,    $13                 # $a1 ($5) = cause, cause[6:2] = 0x0C
20      ori     $a2,    $zero,  0x30        # $a2 ($6) = 0x00000030
21      beq     $a1,    $a2,    exc_eret
22      nop
23      j       error
24      nop
```

图 7-25   测试程序 exception.S

```
25
26      error:
27        ori     $a3,    $zero,   0xffff          # $a3 ($7) = 0x0000ffff
28      j loop
29        nop
30
31      success:
32        add     $a0,    $v0,     $at             # $a0 ($4) = 0xffff0100
33      loop:
34        j loop
35        nop
36
37      .org 0x300
38      exc_eret:
39        addiu   $a3,    $a3,     0x1
40        mfc0    $t1,    $14
41        ori     $t0,    $zero,   0x4
42        add     $t1,    $t1,     $t0
43        mtc0    $t1,    $14
44        nop
45      .set mips32
46        eret
47      .set mips1
48        nop
49        nop
50        nop
```

图 7-25　测试程序 exception.S（续）

该测试程序运行到第 4 行，执行系统调用 SYSCALL 指令，转移到异常处理程序入口地址（即 PC = 0x100）。第 15～24 行为异常处理程序，这部分程序将 CP0 中 Cause 寄存器（$13）的值送到寄存器 $a1（$5），然后依次检测其 ExcCode 字段中的异常类型编码是否是当前 MiniMIPS32 所支持的异常（例如，对于 SYSCALL 指令，其 ExcCode 字段应为 "0x8"，因此，Cause 寄存器的值为 "0x00000020"）。如果是，则通过 beq 指令（第 17 和 21 行）跳转到标记 exc_eret 处（即 PC = 0x300）；否则，该异常 MiniMIPS32 处理器并不支持，出现错误，通过 j 指令（第 23 行）跳转到标记 error 处。进入标记 error 后，第 27 行指令设置寄存器 $a3（$7）为 0x0000ffff。进入标记 exc_eret 后，第 39～43 行代码实现将存放在 CP0 中 EPC 寄存器（$14）的异常返回地址加 "4"，然后通过第 46 行的 eret 指令完成异常返回。之所以需要将 EPC 的值加 4，是因为当发生异常的指令不是延迟槽指令时，EPC 存放的返回地址就是该异常指令的地址，通过加 4 可以使异常程序返回后继续向下执行，否则将持续触发异常，陷入死循环。测试程序中第 7～9 行代码用于触发整数溢出异常，如果整数溢出异常也成功返回，则通过第 11 行的指令 "j success" 跳转到标记 success 处，将寄存器 $a0（$4）的值设置为 0xffff0100（如第 32 行指令所示）。综上，如果正确实现了异常处理机制，则测试程序 exception.S 最终各寄存器的值如表 7-17 所示。

表 7-17　测试程序 exception.S 最终各寄存器的值

寄存器编号	寄存器的值	寄存器编号	寄存器的值
$at ($1)	0x00000100	$v0 ($2)	0xffff0000
$v1 ($3)	0x80000000	$a0 ($4)	0xffff0100
$a1 ($5)	0x00000030	$a2 ($6)	0x00000030
$a3 ($7)	0x00000002	Status	0x40000000
Cause	0x00000030	EPC	0x00000020

仿真波形如图 7-26 所示。其中，图 7-26（a）给出了测试程序 exception.S 运行结果，可以看出，对测试程序 exception.S 进行行为仿真后，最终其各寄存器的值与表 7-17 所给出的值一致，因此，我们实现的支持异常处理的 MiniMIPS32 处理器流水线的功能是正确的。

图 7-26（b）以测试程序 exception.S 中整数溢出异常为例（第 9 行指令 "add $a0, $v0, $v1"），给

出了异常处理流程的波形图。**在标记①处**，引起整数溢出的指令"<u>add \$a0, \$v0, \$v1</u>"进入流水线，其 PC 值为"0x1C"。经过 3 个时钟周期后，**在标记②处**，该异常指令进入访存阶段，触发整数溢出异常，将清空流水线信号 flush 置为"1"。然后，在下一个时钟周期，**即标记③处**，转移到异常处理程序入口地址（PC 值为"0x100"），并设置 Status 寄存器的值为 0x40000002，表示进入异常级；设置 Cause 寄存器的值为 0x00000030，其 ExcCode 字段为 0x0C，表示当前异常为整数溢出异常；设置 EPC 的值（异常返回地址）为 0x1C，即触发该异常的指令的 PC 值。接着，进行异常处理，**在标记④处**，转移到标记 exc_eret 处（PC 值为"0x300"），准备异常返回。**在标记⑤处**，由指令 ERET 触发异常返回异常，EPC 寄存器的值变为"0x20"，即异常指令的 PC 值加 4。最终，**在标记⑥处**，完成异常返回，转移到地址 0x20 处继续执行。

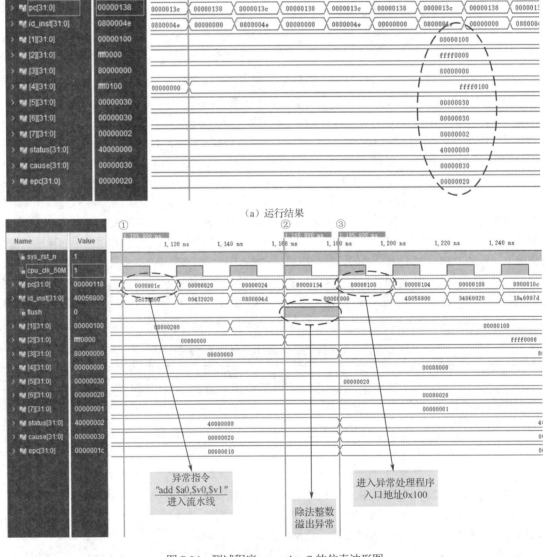

（a）运行结果

图 7-26　测试程序 exception.S 的仿真波形图

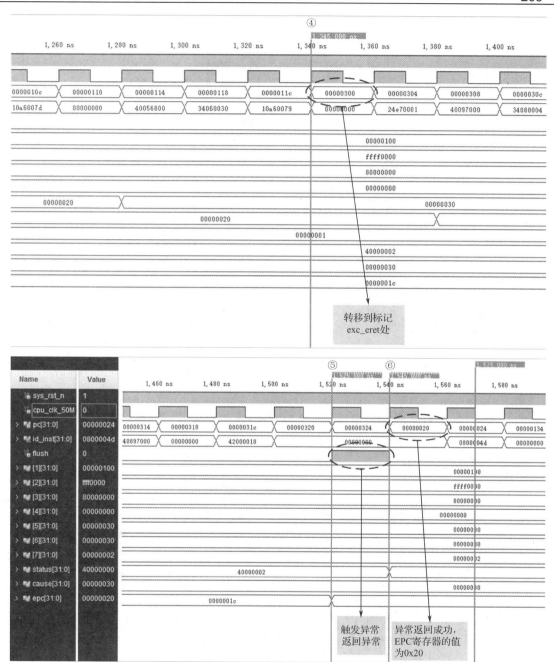

（b）整数溢出异常的处理流程

图 7-26　测试程序 exception.S 的仿真波形图（续）

第 8 章　综　合　测　试

到第 7 章为止，我们已经完成了 MiniMIPS32 处理器的全部设计，包括指令的设计、流水线的设计等，并且将 MiniMIPS32 处理器连同指令存储器、数据存储器一起组成了 MiniMIPS32_SYS 原型系统，然后通过一些简单的汇编程序，利用软件仿真，对 MiniMIPS32 处理器的功能进行了测试。但由于这些测试所用的汇编程序十分简单，因此，很难达到高测试覆盖率的要求。另外，我们使用的是软件仿真的测试方法，所设计的处理器并没有运行在真实的硬件之上，如 FPGA，因此，有必要在开发板上进行测试。

本章将重点讨论如何对 MiniMIPS32 处理器进行更加全面、更加综合的测试。首先，为了能够在 FPGA 开发板上进行测试，本章首先对 MiniMIPS32_SYS 原型系统进行了改进，根据 Nexys4 DDR FPGA 平台的板上资源，添加了若干 I/O 模块。这样不仅能够在 FPGA 开发板上运行功能更加复杂、丰富的测试程序，而且便于显示测试结果，并对测试结果的正确性进行验证。接着，本章在简单汇编程序之外，提供了两种测试方法：一种称为**功能点测试**，该方法通过大量随机测试用例（汇编程序），实现对 MiniMIPS32 处理器单项功能的全面测试，提升了单项功能的测试覆盖率；另一种称为 **C 程序测试**，该方法通过 C 语言编写测试程序，在很大程度上增加了对 MiniMIPS32 处理器的不同指令组合的测试覆盖率。

8.1　改进的 MiniMIPS32_SYS 原型系统

8.1.1　原型系统的架构

除了通过 Vivado 中的仿真工具对 MiniMIPS32 处理器进行测试之外，我们最终还需要在图 4-6 所示的 Nexys4 DDR FPGA 开发平台（简称 Nexys4 DDR）上对其进行板级测试。因此，为了能够运行规模更大且功能更丰富、更复杂的测试程序，对 MiniMIPS32 处理器进行更全面的测试和分析，同时，也为了更方便、更直观地对测试结果进行显示和验证，我们结合 Nexys4 DDR FPGA 开发平台所能提供的板上资源，对之前章节中构建的原型系统 MiniMIPS32_SYS 进行了改进，其整体架构如图 8-1 所示。

相比之前的结构，改进的 MiniMIPS32_SYS 原型系统添加了一些 I/O 设备，以便于更加直观地显示测试程序的运行结果。大部分 I/O 设备是 Nexys4 DDR 可提供的 I/O 资源，包括**单色 LED 灯**（16 个）、**三色 LED 灯**（2 个）、**七段数码管**（8 个）和定时器（1 个，需开发者自己实现）。MiniMIPS32 处理器与大多数 RISC 处理器一样，也采用访存指令对 I/O 设备进行读/写，因此，在 MiniMIPS32_SYS 原型系统中，I/O 设备、指令存储器和数据存储器进行统一编址，这样，访问 I/O 设备和访问存储器设备一样，也是通过访存地址完成的。各 I/O 设备的地址分配如表 8-1 所示。

为了使 MiniMIPS32 处理器和上述设备协调工作，MiniMIPS32_SYS 原型系统添加了两个模块，分别为**设备接口模块**和 **I/O 设备译码模块**。其中，**设备接口模块**实现了类似简单总线的功能，它从处理器（主设备）接收地址、数据等信息，然后根据表 8-1 所示的地址进行判断，再将这些信息分发给对应的设备。此外，该模块还要将设备传递来的信息发送给处理器。在当前的设计中，**如果地址的高 4 字节为"0xBFD0"**，则相应的信息应当发送到 I/O 模块，否则发送给存储器模块。如果说设备接口模块相当于一级译码模块，那么 **I/O 设备译码模块**就是一个二级译码模块，主要负责 I/O 设备的译码。如果处理器需要向 I/O 设备传递信息，则该模块将根据**地址信息的低 2 字节**，判断将信息具体发送给哪个 I/O 设备。

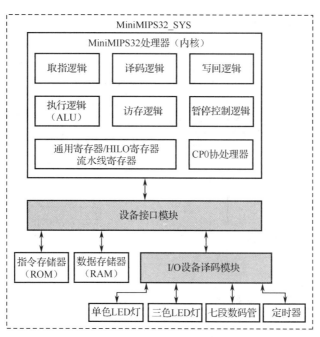

图 8-1　改进的 MiniMIPS32_SYS 原型系统

表 8-1　MiniMIPS32_SYS 原型系统中各 I/O 设备的地址分配

设 备 名 称	基 地 址
指令存储器（inst_rom）	0x00000000～0x0000FFFF
数据存储器（data_ram）	0x00010000～0x0001FFFF
定时器（Timer）	0xBFD0E000～0xBFD0E0FF
单色 LED（Led）	0xBFD0F000～0xBFD0F0FF
三色 LED 灯（LedRGB0/LedRGB1）	0xBFD0F100～0xBFD0F1FF
七段数码管（Num）	0xBFD0F200～0xBFD0F2FF

8.1.2　原型系统的实现

图 8-2 给出了 MiniMIPS32_SYS 原型系统的顶层原理图，相比之前的设计，其主要增加了两个文件：dev_if.v 和 io_dec.v，分别对应图 8-1 中的设备接口模块和 I/O 设备译码模块。

1. dev_if.v（设备接口模块）

该模块主要用于对 MiniMIPS32 处理器发送来的访问地址进行译码，以确定所对应的具体设备。其代码如图 8-3 所示，I/O 端口如表 8-2 所示。

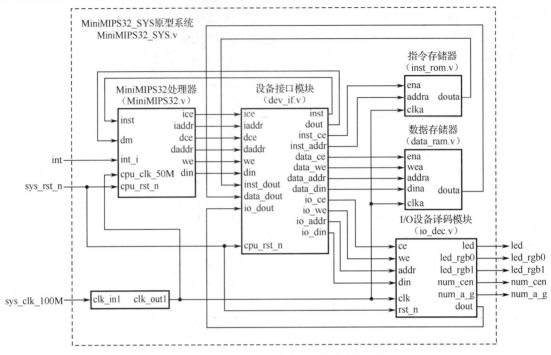

图 8-2　MiniMIPS32 原型系统的顶层原理图

```
01   module dev_if (
02
03
04       input    wire                     sys_rst_n,
05
06       input    wire [`INST_ADDR_BUS]    iaddr,
07       input    wire                     ice,
08       input    wire [`INST_BUS   ]      inst_dout,
09
10       input    wire                     dce,
11       input    wire [`BSEL_BUS   ]      we,
12       input    wire [`INST_ADDR_BUS]    daddr,
13       input    wire [`INST_BUS   ]      din,
14       input    wire [`INST_BUS   ]      data_dout,
15
16       output   wire                     inst_ce,
17       output   wire [`INST_ADDR_BUS]    inst_addr,
18       output   wire [`INST_BUS   ]      inst,
19
20       output   wire                     data_ce,
21       output   wire [`BSEL_BUS   ]      data_we,
22       output   wire [`INST_ADDR_BUS]    data_addr,
23       output   wire [`INST_BUS   ]      data_din,
24       output   wire [`INST_BUS   ]      dout,
25
26       output   wire                     io_ce,
27       output   wire                     io_we,
28       output   wire [`INST_ADDR_BUS]    io_addr,
29       output   wire [`INST_BUS   ]      io_din,
30       input    wire [`INST_BUS   ]      io_dout
31       );
32
33       // 产生与指令存储器相关的信号
34       assign inst_ce   = (sys_rst_n == `RST_ENABLE) ? 1'b0 : ice;
35       assign inst_addr = (sys_rst_n == `RST_ENABLE) ? `ZERO_WORD : iaddr;
```

图 8-3　dev_if.v（设备接口模块）的代码

```
36      assign inst    = (sys_rst_n == `RST_ENABLE) ? `ZERO_WORD : inst_dout;
37
38      // 产生与数据存储器相关的信号
39      assign data_ce  = (sys_rst_n == `RST_ENABLE) ? 1'b0 :
40                        (daddr[31:16] != `IO_ADDR_BASE) ? dce : 1'b0;
41
42      assign data_we  = (sys_rst_n == `RST_ENABLE) ? 4'b0 : we
43      assign data_addr = (sys_rst_n == `RST_ENABLE) ? `ZERO_WORD : daddr;
44      assign data_din = (sys_rst_n == `RST_ENABLE) ? `ZERO_WORD : din;
45
46      // 产生与I/O设备相关的信号
47      assign io_ce    = (sys_rst_n == `RST_ENABLE) ? 1'b0 :
48                        (daddr[31:16] == `IO_ADDR_BASE) ? dce : 1'b0;
49
50      assign io_we    = (sys_rst_n == `RST_ENABLE) ? 1'b0 : |we
51      assign io_addr  = (sys_rst_n == `RST_ENABLE) ? `ZERO_WORD : daddr;
52      assign io_din   = (sys_rst_n == `RST_ENABLE) ? `ZERO_WORD : din;
53
54      // 从数据存储器或I/O设备中获取数据
55      assign dout = (daddr[31:16] == `IO_ADDR_BASE) ? io_dout : data_dout;
56
57  endmodule
```

图 8-3　dev_if.v（设备接口模块）的代码（续）

表 8-2　设备接口模块的 I/O 端口

端 口 名 称	端 口 方 向	端口宽度/位	端 口 描 述
sys_rst_n	输入	1	处理器复位信号
ice	输入	1	处理器发出的指令存储器使能信号
iaddr	输入	32	处理器发出的待读取指令的地址
inst_dout	输入	32	从指令存储器读出的指令
dce	输入	1	处理器发出的数据存储器使能信号
we	输入	4	处理器发出的数据存储器写使能信号
daddr	输入	32	处理器发出的数据存储器地址信号
din	输入	32	处理器发出的待写入数据存储器的数据
data_dout	输入	32	从数据存储器读出的数据
inst_ce	输出	1	发送给指令存储器的使能信号
inst_addr	输出	32	发送给指令存储器的待读取指令的地址
inst	输出	32	发送给处理器的指令
data_ce	输出	1	发送给数据存储器的使能信号
data_we	输出	4	发送给数据存储器的写使能信号
data_addr	输出	32	发送给数据存储器的地址信号
data_din	输出	32	发送给数据存储器的待写入的数据
dout	输出	32	发送给处理器的从数据存储器读出的数据
io_ce	输出	1	发送给 I/O 设备的使能信号
io_we	输出	1	发送给 I/O 设备的写使能信号
io_addr	输出	32	发送给 I/O 设备的地址
io_din	输出	32	发送给 I/O 设备的待写入的数据
io_dout	输出	32	从 I/O 设备读出的数据

在该模块中，第 34～36 行代码用于产生与指令存储器相关的信号，第 39～44 行代码用于产生与数据存储器相关的信号，第 47～52 行代码用于产生与 I/O 设备相关的信号。在产生与数据存储器及 I/O 设备相关的信号时，通过判断访存地址 daddr 的高 2 字节，决定将哪个设备的使能信号置为有效。第 55 行代码根据访存地址 daddr 的高 2 字节，选择是将 data_dout（从数据存储器读出的数据）还是将 io_dout（从 I/O 设备读取的数据），传送给 MiniMIPS32 处理器。

2. io_dec.v（I/O 设备译码模块）

该模块主要用于对具体 I/O 设备进行二级译码，此外，还需实现各种 I/O 设备的控制电路。其代码如图 8-4 所示，I/O 端口如表 8-3 所示。

```
01  `define addrIsLed(addr)         (addr[15:0] == 16'hf000)   // 单色LED灯基址
02  `define addrIsLedRGB0(addr)     (addr[15:0] == 16'hf100)   // 三色灯LED0基址
03  `define addrIsLedRGB1(addr)     (addr[15:0] == 16'hf104)   // 三色灯LED1基址
04  `define addrIsNum(addr)         (addr[15:0] == 16'hf200)   // 七段数码管基址
05  `define addrIsTimer(addr)       (addr[15:0] == 16'he000)   // 计时器基址
06
07  module io_dec(
08      input           clk,
09      input           rst_n,
10      input           ce,
11      input  [31:0]   addr,
12      input  [31:0]   din,
13      input           we,
14
15      output [31:0]   dout,
16      output [15:0]   led,
17      output [2:0]    led_rgb0,
18      output [2:0]    led_rgb1,
19      output reg [7:0] num_csn,
20      output reg [6:0] num_a_g
21      );
22
23      // I/O设备写使能信号
24      wire led_we = we && `addrIsLed(addr);
25      wire led_rgb0_we = we && `addrIsLedRGB0(addr);
26      wire led_rgb1_we = we && `addrIsLedRGB1(addr);
27      wire num_we = we && `addrIsNum(addr);
28      wire timer_we = we & `addrIsTimer(addr);
29
30      // 从输入设备（timer）读取的数据
31      wire [31:0] data_t = `addrIsTimer(addr) ? timer : 32'h00000000;
32      assign dout = {data_t[7:0], data_t[15:8], data_t[23:16], data_t[31:24]};
33
34      // 待写入输出设备（单色LED、三色LED和七段数码管）的数据
35      wire [31:0] data_i = {din[7:0], din[15:8], din[23:16], din[31:24]};
36
37      // 向I/O设备写入数据
38      reg [31:0] led_data;
39      assign led = led_data[15:0];
40      reg [31:0] led_rgb0_data;
41      assign led_rgb0 = led_rgb0_data[2:0];
42      reg [31:0] led_rgb1_data;
43      assign led_rgb1 = led_rgb1_data[2:0];
44      reg [31:0] num_data;
45
```

图 8-4　io_dec.v（I/O 设备译码模块）的代码

```verilog
46      // 单色LED、两个三色LED及七段数码管输出信号
47      always @(posedge clk) begin
48          if(rst_n == `RST_ENABLE) begin
49              led_data <= `ZERO_WORD;
50              led_rgb0_data <= `ZERO_WORD;
51              led_rgb1_data <= `ZERO_WORD;
52              num_data <= `ZERO_WORD;
53          end
54          else begin
55              if(ce == `CHIP_ENABLE)
56                  case({led_we,led_rgb0_we,led_rgb1_we,num_we})
57                      4'b1000: led_data <= data_i;
58                      4'b0100: led_rgb0_data <= data_i;
59                      4'b0010: led_rgb1_data <= data_i;
60                      4'b0001: num_data <= data_i;
61                  endcase
62          end
63      end
64
65      // timer计时器的实现
66      reg [31:0] timer;
67      always @(posedge clk) begin
68          if(rst_n == `RST_ENABLE) begin
69              timer <= 32'd0;
70          end
71          else if (timer_we) begin
72              timer <= data_i;
73          end
74          else begin
75              timer <= timer + 1'b1;
76          end
77      end
78
79      // 七段数码管的动态扫描
80      reg [19:0] div_counter;
81      always @(posedge clk) begin
82          if(rst_n == `RST_ENABLE) begin
83              div_counter <= 0;
84          end
85          else begin
86              div_counter <= div_counter + 1;
87          end
88      end
89
90      parameter[2:0] SEG1 = 3'b000,
91                     SEG2 = 3'b001,
92                     SEG3 = 3'b010,
93                     SEG4 = 3'b011,
94                     SEG5 = 3'b100,
95                     SEG6 = 3'b101,
96                     SEG7 = 3'b110,
97                     SEG8 = 3'b111;
98
99      reg [3:0] value;
100     always @(posedge clk) begin
101         if(rst_n == `RST_ENABLE) begin
102             num_csn <= 8'b11111111;
103             value <= 4'b0;
104         end else begin
105             case(div_counter[19:17])
```

图 8-4 io_dec.v（I/O 设备译码模块）的代码（续）

```
106            SEG1: begin
107                value <= num_data[31:28];
108                num_csn <= 8'b01111111;
109            end
110            SEG2: begin
111                value <= num_data[27:24];
112                num_csn <= 8'b10111111;
113            end
114            SEG3: begin
115                value <= num_data[23:20];
116                num_csn <= 8'b11011111;
117            end
118            SEG4: begin
119                value <= num_data[19:16];
120                num_csn <= 8'b11101111;
121            end
122            SEG5: begin
123                value <= num_data[15:12];
124                num_csn <= 8'b11110111;
125            end
126            SEG6: begin
127                value <= num_data[11:8];
128                num_csn <= 8'b11111011;
129            end
130            SEG7: begin
131                value <= num_data[7:4];
132                num_csn <= 8'b11111101;
133            end
134            SEG8: begin
135                value <= num_data[3:0];
136                num_csn <= 8'b11111110;
137            end
138            default: begin
139            end
140        endcase
141        end
142    end
143
144    always @(posedge clk) begin
145        if(rst_n == `RST_ENABLE)
146            num_a_g <= 7'b0000000;
147        else begin
148            case(value)
149                4'd0 : num_a_g <= 7'b0000001;  //0
150                4'd1 : num_a_g <= 7'b1001111;  //1
151                4'd2 : num_a_g <= 7'b0010010;  //2
152                4'd3 : num_a_g <= 7'b0000110;  //3
153                4'd4 : num_a_g <= 7'b1001100;  //4
154                4'd5 : num_a_g <= 7'b0100100;  //5
155                4'd6 : num_a_g <= 7'b0100000;  //6
156                4'd7 : num_a_g <= 7'b0001111;  //7
157                4'd8 : num_a_g <= 7'b0000000;  //8
158                4'd9 : num_a_g <= 7'b0000100;  //9
159                4'd10: num_a_g <= 7'b0001000;  //a
160                4'd11: num_a_g <= 7'b1100000;  //b
161                4'd12: num_a_g <= 7'b0110001;  //c
162                4'd13: num_a_g <= 7'b1000010;  //d
163                4'd14: num_a_g <= 7'b0110000;  //e
164                4'd15: num_a_g <= 7'b0111000;  //f
165                default : num_a_g <= 7'b0000000;
```

图 8-4   io_dec.v（I/O 设备译码模块）的代码（续）

```
166            endcase
167         end
168      end
169
170 endmodule
```

图 8-4 io_dec.v（I/O 设备译码模块）的代码（续）

在该模块中，第 1~5 行代码用于判断当前的访问地址属于哪个 I/O 设备。第 24~28 行代码用于生成各个具体 I/O 设备的写使能信号。第 31、32 行代码用于获得从 I/O 设备读出的数据，在当前的设计中，只有 timer 定时器模块会被读出数据。此外，由于 MiniMIPS32 处理器采用小端字节序，而 I/O 设备中的通常为大端字节序，因此，要将读出数据的字节序进行颠倒（见第 32 行代码），以保证进入处理器的寄存器后，数据的字节序仍然是正确的。第 34、35 行代码用于产生待写入输出设备（包括单色 LED、三色 LED 和七段数码管）的数据，并存储在中间变量 data_i 中。第 47~63 行代码用于确定将数据 data_i 写入哪个 I/O 设备，并通过代码第 38~44 行，最终将其传输到 Nexys4 DDR 的相应 I/O 设备端口之上。第 66、77 行实现了定时器 timer 的功能。第 79~168 行实现了七段数码管的动态扫描。

最后，我们根据图 8-2，在顶层模块文件 MiniMIPS32_SYS.v 例化各个子模块，然后对子模块进行连接，完成最终的设计。这部分代码比较简单，故不再给出。

表 8-3 I/O 设备译码模块的 I/O 端口

端口名称	端口方向	端口宽度/位	端口描述
clk	输入	1	I/O 设备时钟信号
rst_n	输入	1	I/O 设备复位信号
ce	输入	1	从设备接口模块接收到的 I/O 设备使能信号
we	输入	1	从设备接口模块接收到的 I/O 设备写使能信号
addr	输入	32	从设备接口模块接收到的 I/O 设备的访问地址
din	输入	32	从设备接口模块接收到的待写入 I/O 设备的数据
dout	输出	32	发送给设备接口模块的从 I/O 设备读出的数据
led	输出	16	发送到 Nexys4 DDR 单色 LED 灯的数据
led_rgb0	输出	3	发送到 Nexys4 DDR 三色 LED 灯 0 的数据
led_rgb1	输出	3	发送到 Nexys4 DDR 三色 LED 灯 1 的数据
num_csn	输出	8	发送到 Nexys4 DDR 8 个七段数码管的使能信号
num_a_g	输出	7	发送到 Nexys4 DDR 8 个七段数码管的数据信号

我们根据 Nexys4 DDR 的配置情况，为 MiniMIPS32_SYS 顶层模块的端口分配 FPGA 引脚，如图 8-5 所示，从而完成最终设计与具体 FPGA 开发平台的绑定。之后，我们就可以编写各种测试程序，加载到指令存储器和数据存储器中，进行板级测试。

```
// 分配时钟引脚
set_property -dict { PACKAGE_PIN E3   IOSTANDARD LVCMOS33 } [get_ports { sys_clk_100M }];
create_clock -add -name sys_clk_pin -period 10.00 -waveform {0 5} [get_ports {sys_clk_100M}];

// 分配单色LED灯的引脚
set_property -dict { PACKAGE_PIN H17  IOSTANDARD LVCMOS33 } [get_ports { led[0] }];
set_property -dict { PACKAGE_PIN K15  IOSTANDARD LVCMOS33 } [get_ports { led[1] }];
set_property -dict { PACKAGE_PIN J13  IOSTANDARD LVCMOS33 } [get_ports { led[2] }];
set_property -dict { PACKAGE_PIN N14  IOSTANDARD LVCMOS33 } [get_ports { led[3] }];
set_property -dict { PACKAGE_PIN R18  IOSTANDARD LVCMOS33 } [get_ports { led[4] }];
set_property -dict { PACKAGE_PIN V17  IOSTANDARD LVCMOS33 } [get_ports { led[5] }];
set_property -dict { PACKAGE_PIN U17  IOSTANDARD LVCMOS33 } [get_ports { led[6] }];
set_property -dict { PACKAGE_PIN U16  IOSTANDARD LVCMOS33 } [get_ports { led[7] }];
set_property -dict { PACKAGE_PIN V16  IOSTANDARD LVCMOS33 } [get_ports { led[8] }];
set_property -dict { PACKAGE_PIN T15  IOSTANDARD LVCMOS33 } [get_ports { led[9] }];
set_property -dict { PACKAGE_PIN U14  IOSTANDARD LVCMOS33 } [get_ports { led[10] }];
set_property -dict { PACKAGE_PIN T16  IOSTANDARD LVCMOS33 } [get_ports { led[11] }];
set_property -dict { PACKAGE_PIN V15  IOSTANDARD LVCMOS33 } [get_ports { led[12] }];
set_property -dict { PACKAGE_PIN V14  IOSTANDARD LVCMOS33 } [get_ports { led[13] }];
set_property -dict { PACKAGE_PIN V12  IOSTANDARD LVCMOS33 } [get_ports { led[14] }];
set_property -dict { PACKAGE_PIN V11  IOSTANDARD LVCMOS33 } [get_ports { led[15] }];

// 分配三色LED灯的引脚
set_property -dict { PACKAGE_PIN R12  IOSTANDARD LVCMOS33 } [get_ports { led_rgb0[0] }];
set_property -dict { PACKAGE_PIN M16  IOSTANDARD LVCMOS33 } [get_ports { led_rgb0[1] }];
set_property -dict { PACKAGE_PIN N15  IOSTANDARD LVCMOS33 } [get_ports { led_rgb0[2] }];
set_property -dict { PACKAGE_PIN G14  IOSTANDARD LVCMOS33 } [get_ports { led_rgb1[0] }];
set_property -dict { PACKAGE_PIN R11  IOSTANDARD LVCMOS33 } [get_ports { led_rgb1[1] }];
set_property -dict { PACKAGE_PIN N16  IOSTANDARD LVCMOS33 } [get_ports { led_rgb1[2] }];

// 分配七段数码管的引脚
set_property -dict { PACKAGE_PIN T10  IOSTANDARD LVCMOS33 } [get_ports { num_a_g[6] }];
set_property -dict { PACKAGE_PIN R10  IOSTANDARD LVCMOS33 } [get_ports { num_a_g[5] }];
set_property -dict { PACKAGE_PIN K16  IOSTANDARD LVCMOS33 } [get_ports { num_a_g[4] }];
set_property -dict { PACKAGE_PIN K13  IOSTANDARD LVCMOS33 } [get_ports { num_a_g[3] }];
set_property -dict { PACKAGE_PIN P15  IOSTANDARD LVCMOS33 } [get_ports { num_a_g[2] }];
set_property -dict { PACKAGE_PIN T11  IOSTANDARD LVCMOS33 } [get_ports { num_a_g[1] }];
set_property -dict { PACKAGE_PIN L18  IOSTANDARD LVCMOS33 } [get_ports { num_a_g[0] }];

set_property -dict { PACKAGE_PIN J17  IOSTANDARD LVCMOS33 } [get_ports { num_csn[0] }];
set_property -dict { PACKAGE_PIN J18  IOSTANDARD LVCMOS33 } [get_ports { num_csn[1] }];
set_property -dict { PACKAGE_PIN T9   IOSTANDARD LVCMOS33 } [get_ports { num_csn[2] }];
set_property -dict { PACKAGE_PIN J14  IOSTANDARD LVCMOS33 } [get_ports { num_csn[3] }];
set_property -dict { PACKAGE_PIN P14  IOSTANDARD LVCMOS33 } [get_ports { num_csn[4] }];
set_property -dict { PACKAGE_PIN T14  IOSTANDARD LVCMOS33 } [get_ports { num_csn[5] }];
set_property -dict { PACKAGE_PIN K2   IOSTANDARD LVCMOS33 } [get_ports { num_csn[6] }];
set_property -dict { PACKAGE_PIN U13  IOSTANDARD LVCMOS33 } [get_ports { num_csn[7] }];
```

图 8-5　基于 Nexys4 DDR FPGA 开发平台的引脚分配

8.2　测试方法概述

对 MiniMIPS32 处理器和 MiniMIPS32_SYS 原型系统的测试方法一共有 3 种，分别为**简单汇编程序测试、功能点测试和 C 程序测试**。

简单汇编程序测试就是本书第 5、6、7 章中采用的测试方法。这种测试根据相应章节的设计内容，编写功能相对简单、代码量较少的简单汇编程序，然后通过 Vivado 中的仿真工具生成波形图对最终的结果进行验证。其优势是由于程序简单，便于人工观察执行结果的正确性，同时能够在程序出现错误的时候，较容易地分析错误原因。这种测试方法存在以下两个较大的缺陷。

- **测试覆盖率低**。这表现在两个方面：一方面，对单条汇编指令的测试覆盖率有限，测试过程中，每种汇编指令可能只选取了 1 至 2 组数据进行测试，不能充分验证单条汇编指令的功能正确性；另一方面，对多条汇编指令不同组合的测试覆盖率有限，测试过程中，仅针对设计内容考虑了有限几种指令组合关系（如数据相关测试），对其他可能的指令组合缺乏充分验证，不利于发现指令间存在的潜在问题。

- **依赖人工验证**。简单汇编程序的代码量小，可通过人工的方法对其测试结果进行验证，但随着测试程序代码量和复杂程度的增加，人工验证将变得越来越困难，甚至不可能完成。

功能点测试和 C 程序测试将在很大程度上解决上述两个问题。

功能点测试程序仍然采用汇编语言编写，每一个功能点对应 MiniMIPS32 处理器中的一个待测功能。这个待测功能可能是某条汇编指令、某个异常或某种特例（例如，异常指令为延迟槽指令）。相比简单汇编程序测试，功能点测试最大的不同就是对每个功能点都提供了大量的测试用例，测试数据是随机生成的，从而大大提升了测试覆盖率，**特别是单条汇编指令的测试覆盖率**。此外，在功能点测试的过程中，对于测试结果的验证，采用的是**自动化比对**的方式，无须人工参与，降低了验证难度。当然，功能点测试也存在一定的缺陷，即每个功能点相对独立，对指令间不同组合的测试覆盖率不高。

C 程序测试与前两种测试相比，最大的不同就是测试程序不再使用汇编指令编写，而是采用 C 语言编写。这种测试方法大大降低了测试程序的编写难度，同时可以产生大量丰富的、多样化的指令组合，大大提升了对不同指令组合的测试覆盖率。此外，C 程序测试还可以更加方便地运用自动比对的方法对测试结果进行验证。

在下面的章节中，我们将具体讲述如何进行功能点测试和 C 程序测试，并给出基于 Nexys4 DDR FPGA 开发平台的测试结果。

8.3　功能点测试

本书采用龙芯公司在"第一届全国大学生计算机系统能力培养大赛"上发布的功能点测试程序对所设计的 MiniMIPS32 处理器进行测试。该测试程序需要对 **90 个功能点**进行测试，每个功能点对应一段独立的汇编语言程序，并保存在一个单独的.S 文件中。这 90 个待测的功能点如表 8-4 所示。功能点测试大部分为随机测试，随机数据已预先生成并写入测试程序中。

表 8-4　待测的功能点

编　号	功　能　点	描　　　述
01	ADD	执行 ADD 指令是否产生正确的运算结果（未测试整型溢出异常的情况）
02	ADDI	执行 ADDI 指令是否产生正确的运算结果（未测试整型溢出异常的情况）
03	ADDU	执行 ADDU 指令是否产生正确的运算结果
04	ADDIU	执行 ADDIU 指令是否产生正确的运算结果
05	SUB	执行 SUB 指令是否产生正确的运算结果（未测试整型溢出异常的情况）
06	SUBU	执行 SUBU 指令是否产生正确的运算结果
07	SLT	执行 SLT 指令是否产生正确的运算结果
08	SLTI	执行 SLTI 指令是否产生正确的运算结果
09	SLTU	执行 SLTU 指令是否产生正确的运算结果
10	SLTIU	执行 SLTIU 指令是否产生正确的运算结果
11	DIV	执行 DIV 指令是否产生正确的运算结果
12	DIVU	执行 DIVU 指令是否产生正确的运算结果
13	MULT	执行 MULT 指令是否产生正确的运算结果

编　号	功 能 点	描　述
14	MULTU	执行 MULTU 指令是否产生正确的运算结果
15	AND	执行 AND 指令是否产生正确的运算结果
16	ANDI	执行 ANDI 指令是否产生正确的运算结果
17	LUI	执行 LUI 指令是否产生正确的运算结果
18	NOR	执行 NOR 指令是否产生正确的运算结果
19	OR	执行 OR 指令是否产生正确的运算结果
20	ORI	执行 ORI 指令是否产生正确的运算结果
21	XOR	执行 XOR 指令是否产生正确的运算结果
22	XORI	执行 XORI 指令是否产生正确的运算结果
23	SLLV	执行 SLLV 指令是否产生正确的移位结果
24	SLL	执行 SLL 指令是否产生正确的移位结果
25	SRAV	执行 SRAV 指令是否产生正确的移位结果
26	SRA	执行 SRA 指令是否产生正确的移位结果
27	SRLV	执行 SRLV 指令是否产生正确的移位结果
28	SRL	执行 SRL 指令是否产生正确的移位结果
29	BEQ	执行 BEQ 指令是否产生正确的判断和跳转结果（延迟槽指令为 NOP，未测试延迟槽）
30	BNE	执行 BNE 指令是否产生正确的判断和跳转结果（延迟槽指令为 NOP，未测试延迟槽）
31	BGEZ	执行 BGEZ 指令是否产生正确的判断和跳转结果（延迟槽指令为 NOP，未测试延迟槽）
32	BGTZ	执行 BGTZ 指令是否产生正确的判断和跳转结果（延迟槽指令为 NOP，未测试延迟槽）
33	BLEZ	执行 BLEZ 指令是否产生正确的判断和跳转结果（延迟槽指令为 NOP，未测试延迟槽）
34	BLTZ	执行 BLTZ 指令是否产生正确的判断和跳转结果（延迟槽指令为 NOP，未测试延迟槽）
35	BGEZAL	执行 BGEZAL 指令是否产生正确的判断、跳转和链接结果（延迟槽指令为 NOP，未测试延迟槽）
36	BLTZAL	执行 BLTZAL 指令是否产生正确的判断、跳转和链接结果（延迟槽指令为 NOP，未测试延迟槽）
37	J	执行 J 指令是否产生正确的跳转结果（延迟槽指令为 NOP，未测试延迟槽）
38	JAL	执行 JAL 指令是否产生正确的跳转和链接结果（延迟槽指令为 NOP，未测试延迟槽）
39	JR	执行 JR 指令是否产生正确的跳转结果（延迟槽指令为 NOP，未测试延迟槽）
40	JALR	执行 JALR 指令是否产生正确的跳转和链接结果（延迟槽指令为 NOP，未测试延迟槽）
41	MFHI	执行 MFHI 指令是否正确地将 HI 寄存器的值写入寄存器
42	MFLO	执行 MFLO 指令是否正确地将 HI 寄存器的值写入寄存器
43	MTHI	执行 MTHI 指令是否正确地将寄存器值写入 HI 寄存器
44	MTLO	执行 MTLO 指令是否正确地将寄存器值写入 HI 寄存器
45	SYSCALL	执行 SYSCALL 指令是否正确地产生系统调用异常
46	LB	结合 SW 指令，执行 LB 指令是否产生正确的访存结果
47	LBU	结合 SW 指令，执行 LBU 指令是否产生正确的访存结果
48	LH	结合 SW 指令，执行 LH 指令是否产生正确的访存结果
49	LHU	结合 SW 指令，执行 LHU 指令是否产生正确的访存结果

续表

编 号	功 能 点	描 述
50	LW	结合 SW 指令，执行 LW 指令是否产生正确的访存结果
51	SB	结合 LW 指令，执行 SB 指令是否产生正确的访存结果
52	SH	结合 LW 指令，执行 SH 指令是否产生正确的访存结果
53	SW	结合 LW 指令，执行 SW 指令是否产生正确的访存结果
54	ERET	执行 ERET 指令是否正确地从中断、异常处理程序返回
55	MFC0	执行 MFC0 指令是否正确地将 CP0 寄存器的值写入寄存器
56	MTC0	执行 MTC0 指令是否正确地将寄存器值写入目的 CP0 寄存器
57	ADD_EX	测试 ADD 指令整型溢出异常
58	ADDI_EX	测试 ADDI 指令整型溢出异常
59	SUB_EX	测试 SUB 指令整型溢出异常
60	LH_EX	测试 LH 指令访存地址非对齐异常
61	LHU_EX	测试 LHU 指令访存地址非对齐异常
62	LW_EX	测试 LW 指令访存地址非对齐异常
63	SH_EX	测试 SH 指令访存地址非对齐异常
64	SW_EX	测试 SW 指令访存地址非对齐异常
65	ERET_EX	测试取指地址非对齐异常
66	RESERVED_INS TRUCTION_EX	测试保留指令异常
67	BEQ_DS	测试延迟槽
68	BNE_DS	测试延迟槽
69	BGEZ_DS	测试延迟槽
70	BGTZ_DS	测试延迟槽
71	BLEZ_DS	测试延迟槽
72	BLTZ_DS	测试延迟槽
73	BGEZAL_DS	测试延迟槽
74	BLTZAL_DS	测试延迟槽
75	J_DS	测试延迟槽
76	JAL_DS	测试延迟槽
77	JR_DS	测试延迟槽
78	JALR_DS	测试延迟槽
79	BEQ_EX_DS	测试延迟槽异常
80	BNE_EX_DS	测试延迟槽异常
81	BGEZ_EX_DS	测试延迟槽异常
82	BGTZ_EX_DS	测试延迟槽异常
83	BLEZ_EX_DS	测试延迟槽异常
84	BLTZ_EX_DS	测试延迟槽异常

编　号	功 能 点	描　述
85	BGEZAL_EX_DS	测试延迟槽异常
86	BLTZAL_EX_DS	测试延迟槽异常
87	J_EX_DS	测试延迟槽异常
88	JAL_EX_DS	测试延迟槽异常
89	JR_EX_DS	测试延迟槽异常
90	JALR_EX_DS	测试延迟槽异常

整个功能点测试程序位于本书资源包中的"test/func_test/src"路径下，主要由 3 个部分组成，分别是**功能点测试主程序 start.S、include 目录**和 **inst 目录**。大部分功能测试点是采用**宏定义方式**实现的（第 **54～56** 功能测试点除外）。

include 目录下包含了功能测试点的**指令宏定义**和**测试指令宏定义**，对应 6 个文件。

● inst_def.h：定义了第 1～53 功能测试点的指令宏定义。
● inst_test.h：定义了第 1～53 功能测试点的测试指令宏定义。
● inst_ex_def.h：定义了第 57～66 功能测试点的指令宏定义。
● inst_ex_test.h：定义了第 57～66 功能测试点的测试指令宏定义。
● inst_delay_slot_def.h：定义了第 67～90 功能测试点的指令宏定义。
● inst_delay_slot_test.h：定义了第 67～90 功能测试点的测试指令宏定义。

inst 目录一共包含 90 个测试文件，每个测试文件对应一个功能测试点。文件的命名规则为"**功能点编号_功能点名称.S**"，例如，"n1_add.S"对应第 1 个功能测试点 ADD 的测试文件。

下面我们以第 1 个功能测试点 ADD 为例，说明 inst 和 include 目录下各文件的关系。首先，"test/func_test/src/inst/n1_add.S"文件中对第 1 个功能点进行测试的子程序如图 8-6 所示。

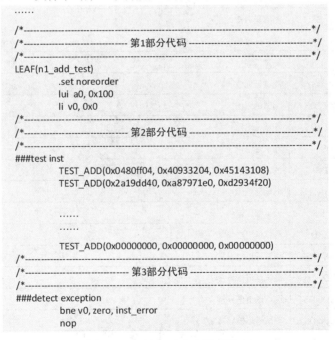

图 8-6　n1_add.S 功能点测试程序

```
/*-----------------------------------------------------------------*/
/*------------------------ 第4部分代码 -----------------------------*/
/*-----------------------------------------------------------------*/
###score ++
            addiu s3, s3, 1


/*-----------------------------------------------------------------*/
/*------------------------ 第5部分代码 -----------------------------*/
/*-----------------------------------------------------------------*/
###output a0|s3
            inst_error:
            or t0, a0, s3
            sw t0, 0(s1)
            jr ra
            nop
END(n1_add_test)
```

图 8-6　n1_add.S 功能点测试程序（续）

在**第 1 部分代码**中，指令"lui a0, 0x100"在$a0 寄存器存储了**功能测试点的编号值**。在功能点测试程序中，$a0 寄存器的第 8～15 位用于存储测试编号。因此，该指令将编号 0x1 存储到$a0 寄存器中。指令"li v0, 0x0"用于初始化$v0 寄存器，该寄存器用于在测试过程中标识错误，如果测试没有通过，则$v0 寄存器会被置为 0xFFFF0000。

第 2 部分代码是测试指令，**TEST_ADD(加数 1,加数 2,正确结果)**用于测试加法 ADD 指令是否正确。其中的测试数据（即加数 1、加数 2）是随机生成的。

第 3 部分代码用于判断在测试过程中是否出现了错误。如果$v0 寄存器中的值不是 0，则表示测试出现错误，然后，转移到标记 inst_error 处；否则，测试通过，顺序执行。

第 4 部分代码用于完成计分操作。$s3 寄存器用于存储计分值，表示当前有多少个功能测试点成功通过了测试，每成功通过一个功能测试点，加 1 分。因此，如果第 3 部分代码判断在某个功能点的测试过程中没有出现错误，则执行该部分代码；否则，则跳过该部分代码。

第 5 部分代码用于将$a0 寄存器中的测试编号和$s3 寄存器中的测试分值输出（$s1 寄存器中存放的是 Nexys 4 DDR FPGA 开发板上七段数码管的地址），然后返回主程序，结束测试。

宏定义 **TEST_ADD** 位于"test/func_test/src/include/inst_test.h"中，如图 8-7 所示。TEST_ADD 将加数 1 和加数 2 传给 ADD(vs,vt)，判断$s0 寄存器的值是否与存放正确结果的$s2 寄存器的值一致。**ADD** 也是一个宏定义，位于"test/funct_test/src/include/inst_def.h"中，如图 8-8 所示。

```
/*----------- 功能测试点1：TEST_ADD(vs, vt, vd) ----------*/
#define TEST_ADD(vs, vt, vd) \
            ADD(vs, vt); \
            li s2, vd; \
            bne s0, s2, inst_error; \
            nop
```

图 8-7　宏定义 TEST_ADD

```
/*----------- ADD(vs, vt) ----------*/
#define ADD(v0, v1) \
            li t0, v0; \
            li t1, v1; \
            add s0, t0, t1
```

图 8-8　宏定义 ADD

宏定义 ADD 将加数 1 装入 $t0 寄存器，将加数 2 转入 $t1 寄存器，将结果存入 $s0 寄存器。

对文件 n1_add.S 中的功能点测试的调用由测试主程序 start.S 完成。该文件位于 "test/funct_test/src"
目录下，其部分代码如图 8-9 所示。

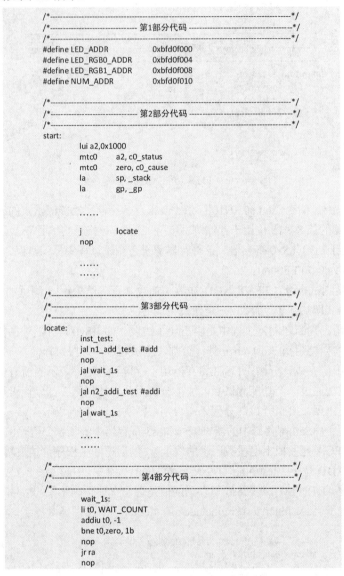

```
/*----------------------------------------------------------------*/
/*------------------------- 第1部分代码 --------------------------*/
/*----------------------------------------------------------------*/
#define LED_ADDR            0xbfd0f000
#define LED_RGB0_ADDR       0xbfd0f004
#define LED_RGB1_ADDR       0xbfd0f008
#define NUM_ADDR            0xbfd0f010


/*----------------------------------------------------------------*/
/*------------------------- 第2部分代码 --------------------------*/
/*----------------------------------------------------------------*/
start:
        lui a2,0x1000
        mtc0        a2, c0_status
        mtc0        zero, c0_cause
        la          sp, _stack
        la          gp, _gp

        ......

        j           locate
        nop

        ......
        ......

/*----------------------------------------------------------------*/
/*------------------------- 第3部分代码 --------------------------*/
/*----------------------------------------------------------------*/
locate:
        inst_test:
        jal n1_add_test  #add
        nop
        jal wait_1s
        nop
        jal n2_addi_test #addi
        nop
        jal wait_1s

        ......
        ......

/*----------------------------------------------------------------*/
/*------------------------- 第4部分代码 --------------------------*/
/*----------------------------------------------------------------*/
        wait_1s:
        li t0, WAIT_COUNT
        addiu t0, -1
        bne t0,zero, 1b
        nop
        jr ra
        nop
```

图 8-9   测试主程序 start.S

第 1 部分代码是一系列用于定义 I/O 设备基地址的宏，包括 LED 灯、七段数码管等。

第 2 部分代码用于对 MiniMIPS32 处理器内的寄存器进行初始化，包括通用寄存器、CP0 中的寄存器及 HILO 寄存器等。然后，跳转到标记 locate 处。

第 3 部分代码，即标记 locate，用于对所有功能点进行测试。通过指令 "jal n1_add_test" 跳转到文件 n1_add.S 所定义的第 1 个功能测试点，开始上述测试工作。然后，依次调用各个功能测试点，直到所有的测试全部完成。此外，在该段代码中，每个功能点测试结束后，通过指令 "jal wait_1s"，转移到标记 wait_1s 处，即第 4 段代码。

第 4 部分代码用于实现一个计时功能，计时 1s。其作用是使每次功能点测试结束后，都等待 1s 再进行下一个功能点的测试，以确保七段数目管可以稳定地显示输出的测试编号和测试分值。注意，当需要在 Nexys4 DDR FPGA 开发板上进行测试时，必须添加该延时，否则七段数码管无法正常显示。但是，如果只进行仿真测试，则可将指令"jal wait_1s"注释掉，即不引入延时，以加快仿真速度。

大家可仔细阅读所提供的功能点测试程序，按照其组织结构添加自定义的功能点。

功能点测试程序经过编译后，可生成 inst_rom.coe 和 data_ram.coe 两个 COE 文件，将它们分别加载到 MiniMIPS32_SYS 原型系统的指令存储器和数据存储器中。然后，在 Vivado 中完成综合、实现、生成 bit 流文件等步骤。将所生成的 bit 流文件下载到 Nexys4 DDR FPGA 开发板上，观察功能测试的结果。

在测试开始时，16 个单色 LED 灯全部点亮，两个三色 LED 灯为蓝色。然后，最左面的两个七段数目管显示当前的功能点测试程序的编号，即 01～5A，共 90 个测试点；最右边两个七段数码管显示当前已通过测试的功能点的个数，即测试分值。如果全部通过测试，则左右两对七段数码管显示的数字相同，都是 5A，并且单色 LED 灯一直点亮，两个三色 LED 灯变为绿色；否则，如果测试不通过，则左右两对七段数码管显示的数字不相同，所有单色 LED 灯熄灭，两个三色 LED 灯变为红色。

8.4　C 程序测试

本书一共提供 24 个 C 语言程序对所设计的 MiniMIPS32 处理器进行测试与验证，涉及很多常见应用，包括斐波那契数列、求矩阵乘法、快速排序等。这些 C 语言程序位于本书资源包的 "test/c_test/src" 目录下，每个程序对应一个单独的.c 文件。除了 26 个 C 语言程序外，该目录下还有一个 soc_io.h 头文件，用于定义 Nexys4 DDR FPGA 开发板上一系列 I/O 设备基地址的宏。为了便于测试，以及添加其他 C 语言程序，每个 C 语言程序的结构都十分相似。下面我们以斐波那契数列的 C 语言程序 fib.c 为例介绍其代码结构，如图 8-10 所示。

第 1 部分代码首先定义了两个宏——N 和 DELAY_COUNT，分别表示待测数据集 fib[N]的规模和处理器延迟的周期数。然后，定义了两个数组 fib 和 ans，其中，前者为待测数据集，后者为提前计算好的正确结果。C 语言程序最终的运行结果将保存在 fib 数组中，然后逐一和 ans 数组的元素进行比较，完全相同，说明测试通过，否则测试不通过。

第 2 部分代码定义了 3 个函数。函数 delay()用于产生一个固定时间的延迟，对于我们的设计，该延迟为 1s。函数 init()用于将两个三色 LED 灯初始化为蓝色。函数 print_result()用于显示测试结果。如果标记 flag 为 "1"，则表示测试通过，此时程序进入一个无限循环，该循环的功能是使三色 LED 灯呈蓝绿交替闪烁；否则，将两个三色 LED 灯设置为红色。

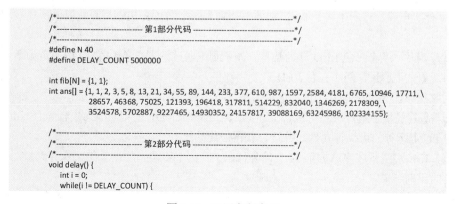

图 8-10　C 语言程序 fib.c

```
        i ++;
      }
    }

    void init() {
      SOC_LED_RGB0 = BLUE;
      SOC_LED_RGB1 = BLUE;
      delay();
    }

    void print_result(int flag) {
      if(flag == 1){
        while(1) {
          delay();
          SOC_LED_RGB0 = BLUE;
          SOC_LED_RGB1 = BLUE;
          delay();
          SOC_LED_RGB0 = GREEN;
          SOC_LED_RGB1 = GREEN;
        }
      }
      else{
        SOC_LED_RGB0 = RED;
        SOC_LED_RGB1 = RED;
      }
    }

    /*-----------------------------------------------------------*/
    /*---------------------- 第3部分代码 ------------------------*/
    /*-----------------------------------------------------------*/
    int main() {
      init();
      int flag = 1;
      int i;
      for(i = 2; i != N; i ++) {
        fib[i] = fib[i - 1] + fib[i - 2];
        if(fib[i] != ans[i]){
          flag = 0;
          break;
        }
      }
      if(i != N)   flag = 0;
      print_result(flag);
      return 0;
    }
```

图 8-10　C 语言程序 fib.c（续）

第 3 部分代码为主程序。在 for 循环中，先计算斐波那契数列的元素，然后，每获得一个元素就将其与 ans 数组中的对应元素进行比较，一旦发现不同，就将标志 flag 置为"0"，并跳出循环。最后，调用函数 print_result()显示测试结果。

待测 C 语言程序经过编译后，可生成 inst_rom.coe 和 data_ram.coe 两个 COE 文件，将它们分别加载到 MiniMIPS32_SYS 原型系统的指令存储器和数据存储器中。然后，在 Vivado 中完成综合、实现、生成 bit 流文件等步骤。将所生成的 bit 流文件下载到 Nexys4 DDR FPGA 开发板上，观察功能测试的结果。

在测试开始时，两个三色 LED 灯为蓝色。如果测试通过，则三色 LED 灯按一定频率呈蓝绿交替闪烁；否则，测试不通过，两个三色 LED 灯变为红色。

如果大家想添加其他 C 语言测试程序，可按如下步骤组织程序。

第 1 步，编写待测主程序（不可包含上述第 1、2 部分代码），使用 GCC 或 Visual Studio 将其编译成可在自己 PC 上运行的可执行文件，并运行获得最终结果。

第 2 步，在待测主程序中添加第 1、2 部分代码，将第 1 步得到的运算结果保存到数组 ans 中，作为验证所需的正确结果。

第 3 步，使用 MIPS 交叉编译器将程序编译为可执行文件，然后将其加载到 FPGA 开发板上 MiniMIPS32_SYS 原型系统的存储器中进行测试。

附录 A　MiniMIPS32 处理器交叉编译环境的搭建

本书设计的 MiniMIPS32 处理器共支持 56 条指令，是 MIPS32 Release I 的一个子集，因此，针对该处理器的交叉编译环境将采用 MIPS32 GCC，构建于 Linux 操作系统之上。下面将着重讲述 MiniMIPS32 处理器交叉编译环境的搭建步骤。

A.1　虚拟机 Virtual Box 的安装

1）下载 VirtualBox：通过官网下载 VirtualBox 5.2.2 安装程序（其他版本也可以）。下载链接为 https://www.virtualbox.org/wiki/Downloads，下载完成后，打开安装程序，安装 VirtualBox。

2）打开安装程序之后，进入图 A-1 所示的界面。

图 A-1　VirtualBox 安装程序欢迎界面

3）单击"下一步"按钮，进入安装配置界面，如图 A-2 所示。

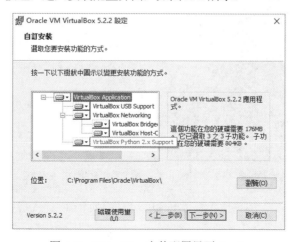

图 A-2　VirtualBox 安装配置界面（一）

4）保持默认配置，单击"下一步"按钮，进入图 A-3 所示的界面。

图 A-3　VirtualBox 安装配置界面（二）

5）保持默认配置，单击"下一步"按钮，进入图 A-4 所示的界面。

图 A-4　VirtualBox 安装警告界面

6）单击"是"按钮，进入安装确定界面，如图 A-5 所示。

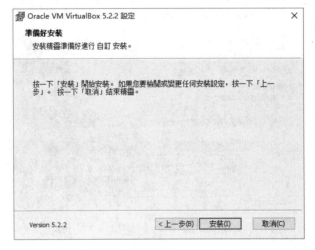

图 A-5　VirtualBox 安装确定界面

7）单击"安装"按钮，进入安装过程，如图 A-6 所示。

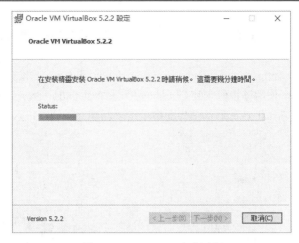

图 A-6　VirtualBox 安装过程

8）安装完成后进入图 A-7 所示的界面，表示 VirtualBox 安装完成。

图 A-7　VirtualBox 安装结束界面

9）运行 VirtualBox，启动主界面如图 A-8 所示。

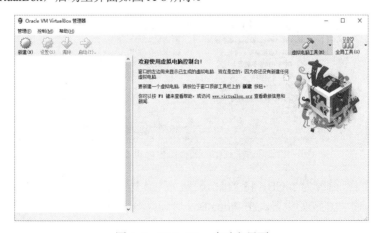

图 A-8　VirtualBox 启动主界面

A.2　Ubuntu Linux 操作系统的安装

1）通过 Ubuntu 官网（https://www.ubuntu.com/download/desktop）下载 Ubuntu 16.04 桌面版 32 位最新镜像。在 VirtualBox 中使用该镜像安装 Ubuntu 操作系统虚拟机。

2）在图 A-8 所示的 Virtual Box 启动主界面中单击"新建"按钮，进入"新建虚拟电脑"界面，如图 A-9 所示。

图 A-9　"新建虚拟电脑"界面

3）按照图 A-9 设置相关选项（如名称、类型、版本、内存大小等），并单击"创建"按钮，进入"创建虚拟硬盘"界面，如图 A-10 所示。

图 A-10　创建虚拟硬盘

4）将"文件大小"修改为 20GB，将"虚拟硬盘文件类型"设置为 VDI。之后单击"创建"按钮，即完成了 Ubuntu 虚拟机的初始设置。在 VirtualBox 管理界面中启动刚刚创建的虚拟机，进入图 A-11 所示的界面。

图 A-11　选择启动盘

5）单击文件夹图标，选择之前已下载完成的 Ubuntu16.04 桌面版镜像，单击"启动"按钮，即开始 Ubuntu 系统的安装过程，如图 A-12 所示。

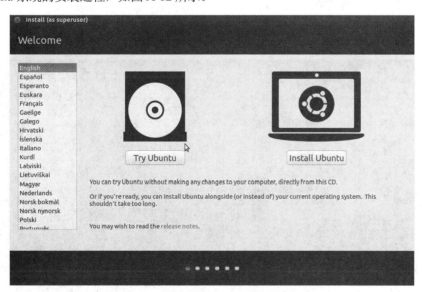

图 A-12　Ubuntu 系统的安装过程（一）

6）单击 Install Ubuntu 按钮开始安装 Ubuntu 系统，之后依次单击 Continue、Install Now 按钮进入系统初始设置界面。

7）在地图上单击中国，将系统时区定为上海，之后单击 Continue 按钮，进入键盘布局设置界面，不需要做任何修改直接单击 Continue 按钮即可，最后进入 Ubuntu 用户设置界面，如图 A-13 所示。

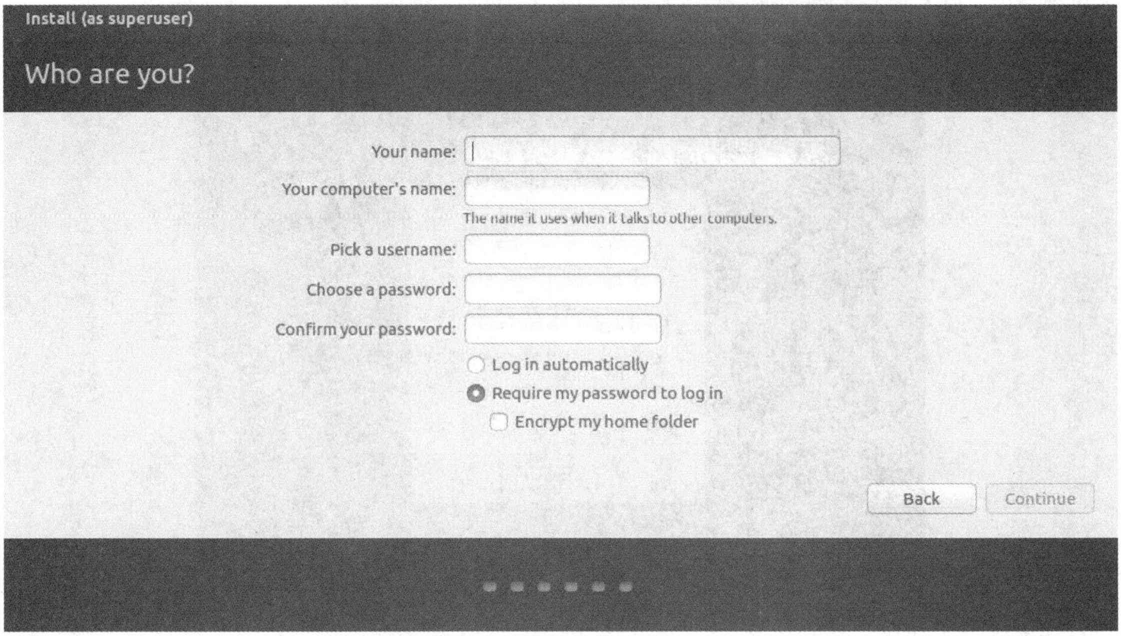

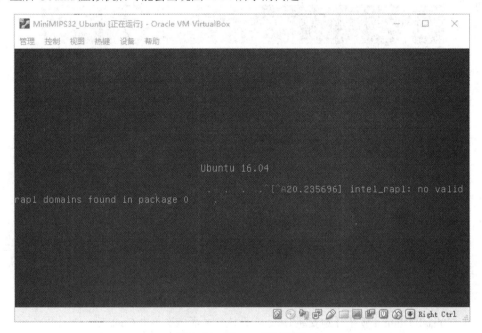

图 A-13　Ubuntu 系统的安装过程（二）

8）按照自己的喜好设置用户名、密码即可，然后单击 Continue 按钮，正式进入系统的安装过程，安装结束即可进入 Ubuntu 虚拟机。

9）重启 Ubuntu 虚拟机后可能会出现图 A-14 所示的问题。

图 A-14　Ubuntu 无法启动

如果出现图 A-14 所示的问题，则只需在 VirtualBox 主界面右击虚拟机，在弹出的快捷菜单中选择 "在资源管理器中显示" 命令；打开资源管理器后，找到扩展名为 .vbox 的文件，使用记事本打开，找到<PAE enabled="false"/>，将其中的"false"改为"true"，保存后重新打开虚拟机即可。若未出现图 A-14
所示的问题，则跳过该步骤即可。

10）为了让 Ubuntu 虚拟机与 Windows 主系统实现文件共享，需要在 Windows 系统中设置一个共享文件夹，并挂载在 Ubuntu 虚拟机中。

11）在 Windows 硬盘中新建文件夹 Share 作为共享文件夹。

12）关闭 Ubuntu 虚拟机，在 VirtualBox 主界面中右击 Ubuntu 虚拟机，在弹出的快捷菜单中选择"设置"命令，进入图 A-15 所示的界面。

图 A-15　虚拟机设置界面

13）单击"共享文件夹"按钮，进入图 A-16 所示的界面。

图 A-16　共享文件夹设置界面

14）单击文件夹图标 ，弹出"添加共享文件夹"对话框，设置"共享文件夹路径"和"共享文件夹名称"，新建一个共享文件夹，如图 A-17 所示。

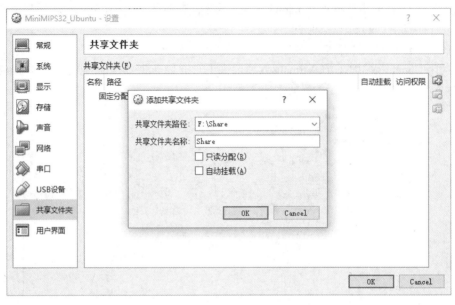

图 A-17　添加共享文件夹

这里共享文件夹路径选择之前在 Windows 下新建的 Share 文件夹，单击 OK 按钮即可。

15）重新启动 Ubuntu 虚拟机，在菜单栏中选择"设备"选项，在打开的下拉菜单中选择安装增强功能，进入图 A-18 所示的界面。

图 A-18　安装增强功能过程（一）

16）单击 Run 按钮，弹出一个终端并要求输入授权密码（即之前安装时设置的密码），终端会自动安装增强功能，结束后出现图 A-19 所示的界面即表示安装成功。

图 A-19　安装增强功能过程（二）

按 Enter 键关闭终端，之后重启 Ubuntu 虚拟机。

17）打开一个终端，依次输入如下命令。Windows 下的 Share 文件夹挂载在了 Ubuntu 虚拟机中，完成了共享文件夹的设置。

```
sudo mkdir /mnt/Share
sudo mount -t vboxsf Share /mnt/Share
```

18）为了实现每次启动 Ubuntu 虚拟机，共享文件夹都可以进行自动挂载，需要对/etc/rc.local 进行如下修改。首先，在终端中输入命令"sudo gedit /etc/rc.local"，打开 rc.local 文件。然后，在该文件中添加命令"mount -t vboxsf Share /mnt/Share"，如图 A-20 所示。最后，保存退出即可。之后每次重启 Ubuntu 虚拟机都会自动挂载该共享文件夹。

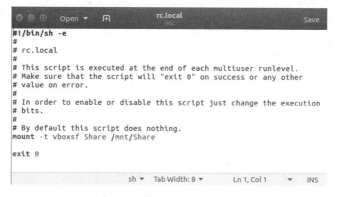

图 A-20　修改/etc/rc.local 文件

A.3 MiniMIPS32 交叉编译环境的安装与配置

1）通过 Mentor Graphics（明导）公司官网下载最新的 MIPS32 交叉编译器。官网下载链接：https://sourcery.mentor.com/public/gnu_toolchain/mips-sde-elf/mips-2013.05-65-mips-sde-elf.bin。

2）下载完成后，将安装文件 mips-2013.05-65-mips-sde-elf.bin 复制到共享文件夹中。然后，通过共享文件夹将该文件链复制到 Ubuntu 虚拟机的用户目录下，命令如下：

```
cp /mnt/Share/mips-2013.05-65-mips-sde-elf.bin .
```

3）在用户目录中找到安装文件 mips-2013.05-65-mips-sde-elf.bin，使用以下命令启动交叉编译器的安装。

```
./mips-2013.05-65-mips-sde-elf.bin
```

4）如果使用 64 位 Ubuntu 系统，其中没有 32 位依赖库，则安装会出现图 A-21 所示的错误信息。

图 A-21　错误信息：缺少 32 位依赖库

图 A-21 显示 Ubuntu 虚拟机是 64 位系统，需要安装 32 位依赖库才能使用 32 位的 MIPS32 交叉编译器。此时需要安装 32 位依赖库，安装命令如下：

```
sudo apt-get install lib32ncurses5
sudo apt-get install lib32z1
```

如果 Ubuntu 虚拟机本身就是 32 位系统，则不需进行上述步骤。

5）32 位依赖库安装完成后，再次执行交叉编译器安装命令，将出现图 A-22 所示的错误。

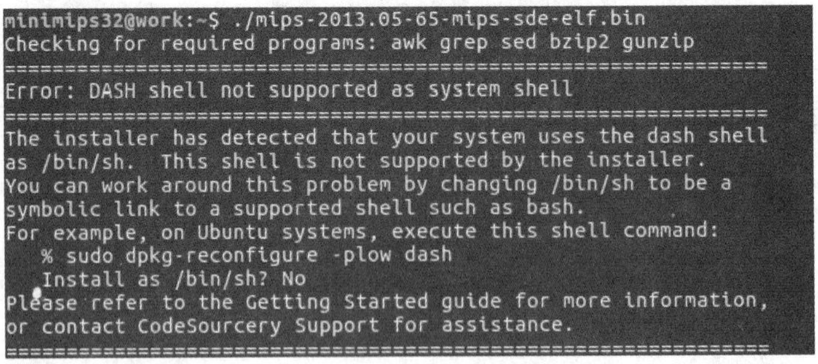

图 A-22　错误信息：dash shell 错误

该信息表示 Ubuntu 默认终端使用 dash，但是 MIPS32 交叉编译器的安装不支持 dash shell，故按照图 A-22 推荐方法修改 Ubuntu 默认终端，输入如下命令：

```
sudo dpkg-reconfigure -plow dash
```

之后，出现图 A-23 所示的界面，单击<No>按钮。

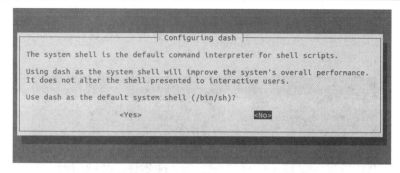

图 A-23　修改系统默认终端 shell

6）再次执行 MIPS32 交叉编译器安装命令，出现图 A-24 所示的界面，启动安装。

```
minimips32@work:~$ ./mips-2013.05-65-mips-sde-elf.bin
Checking for required programs: awk grep sed bzip2 gunzip
Preparing to install...
Extracting the JRE from the installer archive...
Unpacking the JRE...
Extracting the installation resources from the installer archive...
Configuring the installer for this system's environment...

Launching installer...

Graphical installers are not supported by the VM. The console mode will be used
instead...

Preparing CONSOLE Mode Installation...

==============================================================================
Sourcery CodeBench Lite for MIPS ELF          (created with InstallAnywhere)
------------------------------------------------------------------------------
```

图 A-24　MIPS32 交叉编译工具安装开始界面

7）此后按照提示一步步配置即可，推荐使用默认配置（一直按 Enter 键），出现图 A-25 所示的界面即表示安装成功，按 Enter 键退出安装。

```
==============================================================================
Installing...
-----------------

 [==============|==============|==============|==============]
 [--------------|--------------|--------------|--------------]



==============================================================================
Installation Complete
---------------------

Congratulations! Sourcery CodeBench Lite for MIPS ELF has been successfully
installed to:

   /home/minimips32/CodeSourcery/Sourcery_CodeBench_Lite_for_MIPS_ELF

PRESS <ENTER> TO EXIT THE INSTALLER:
```

图 A-25　MIPS32 交叉编译工具安装结束界面

8）配置环境变量，修改~/.bashrc，完成环境变量的添加，具体步骤如下。

① 使用如下命令，打开.bashrc 文件（注意："."必须输入）。

```
sudo gedit ~/.bashrc
```

② 添加下述语句到.bashrc 文件最后一行，其中"/home/minimips32/CodeSourcery/Sourcery_CodeBench_Lite_for_MIPS_ELF/"是 MIPS32 交叉编译器的安装路径。

```
export PATH=/home/minimips32/CodeSourcery/Sourcery_CodeBench_Lite_for_MIPS_ELF/bin:$PATH
```

③ 执行 source 命令使修改生效。

```
source ~/.bashrc
```

④ 最后在终端中执行命令"mips-sde-elf-gcc –v"，若可看到交叉编译其 gcc 的版本信息，如图 A-26 所示，则表示环境变量配置成功。

图 A-26　MIPS32 交叉编译器 gcc 版本信息

至此，面向 MiniMIPS32 处理器的交叉编译环境已搭建完成。

附录 B　指令存储器和数据存储器的设计

本书所设计的 MiniMIPS32_SYS 原型系统，除了 MiniMIPS32 处理器之外，还有两个关键模块，即指令存储器和数据存储器。其中，前者用于保存由 MiniMIPS32 执行的指令序列，后者用于存储程序运行过程中所使用的数据。它们并不是通过 Verilog HDL 进行描述的，而是采用 Xilinx FPGA 内部的块存储器（block memory），通过 Vivado 提供的 IP 核构建的。

Vivado 是一个以 IP 为中心的 FPGA 开发环境，提供了大量已设计完成，并经过严格测试的 IP 核，包括基本运算单元、通信模块、数字信号处理模块、存储器单元、总线接口模块、视频及图像处理模块等。设计者可在 Vivado 的 IP Catalog 中选择所需的 IP，并通过图形化界面进行简单的配置，即可直接使用，大大降低了设计难度和设计风险，提高了设计效率。下面我们将基于 Vivado IP Catalog 中的块存储器生成器（block memory generator），分别使 ROM 和 RAM 来完成指令存储器和数据存储器的设计。

B.1　指令存储器的设计

1）按照 4.3.2 节的方法，创建一个名为"inst_rom"的 Vivado 工程。

2）选择设计流程向导区的 PROJECT MANAGER→IP Catalog 选项，打开 Vivado 提供的 IP Catalog 界面，如图 B-1 所示。

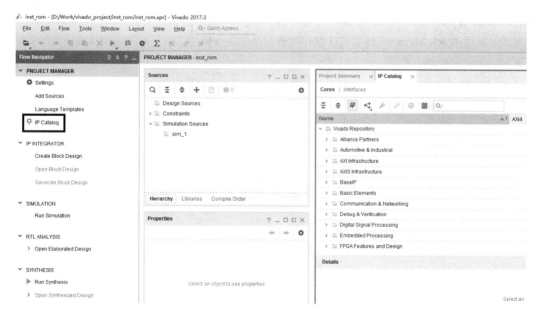

图 B-1　IP Catalog 界面

3）在 IP Catalog 界面中展开 Memories & Storage Elements → RAMs & ROMs & BRAM 选项，双击 Block Memory Generator（块存储器 IP 生成器），如图 B-2 所示。

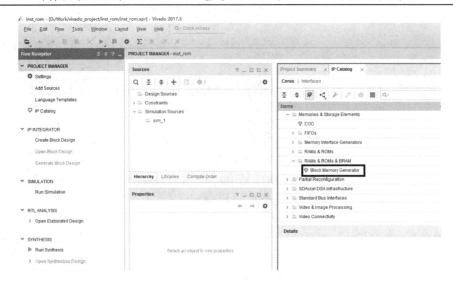

图 B-2   打开 Block Memory Generator

4）在弹出的 Block Memory Generator 主界面的 Basic 选项卡（见图 B-3）中完成指令存储器的基本设置。首先，在 Component Name 文本框中输入"inst_rom"，即生成一个名为"inst_rom"的存储器模块。然后，在 Memory Type 下拉菜单中选择 Single Port ROM 选项，表示生成的存储器模块为一个单口的只读存储器。Block Memory Generator 可生成 5 种类型存储器：Single Port ROM（单端口 ROM）、Dual Port ROM（双端口 ROM）、Single Port RAM（单端口 RAM）、Simple Dual Port RAM（简单双端口 RAM，即 2 个读端口和 1 个写端口）和 True Dual Port RAM（真正双端口 RAM，即 2 个读端口和 2 个写端口）。设计者可根据设计要求进行选择（如本书中的指令存储器采用 ROM 设计）。此外，不勾选 Show disabled ports 复选框，这样在 IP Symbol 选项卡下的存储器原理图中只显示用到的端口。需要注意的是，**采用 Block Memory 建立的任意存储器都是同步存储器**，即无论是读存储器还是写存储器，都在时钟上升沿采样访存地址。

图 B-3   Block Memory Generator 主界面的 Basic 选项卡

5）选择 Block Memory Generator 主界面的 Port A Options 选项卡（见图 B-4），对指令存储器的端

口进行设置。首先，所构建的指令存储器的容量为 8KB，即共有 2048 个存储单元，每个存储单元的宽度为 32 位，故设置 Port A Width 为 32（即数据输出端口 douta 为 32 位），Port A Depth 为 2048（即存储器的深度为 2048，地址输入端口 addra 为 11 位）。然后，在 Enable Port Type 下拉列表中选择 User ENA Pin 选项，表示所设计的存储器带有使能位 ena。接着，不勾选 Primitives Output Register 复选框，以保证时钟上升沿采集到访存地址信号后，在同一周期即可从存储器中读出数据，否则数据的读出需要延迟一个周期。

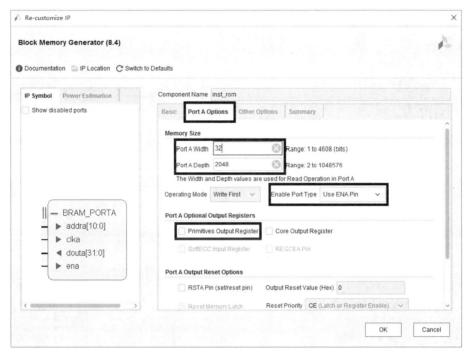

图 B-4　Block Memory Generator 主界面的 Port A Options 选项卡

6）选择 Block Memory Generator 主界面的 Other Options 选项卡，对指令存储器进行初始化。在我们的设计中，指令存储器采用 ROM 构建，它是只读的，故需要在程序运行前，将其中的指令部分（即程序的.text 段）提前加载到指令存储器中，这就是初始化工作。对 Xilinx FPGA 内部的 Block Memory 进行初始化，是通过一种扩展名为.coe 的文本文件实现的，如图 B-5 所示。在.coe 文件中，首先，通过 memory_initialization_radix 设置初始化数据的进制，其中，2 表示二进制，10 表示十进制，16 表示十六进制。接着通过 memory_initialization_vector 给出初始化数据，每个数据采用规定的进制表示，使用逗号或空格进行分割，利用换行增加可读性，文件结尾采用分号表示结束。此外，在分号后紧跟字符串表示注释信息。在本例中，采用十六进制定义了 16 个 32 位的数据（即 MiniMIPS32 处理器的指令）。.coe 文件定义好后，在 Other Options 选项卡中，勾选 Load Init File 复选框，单击 Browse 按钮，加载存储器初始化文件，如图 B-6 所示。在弹出的 Choose COE File 对话框中选择图 B-5 中定义的初始化文件 init.coe，单击 OK 按钮完成加载。由于所定义的指令存储器的深度为 2048，而 init.coe 中只定义了 16 条指令，因此，勾选 Other Options 选项卡中的 Fill Remaining Memory Locations 复选框，并在 Remaining Memory Locations (Hex)文本框中输入"0"，表示使用 0 填充存储器中余下的存储单元，如图 B-7 所示。

```
; Memory Width: 16, Memory Depth: 32                    init.coe
memory_initialization_radix=16;
memory_initialization_vector=
4000063c, 00608640, 00688040, 00001d3c,
e01fbd27, 01001c3c, 00909c27, 00000734,
1300e000, 00001834, 11000003, 86000008,
21f0a003, 0000c0af, 01000224, 0400c2af;
```

图 B-5　Block Memory 初始化文件

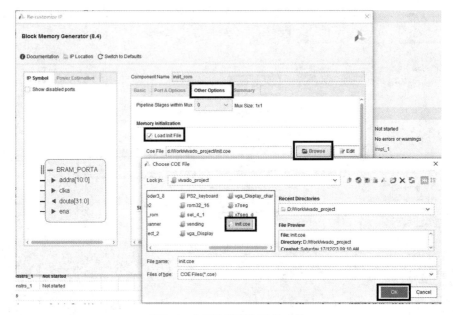

图 B-6　加载存储器初始化文件

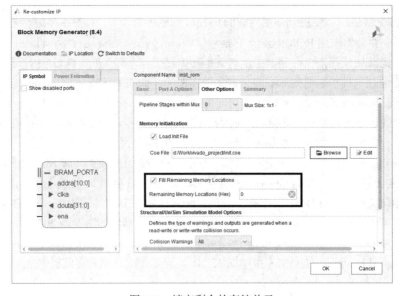

图 B-7　填充剩余的存储单元

7）选择 Block Memory Generator 主界面的 Summary 选项卡（见图 B-8），可查看存储器配置的信息，包括存储器类型、所消耗的 Block Memory 的资源、读延迟及地址端口的宽度。最后，单击 OK 按钮完成存储器的设置。

图 B-8　Block Memory Generator 主界面的 Summary 选项卡

8）进入 Generate Output Products 界面，如图 B-9 所示，单击 Generate 按钮，正式生成所构建的指令存储器。

图 B-9　Generate Output Products 界面

9）指令存储器生成后，在 Vivado 主界面的 Sources 窗口的 Design Sources 目录下可以看到所生成的存储器 IP inst_rom 和初始化文件 init.coe，如图 B-10 所示。单击 Sources 窗口下的 IP Sources 选项卡可以查看所生成 IP 的具体信息，如图 B-11 所示。其中 Instantiation Template 目录给出了对该 IP 模块进行实例化时的代码模板，包含两个文件：inst_rom.vho 和 inst_rom.veo。前者是 VHDL 的模板，后者是 Verilog 的模板，设计者可直接复制其中的内容，在所需要的地方对该 IP 进行实例化。

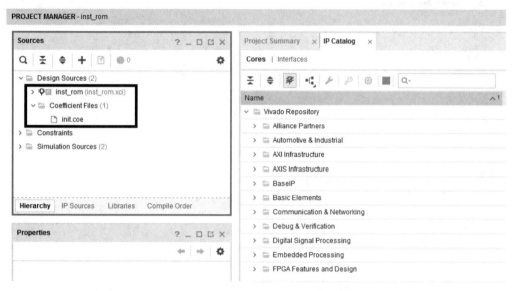

图 B-10　Source 窗口的 Design Sources 目录

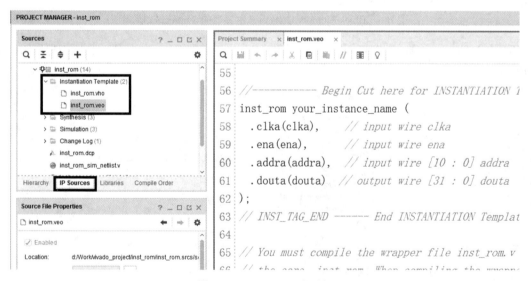

图 B-11　IP Sources 选项卡

10）在工程中添加 testbench 测试文件 inst_rom_tb.v，代码如图 B-12 所示。在设计流程向导区选择 SIMULATION→Run Simulation→Run Behavioral Simulation 选项，开始行为仿真，仿真波形如图 B-13 所示。从波形图中可以看出，在每个时钟上升沿，指令存储器都会根据当前访存地址 addra 从数据输出端口 douta 读出正确指令，满足设计要求。

```
`timescale 1ns/1ps

module inst_rom_tb;

  reg clka, ena;
  reg [10:0] addra;
  wire [31:0] douta;

  inst_rom uut (
    .clka(clka),   // input wire clka
    .ena(ena),     // input wire ena
    .addra(addra), // input wire [10 : 0] addra
    .douta(douta)  // output wire [31 : 0] douta
  );

  initial begin

    clka = 0; ena = 0; addra = 0;
    #100 ena = 1; addra = 1;
    #50 addra = 3;
    #50 addra = 6;
    #50 addra = 10;
    #50 $finish;

  end

  always begin
    #10 clka = ~clka;
  end

endmodule
```

图 B-12　测试文件 inst_rom_tb.v

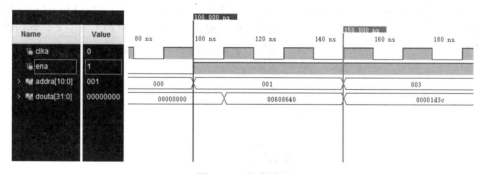

图 B-13　仿真波形

之后的综合、实现、生成比特流文件及 FPGA 烧写的流程与第 4 章相同，这里不再赘述。

B.2　数据存储器的设计

1）按照 4.3.2 节的方法，创建一个名为"data_ram"的 Vivado 工程。

2）按照附录 B.1 的方法，在 IP Catalog 中启动 Block Memory Generator 主界面。在 Basic 选项卡中完成数据存储器的基本设置，如图 B-14 所示。首先，在 Component Name 文本框中输入"data_ram"，即生成一个名为"data_ram"的存储器模块。然后，在 Memory Type 下拉列表中选择 Single Port RAM 选项，表示生成的存储器模块为一个单口的随机访问（可读可写）存储器。勾选 Byte Write Enable 复选框，表示所构建的数据存储器 data_ram 带有写字节使能位。在 Byte Size (bits) 下拉列表中选择"8"

选项，表示写入数据存储器的字节为 8 位。

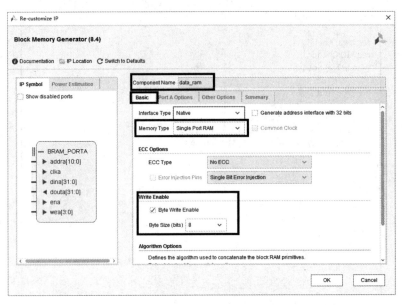

图 B-14　Block Memory Generator 主界面的 Basic 选项卡

3）选择 Block Memory Generator 主界面的 Port A Options 选项卡，对数据存储器的端口进行设置，如图 B-15 所示。首先，所构建的数据存储器的容量是 8KB，即共有 2048 个存储单元，每个存储单元的宽度为 32 位，故设置 Write/Read Width 为 32（即数据输入端口 dina 和输出端口 douta 均为 32 位），Write/Read Depth 为 2048（即存储器的深度为 2048，地址输入端口 addra 为 11 位）。然后，在 Enable Port Type 下拉列表中选择 User ENA Pin 选项，表示所设计的存储器带有使能位 ena；Operating Mode 默认为 Write First。接着，不勾选 Primitives Output Register 复选框，以保证时钟上升沿采集到访存地址信号后，在同一周期即可从数据存储器中读出数据，否则数据的读出需要延迟一个周期。

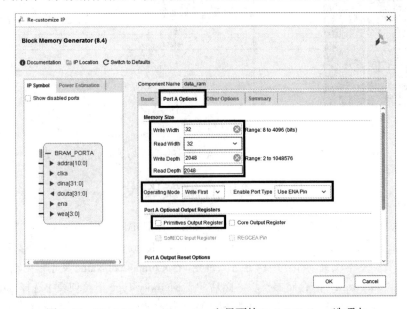

图 B-15　Block Memory Generator 主界面的 Port A Options 选项卡

4）选择 Block Memory Generator 主界面的 Other Options 选项卡，对数据存储器进行初始化，如图 B-16 所示。在程序运行前，如果.data 段已经声明了数据，则需要将其加载到数据存储器中；否则，不需要进行数据存储器的初始化。初始化的数据仍然保存在一个.coe 文件中，勾选 Load Init File 复选框，然后按照附录 B.1 的方法，完成数据存储器的初始化。

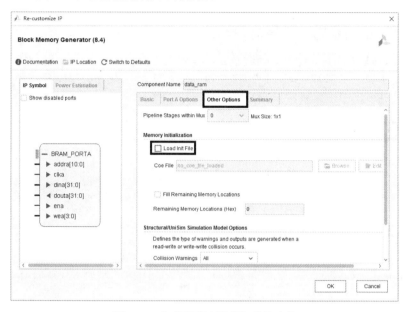

图 B-16　加载数据存储器初始化文件

5）选择 Block Memory Generator 主界面的 Summary 选项卡（见图 B-17），可查看存储器配置的信息，包括存储器类型、所消耗的 Block Memory 的资源、读延迟及地址端口的宽度。最后，单击 OK 按钮完成存储器的设置。

图 B-17　Block Memory Generator 主界面的 Summary 选项卡

6）进入 Generate Output Products 界面，单击 Generate 按钮，正式生成所构建的数据存储器。

7）数据存储器生成后，在 Vivado 主界面的 Sources 窗口的 Design Sources 目录下可以看到所生成的存储器 IP data_ram，如图 B-18 所示。单击 Sources 窗口下的 IP Sources 选项卡可以查看所生成 IP 的具体信息，如图 B-19 所示。其中 Instantiation Template 目录给出了对该 IP 模块进行实例化时的代码模板，包含两个文件：data_ram.vho 和 data_ram.veo。前者是 VHDL 的模板，后者是 Verilog 的模板，设计者可直接复制其中的内容，完成该 IP 的实例化。

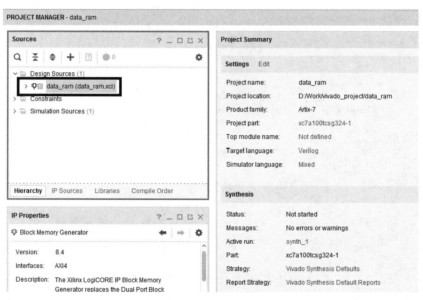

图 B-18　Source 窗口的 Design Sources 目录

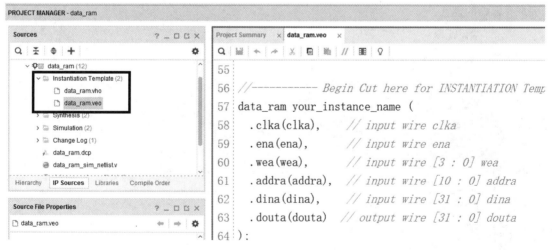

图 B-19　IP Sources 选项卡

8）在工程中添加 testbench 测试文件 data_ram_tb.v，代码如图 B-20 所示。在设计流程向导区选择 SIMULATION→Run Simulation→Run Behavioral Simulation 选项，开始行为仿真，仿真波形如图 B-21 所示。从波形图中可以看出，根据写字节使能 wea 可对数据存储器进行正确的读写操作，满足设计要求。

```
module data_ram_tb;

    reg clka, ena;
    reg [3:0] wea;
    reg [10:0] addra;
    reg [31:0] dina;
    wire [31:0] douta;

    data_ram uut (
        .clka(clka),    // input wire clka
        .ena(ena),      // input wire ena
        .wea(wea),      // input wire [3 : 0] wea
        .addra(addra),  // input wire [10 : 0] addra
        .dina(dina),    // input wire [31 : 0] dina
        .douta(douta)   // output wire [31 : 0] douta
    );

    initial begin

        clka = 0; ena = 0;
        #100 ena = 1; wea = 4'b1111; addra = 0; dina = 32'h12345678;
        #100 wea = 4'b1001; addra = 0; dina = 32'habcdef90;
        #100 wea = 4'b0000; addra = 0;

    end

    always #10 clka = ~clka;

endmodule
```

图 B-20   测试文件 inst_rom_tb.v

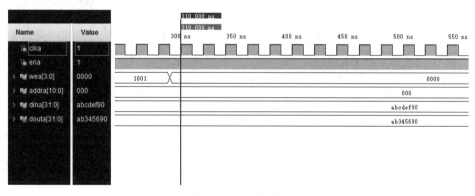

图 B-21   仿真波形

参 考 文 献

[1] MIPS Technologies, InC. MIPS Architecture For Programmers Volume Ⅰ: Introduction to the MIPS32 Architecture[EB/OL]. https://download.csdn.net/download/benyuecindy/735846, 2005.

[2] MIPS Technologies, InC. MIPS Architecture For Programmers Volume Ⅱ: The MIPS32 Instruction Set[EB/OL]. https://download.csdn.net/download/benyuecindy/735846, 2005.

[3] MIPS Technologies, InC. MIPS Architecture For Programmers Volume Ⅲ: The MIPS32 Privileged Resource Architecture[EB/OL]. https://download.csdn.net/download/benyuecindy/735846, 2005.

[4] Sweetman D. MIPS 体系结构透视[M]. 李鹏, 鲍峥, 石洋, 等译. 北京：机械工业出版社，2008.

[5] 刘佩林，谭志明，刘嘉龑. MIPS 体系结构与编程[M]. 北京：科学出版社，2008.

[6] 雷思磊. 自己动手写 CPU. 北京：电子工业出版社，2014.

[7] GOLZE U. 大型 RISC 处理器设计：用描述语言 Verilog 设计 VLSI 芯片[M]. 田泽，于敦山，朱向东，等译. 北京：北京航空航天大学出版社，2005.

[8] 李新兵. 兼容 ARM9 的软核处理器设计：基于 FPGA[M]. 北京：机械工业出版社，2012.

[9] 袁春风. 计算机系统基础[M]. 北京：机械工业出版社，2015.

[10] 胡伟武. 计算机体系结构基础. 北京：机械工业出版社，2017.

[11] HONNESSY J L, PATTERSON D A. 计算机体系结构: 量化研究方法[M]. 5 版. 贾洪峰，译. 北京：人民邮电出版社，2013.

[12] HENNESSY J L. PATTERSON D A. 计算机组成与设计: 硬件/软件结构[M]. 5 版. 王党辉，等译. 北京：机械工业出版社，2015.

[13] 万木杨. 大话处理器[M]. 北京：清华大学出版社，2011.

[14] 郭炜，魏继增，郭筝，等. SoC 设计方法与实现[M]. 3 版. 北京：电子工业出版社，2017.

[15] LARUS J. SPIM A MIPS32 Simulator[EB/OL]. http://pages.cs.wisc.edu/~larus/spim.html.

[16] HARRIS D, HARRIS S. 数字设计与计算机体系结构（英文版）[M]. 2 版. 北京：机械工业出版社，2013.

[17] 何宾. Xilinx FPGA 权威设计指南:Vivado 2014 集成开发环境[M]. 北京：电子工业出版社，2015.

[18] 汤勇明，张圣清，陆佳华. 搭建你的数字积木·数字电路与逻辑设计（Verilog HDL&Vivado 版）[M]. 北京：清华大学出版社，2017.

反侵权盗版声明

电子工业出版社依法对本作品享有专有出版权。任何未经权利人书面许可，复制、销售或通过信息网络传播本作品的行为，歪曲、篡改、剽窃本作品的行为，均违反《中华人民共和国著作权法》，其行为人应承担相应的民事责任和行政责任，构成犯罪的，将被依法追究刑事责任。

为了维护市场秩序，保护权利人的合法权益，我社将依法查处和打击侵权盗版的单位和个人。欢迎社会各界人士积极举报侵权盗版行为，本社将奖励举报有功人员，并保证举报人的信息不被泄露。

举报电话：（010）88254396；（010）88258888

传　　真：（010）88254397

E-mail：　　dbqq@phei.com.cn

通信地址：北京市海淀区万寿路 173 信箱
　　　　　电子工业出版社总编办公室

邮　　编：100036